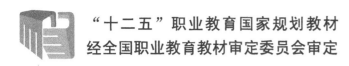

"十二五"职业教育国家规划教材

经全国职业教育教材审定委员会审定

普通高等职业教育计算机系列规划教材

网络系统集成

唐继勇 童 均 主 编

任月辉 副主编

电子工业出版社

Publishing House of Electronics Industry

北京·BEIJING

内 容 简 介

本书以高职院校校园网工程为工作情境，详细阐述了网络系统集成项目开发的全过程。全书包括 8 个项目：网络系统集成概述、网络需求分析、网络工程设计、物理网络设计、网络工程招标、网络工程实施、网络工程测试与验收、网络系统集成实践等。

本书适合作为高等院校及高职院校计算机网络技术专业学生的教材，同时也可以作为计算机相关专业大学生学习的参考书和社会培训机构对网络工程技术人员进行培训的教材。

未经许可，不得以任何方式复制或抄袭本书之部分或全部内容。
版权所有，侵权必究。

图书在版编目（CIP）数据

网络系统集成 / 唐继勇，童均主编. —北京：电子工业出版社，2015.4
（"十二五"职业教育国家规划教材）
ISBN 978-7-121-24138-3

Ⅰ．①网… Ⅱ．①唐… ②童… Ⅲ．①计算机网络—网络集成—高等职业教育—教材 Ⅳ．①TP393.03

中国版本图书馆 CIP 数据核字（2014）第 191766 号

策划编辑：徐建军（xujj@phei.com.cn）
责任编辑：郝黎明
印　　刷：北京京师印务有限公司
装　　订：北京京师印务有限公司
出版发行：电子工业出版社
　　　　　北京市海淀区万寿路 173 信箱　邮编　100036
开　　本：787×1 092　1/16　印张：16.25　字数：416 千字
版　　次：2015 年 4 月第 1 版
印　　次：2021 年 1 月第 12 次印刷
定　　价：35.00 元

凡所购买电子工业出版社图书有缺损问题，请向购买书店调换。若书店售缺，请与本社发行部联系，联系及邮购电话：(010) 88254888，88258888。
质量投诉请发邮件至 zlts@phei.com.cn，盗版侵权举报请发邮件至 dbqq@phei.com.cn。
本书咨询联系方式：(010) 88254570。

前 言

计算机网络是计算机技术和通信技术的融合和交汇，经历了局域网、广域网和因特网的发展过程，在各个行业中得到了广泛的应用，改变了人们的生活、学习和工作方式。社会迫切需要大量懂得网络系统规划、设计、施工和维护等工作领域的发展型、复合型和创新型的技术技能人才。

"网络系统集成"是计算机网络技术及相关专业开设的一门专业必修课程，是计算机网络专业前导课程的综合运用，为后续课程顶岗实习、毕业设计、就业实习奠定了基础；在专业课程学习中有承上启下的重要作用。本书从教学需要和工程实践出发，注重巩固已经学习过的网络专业技能，应用学习过的专业知识、专业技能解决实际问题，详细讲解实际工程案例，力求实训与工作岗位对接。

本书内容结构完整、层次清晰，将一个实际的网络系统集成项目分解成若干个小项目，按照网络需求分析、网络系统设计、网络工程组织与实施和网络工程测试与验收的网络系统集成流程进行内容的组织。本书最后给出了企业网络系统集成案例，可以作为学生专业综合实训用书，方便检验学生实践能力和学习效果。另外，本书对易混淆的概念、技术难点等进行了深入的分析和诠释，其中有很多是编者网络工程实践经验的总结。本书主要特点如下。

1）在内容筛选方面，结合职业任职要求和就业市场需求，突出实用性特点。

以网络系统集成核心岗位的任职要求和网络规划设计师职业资格标准来选取教材内容，突出取舍有度、针对性强的特点；本书摒弃了传统教材中反复宣讲的过时技术，注重行业发展需求的新技术、新工艺和新方法，突出实用性，与当前就业市场结合得更加紧密。

2）在组织结构方面，采用"项目引领、任务驱动"的编写方式，符合职业成长规律。

全书以一个典型的校园网系统集成过程为主线，设计了多个不同的项目，并根据完成这些项目的难易程度分解成若干个不同的工作任务，实现学生"学习工作"→"学会工作"→"理解工作"的职业能力成长。在任务实施前，介绍必要的知识，并给出大量有实用价值的案例，可在实际工作项目中直接使用，或经适当修改和完善后使用，突出理论联系实际、工程与应用相结合的特点。

3）在教产结合方面，校企深度合作开发数字化教学资源，凸显职业教育特色。

本书编者包括来自行业实践经验丰富且长期工作在教学一线的高校教师、国家级教学团队——网络与信息安全创新教学团队的核心成员和工程实践经验丰富的高级工程师；配有丰富的电子课件、电子教案、习题解答（包括实训）等教学资源，可以降低学生学习本课程的难度、检验学习效果、提高教学效果和教学质量，突出职业教育和适应教改要求的特点。

4）在教学实施方面，注重教学实施的合理利用，突出教学任务可操作性强的特点。

本书中相关任务的操作结合市场上流行的系统平台、软硬件产品，对实训环境的要求比较低，采用常见的设备和软件即可完成；确无实训设备的院校，也可利用本书推荐使用的最新网络操作系统仿真技术 GNS3 和虚拟机技术 VMware 搭建网络实训平台，顺利完成教师教学和学生学习的任务，突出任务实施可操作性强的特点。

本书由重庆电子工程职业学院的唐继勇和童均任主编，负责制定教材大纲、规划各项目内容并完成本书的统稿和定稿工作。具体分工如下：项目1、项目2由童均编写，项目3、项目4、项目8由唐继勇编写，项目5由童均编写，项目6、项目7由任月辉编写。在编写本书过程中，编者参考了网络系统集成方面的著作和文献，并查阅了因特网上公布的很多相关资源，由于因特网上的资料引用复杂，所以很难注明原出处，在此对所有作者致以衷心的感谢。

为了方便教师教学，本书配有电子教学课件，请有此需要的教师登录华信教育资源网（www.hxedu.com.cn）注册后免费进行下载，如有问题可在网站留言板留言或发邮件到hxedu@phei.com.cn。

由于网络系统集成技术发展迅速，加之编者水平有限，书中不足之处在所难免，敬请读者批评指正。

编　者

目　录

项目 1　网络系统集成概述 1

  1.1　网络系统集成的概念 2
      1.1.1　网络系统集成的定义 2
      1.1.2　为什么需要网络系统集成 2
      1.1.3　网络系统集成的复杂性 3
      1.1.4　网络系统集成的优点 4
  1.2　网络系统集成的主体结构 4
  1.3　网络系统集成的体系结构 6
      1.3.1　网络系统集成的体系框架 6
      1.3.2　网络系统集成模型 7
  1.4　网络系统集成项目实践案例 8
      1.4.1　网络的设计 9
      1.4.2　网络的实施 11
  1.5　项目实训——考察校园网 12
  习题 14

项目 2　网络需求分析 16

  2.1　网络需求分析和需求调查的必要性 16
  2.2　网络需求调查 17
      2.2.1　需求来自于何处 17
      2.2.2　需求调查的方法 18
      2.2.3　需求调查的内容 18
      2.2.4　网络需求调查实例 22
  2.3　网络需求分析 23
      2.3.1　问题的确认和描述 23
      2.3.2　对需求信息进行分析 24
      2.3.3　网络需求数据总结 26
      2.3.4　网络需求分析实例 26
  2.4　项目可行性分析 27
  2.5　编制需求说明书 27
      2.5.1　数据准备 28
      2.5.2　需求说明书的编制 28
      2.5.3　修改需求说明书 29

| 2.6 项目实训——校园网网络需求分析 | 30 |
| 习题 | 30 |

项目3 网络工程设计 ... 31

- 3.1 网络工程设计的目标与原则 ... 32
- 3.2 网络体系结构设计 ... 33
  - 3.2.1 物理层设计 ... 33
  - 3.2.2 MAC 子层设计 ... 34
  - 3.2.3 互连层设计 ... 35
  - 3.2.4 网络协议的选择 ... 36
- 3.3 网络技术方案设计 ... 36
  - 3.3.1 以太网、快速以太网和吉比特以太网技术 ... 37
  - 3.3.2 VLAN 设计 ... 38
  - 3.3.3 VLAN 设计案例 ... 42
  - 3.3.4 STP 设计 ... 42
  - 3.3.5 链路聚合设计 ... 48
  - 3.3.6 冗余网关设计 ... 51
- 3.4 网络拓扑结构设计 ... 54
  - 3.4.1 网络拓扑结构分析 ... 54
  - 3.4.2 网络拓扑结构设计 ... 55
  - 3.4.3 网络拓扑结构的绘制方法 ... 57
  - 3.4.4 网络拓扑结构设计案例 ... 59
- 3.5 网络地址规划 ... 60
  - 3.5.1 IP 地址规划 ... 60
  - 3.5.2 域名设计 ... 64
  - 3.5.3 IP 地址分配策略 ... 66
- 3.6 路由设计 ... 71
  - 3.6.1 默认路由设计 ... 71
  - 3.6.2 动态路由设计 ... 72
  - 3.6.3 路由汇总设计 ... 80
- 3.7 网络冗余设计 ... 81
- 3.8 服务子网设计 ... 85
- 3.9 接入广域网设计 ... 87
  - 3.9.1 接入广域网概述 ... 87
  - 3.9.2 接入广域网设计案例 ... 87
- 3.10 网络安全设计 ... 88
  - 3.10.1 网络安全体系框架 ... 88
  - 3.10.2 机房及物理线路安全 ... 89
  - 3.10.3 网络安全设计 ... 89
  - 3.10.4 网络安全设计过程 ... 97

  3.10.5　网络安全设计案例 …………………………………………………… 98
3.11　逻辑设计文档编写 …………………………………………………………… 100
  3.11.1　网络工程文档编写思路 ……………………………………………… 100
  3.11.2　网络工程文档编写注意事项 …………………………………………… 101
  3.11.3　网络工程逻辑设计文档的编写 ………………………………………… 102
3.12　项目实训——校园网络工程逻辑设计 ……………………………………… 103
项目小结 ……………………………………………………………………………… 103
习题 …………………………………………………………………………………… 103

项目 4　物理网络设计 …………………………………………………………… 105

4.1　物理网络设计原则 ……………………………………………………………… 106
4.2　综合布线系统结构 ……………………………………………………………… 106
4.3　综合布线系统设计规范 ………………………………………………………… 107
4.4　综合布线材料预算方法 ………………………………………………………… 109
4.5　综合布线系统的设计 …………………………………………………………… 113
  4.5.1　项目需求分析 …………………………………………………………… 115
  4.5.2　工作区子系统设计 ……………………………………………………… 118
  4.5.3　水平布线子系统设计 …………………………………………………… 120
  4.5.4　垂直干线子系统设计 …………………………………………………… 124
  4.5.5　设备间子系统设计 ……………………………………………………… 127
  4.5.6　建筑群子系统设计 ……………………………………………………… 129
  4.5.7　进线间子系统设计 ……………………………………………………… 130
4.6　网络设备选型 …………………………………………………………………… 131
  4.6.1　了解网络设备产品的方法 ……………………………………………… 131
  4.6.2　选择产品厂商 …………………………………………………………… 132
  4.6.3　选择产品型号 …………………………………………………………… 132
  4.6.4　交换机的选择 …………………………………………………………… 133
  4.6.5　确认网络布线系统结构 ………………………………………………… 136
  4.6.6　接入层设备的选择 ……………………………………………………… 138
  4.6.7　汇聚层设备的选择 ……………………………………………………… 139
  4.6.8　核心层设备的选择 ……………………………………………………… 139
4.7　综合布线工程设计文档编制 …………………………………………………… 140
4.8　网络工程预算 …………………………………………………………………… 143
  4.8.1　IT 行业预算方式 ………………………………………………………… 143
  4.8.2　建筑行业预算方式 ……………………………………………………… 144
4.9　项目实训——校园网综合布线系统设计 ……………………………………… 145
项目小结 ……………………………………………………………………………… 147
习题 …………………………………………………………………………………… 147

项目 5　网络工程招标 …………………………………………………………… 149

- 5.1 网络工程的招标投标 · 149
  - 5.1.1 投标前的准备工作 · 150
  - 5.1.2 招标方式 · 150
  - 5.1.3 网络工程招标投标过程 · 151
- 5.2 网络工程标书的书写 · 152
- 5.3 网络工程投标书的书写 · 153
- 5.4 评标 · 154
  - 5.4.1 项目评标组织 · 154
  - 5.4.2 项目评标方法 · 155
  - 5.4.3 项目评标注意事项 · 156
- 5.5 项目实训——模拟校园网网络工程建设项目的工作场景 · 156
- 项目小结 · 157
- 习题 · 158

项目6 网络工程实施 · 159

- 6.1 网络工程项目组织 · 159
  - 6.1.1 项目班子 · 160
  - 6.1.2 施工进度 · 160
- 6.2 网络实施前的准备工作 · 161
  - 6.2.1 采购设备 · 162
  - 6.2.2 熟悉设计方案 · 162
  - 6.2.3 熟悉布线系统 · 163
  - 6.2.4 规划具体实施方案 · 164
- 6.3 网络设备的配置与调试方法 · 166
  - 6.3.1 网络设备的配置方法和途径 · 166
  - 6.3.2 基本配置命令 · 167
  - 6.3.3 基本调试命令 · 167
  - 6.3.4 基本的故障排除方法 · 168
- 6.4 配置网络设备 · 168
  - 6.4.1 测试设备 · 169
  - 6.4.2 配置每台设备 · 169
- 6.5 项目实训——校园网网络工程设备配置与调试 · 170
- 项目小结 · 170
- 习题 · 170

项目7 网络工程测试与验收 · 175

- 7.1 网络工程测试概述 · 175
  - 7.1.1 网络工程测试前的准备工作 · 176
  - 7.1.2 网络工程测试与验收标准及规范 · 176
- 7.2 网络系统测试 · 176

7.2.1　网络系统性能测试 ································· 176
　　7.2.2　网络系统功能测试 ································· 177
7.3　应用系统测试 ··· 178
　　7.3.1　物理测试 ··· 178
　　7.3.2　网络服务系统测试 ································· 178
　　7.3.3　网络系统测试 ····································· 179
7.4　网络工程的验收 ··· 181
　　7.4.1　网络工程验收的工作流程 ··························· 181
　　7.4.2　网络工程验收的内容 ······························· 181
　　7.4.3　网络工程验收文档 ································· 182
　　7.4.4　交接与维护 ······································· 183
7.5　项目实训——校园网网络工程测试 ··························· 183
项目小结 ·· 184
习题 ·· 185

项目8　网络系统集成实践 ·· 187

8.1　项目实施组织 ··· 189
　　8.1.1　项目实施流程 ····································· 189
　　8.1.2　角色任务分配 ····································· 189
　　8.1.3　项目实施设备及工具 ······························· 190
8.2　项目实施任务 ··· 190
　　8.2.1　项目实施拓扑 ····································· 190
　　8.2.2　IP 地址规划 ······································ 192
　　8.2.3　项目实施功能要求 ································· 193
8.3　项目实施 ··· 198
　　8.3.1　交换机配置 ······································· 199
　　8.3.2　路由器配置 ······································· 205
　　8.3.3　防火墙配置 ······································· 211
　　8.3.4　VPN 网关配置 ····································· 215
　　8.3.5　无线网络配置 ····································· 224
　　8.3.6　网络服务配置 ····································· 227
8.4　项目测试 ··· 245
　　8.4.1　网络底层架构测试 ································· 245
　　8.4.2　应用系统测试 ····································· 246
　　8.4.3　网络系统测试 ····································· 247
项目小结 ·· 248
习题 ·· 248

参考文献 ·· 249

网络系统集成概述

随着计算机应用工作的普及，人们对网络系统的依赖程度越来越高，对网络系统的功能、性能、可靠性的要求也越来越高。因此，网络系统集成成为计算机网络技术应用发展不可缺少的一种服务方式，而且对网络系统集成的内容、技术、工艺等提出了更高的要求。

学习目标

- 掌握网络系统集成的基本概念。
- 掌握网络系统集成的主体工作。
- 了解网络系统集成的体系结构。
- 掌握网络系统集成的工作内容。

项目描述

重庆某职业院校有 5 栋建筑，其中办公楼、图书馆楼、综合实训楼各 1 栋，教学楼 2 栋，楼层高均为 3.6m，各栋建筑物的每层平面分布一致。5 栋楼基本上以办公楼为中心呈星型分布，综合实训楼离办公楼的距离为 456m，其余建筑距离办公楼均在 250m 内，相互之间的距离不超过 400m。

办公楼有 10 层，楼长 60m，每层楼有办公室 20 间，每间办公室设信息点 4 个。校园网网络中心设在 5 楼，通过一条 100Mbit/s 光纤链路与中国教育网相连，通过一条 100Mbit/s 的光纤线路接入 Internet，提供文件传输服务、电子邮件服务、学生上网计费服务、校园办公自动化、教师多媒体教学服务等。图书馆楼有 3 层，每层 5 间办公室，每间办公室设置信息点 5 个；每层 4 个电子阅览室，每个电子阅览室有 45 台计算机；6 台书目查询终端机，所有终端需要接入外网。综合实训楼有 4 层，每层设机房管理员办公室 2 个，多媒体机房 10 个，每个机房有 40 台计算机，每个管理员办公室设置信息点 3 个，所有终端需要接入外网。教学楼 2 栋，并排建设，间隔距离为 10m，每栋均为 5 层，楼长为 80m，每层有信息点 20 个，均为多媒体教室。

在本项目背景下，我们将对该学院的校园网络进行整体设计和实施，我们将在这样的背景下展开网络系统集成项目之旅。

工作任务

实地考察学校项目的网络结构、硬件连接和软件配置情况，画出网络拓扑结构，同时观察其布局和配置是否合理，并做好记录，作为后续项目实训的参考数据。

知识准备

本项目是总领全书的一个概述性章节，主要介绍了网络系统集成的概念、特点、工作内容、实施步骤和体系结构，成为合格系统集成商的必备条件和网络系统集成资质条件。通过本项目的学习，希望学生了解和掌握网络系统集成的主要工作，对网络系统集成有一个总体性的了解和把握。

1.1 网络系统集成的概念

1.1.1 网络系统集成的定义

网络系统集成术语含有 3 个层次的概念，即网络、系统、集成。

1）"网络"的概念。这里提到的网络，针对的是计算机网络，如校园网、园区网、企业网等。从计算机网络的概念来看，它含有系统集成成分，但是不具有更专业的技术和工艺。

2）"系统"的概念。系统是为实现特定功能以达到某一目标而构成的相互关联的一个集合体。计算机网络中的计算机、交换机、路由器、防火墙、系统软件、应用软件、通信介质等就体现了一个有机的、协调的集合体。

3）"集成"的概念。集成是将一些孤立的事物和元素通过某种方式集中在一起，产生有机的联系，从而构成一个有机整体的过程和操作方法。因此，集成是一种过程、方法和手段。

到目前为止，关于网络系统集成还没有一个严格的定义。一种较为通用的定义是：以用户的网络应用需求和投资规模为出发点，合理选择各种软件产品、硬件产品和应用系统等，并将其组织成一体，能够满足用户的实际需要，具有性价比优良的计算机网络系统的过程。

从网络系统集成的通用定义可知，网络系统集成包含以下要素。

1）目标：系统生命周期中与用户利益始终保持一致的服务。
2）方法：先进的理论+先进的手段+先进的技术+先进的管理。
3）对象：计算机及通信硬件+计算机软件+计算机使用者+管理。
4）内容：计算机网络集成+信息和数据集成+应用系统集成。

必须明确指出的是，网络系统集成既不是一套系统，也不是一堆计算机硬件，更不是一套软件，也不仅仅是开放系统和标准化，而是一种观念、思想和管理，是一种系统的规则、实施的方法和策略。

提示： 系统集成与网络系统集成之间的关系——系统集成涉及的应用范围比较广，不仅包括计算机网络通信、语音通信，还包括监控、消防、水电和保安系统等，而网络系统集成只是整个"系统集成"的一部分，侧重于计算机网络通信，主要包含计算机网络设计和网络组建两部分。

1.1.2 为什么需要网络系统集成

网络系统集成绝不是对各种硬件和软件的堆积，而是一种在系统整合、系统再生产过程中为满足客户需求的增值服务业务，是一种价值再创造的过程。从工程角度讲，网络系统集成包括 3 个层面：技术集成、产品集成和应用集成，如图 1-1 所示。

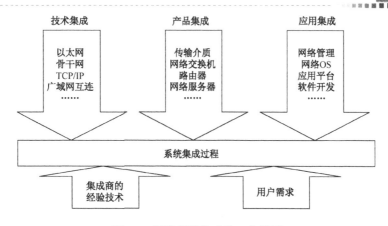

图 1-1 网络系统集成的 3 个层面

1. 技术集成的需要

各种计算机网络技术，如以太网技术、网络接入技术、光以太网通信技术等的快速发展，使得网络技术体系更加纷繁复杂，导致建网单位、普通网络用户和一般技术人员难以掌握和选择。这就要求必须有一种角色，能够熟悉各种网络技术，完全从客户应用和业务需求入手，充分考虑技术发展的变化，去帮助用户分析网络需求，根据用户需求特点去选择所采用的各项技术，为用户提供解决方案和网络系统设计方案，这个角色就是系统集成商。

2. 产品集成的需要

每一项技术标准的诞生，都会带来一大批丰富多样的产品。每个公司的产品都自成系列且有着功能和性能上的差异。事实上，几乎没有一个网络专业公司能为用户解决从方案到应用的所有问题。系统集成商则不同，它会根据用户的实际应用需要和费用承受能力，为用户进行软硬件设备选型与配套、工程施工等产品集成。

3. 应用集成的需要

用户的需求各不相同、各具特色，产生了很多面向不同行业、不同规划、不同层次的网络应用，如 Intranet、Extranet、Internet 应用，数据、语音、视频一体化等。这些不同的应用系统，需要不同的网络平台。这些需要系统集成技术人员用大量的时间进行用户调查、分析应用模型、反复论证方案，使用户能够得到一体化的解决方案，并付诸实施。

1.1.3 网络系统集成的复杂性

网络系统集成技术和产品集成涉及不同的标准和行业规范，其复杂性体现在 4 个方面：技术、成员、环境和约束，如图 1-2 所示。技术方面的复杂性涉及网络技术、硬件技术、软件技术和施工技术。成员方面的复杂性体现在系统用户、系统集成商、第三方人员和社会评价人员，需要照顾到各方的意见和利益。环境方面的复杂性涉及应用环境的不确定性，环境

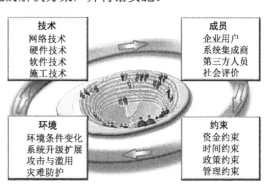

图 1-2 网络系统集成复杂性体现

条件的改变、系统升级需求、网络面临的攻击和危险。约束方面的复杂性涉及资金约束、施工时间约束、约束政策和管理约束等。

1.1.4 网络系统集成的优点

目前，在网络行业，系统集成是一个热门话题。从技术、经济、实用性或时间效益的角度看，网络系统集成具有以下特点。

1）较高的质量水准。选择具有一流技术水平、质量鉴别体系和资质高的系统集成商，能够保证系统的质量水平，使得用户承受较小的风险。

2）网络系统建设速度快。由多年从事系统集成的专家和配套的项目组进行集成，它们有畅通的设备供货渠道，富有处理用户关系的经验，能加快系统建设的速度。

3）交钥匙解决方案。全权负责处理所有的工程事宜，使用户能够将注意力放在系统的应用要求上。

4）标准化配置。系统集成商采用它认为成熟和稳妥的方案，使得系统维护及时、成本较低。

可见，网络系统集成是目前建设网络信息系统的一种高效、经济、可靠的方法。它既是一种重要的工程建设思想，也是一种解决问题的思想方法论。

1.2 网络系统集成的主体结构

网络工程建设是一项复杂的系统工程，工程建设通常有多个主体参与。其主要的主体包括需要建设计算机网络的单位、网络工程设计单位、网络工程施工单位和工程监理单位等。因为网络工程建设不是简单的设备连接，而是一个技术再开发的过程，所以网络工程设计单位和施工单位通常是同一个单位。一般的网络工程采用三方结构模型，所谓三方结构是指工程甲方、工程乙方和工程监理方，如图1-3所示。

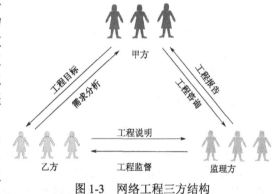

图1-3 网络工程三方结构

提示：网络工程与网络系统集成之间的关系——网络工程包括质量管理、网络项目管理与控制、网络工程的方法和工具。其中，网络工程方法和工具即为网络系统集成，网络系统集成是网络工程的核心技术。

1. 网络工程甲方

网络工程甲方是需要建设计算机网络的单位，也称用户，是计算机网络工程的提出者和投资方，如校园网工程中的学校。甲方的人员组成主要包括行政联络人和技术联络人。行政联络人是甲方的工程负责人，一般由甲方的行政领导担任，负责甲方的组织协调工作。技术联络人是甲方的工程技术负责人，工程中有关技术问题，乙方和监理方可以与甲方技术联络人协调。甲方的职责是编制标书、组织招标和投标、监督工程、组织网络专家对计算机网络工程进行可行性论证等。

2. 网络工程乙方

网络工程乙方是计算机网络工程的承建者。例如，校园网由A公司承建，则A公司就是网络工程乙方。有时候，由于网络工程的量比较大，可以由多个公司承担网络工程的建设任务，则此时就存在多个乙方。乙方的主要职责是编制投标书、签订工程合同、进行用户需求调查、规划设计、制订实施计划、产品选型、系统集成、合同规定的其他工作等。

（1）经销商、系统集成商、开发商

经销商是指从事一家或数家专业厂商网络信息产品的增值代理商、分销商或外商的直接分支代表机构，它们仅对其代理的产品提供市场推广、营销、售后技术支持等服务。系统集成商是网络系统集成的主要角色，一般都有着丰厚的财力和雄厚的技术力量。而应用开发商则以专门开发、销售软件为主。

曾经有一位系统集成专家对系统集成做了一个形象的比喻，他形容系统集成有3种境界：第一种境界称为"Box Move"，即"搬箱子"，最多算是体力活，这种商家实质等同于代理，所以为最低层次；第二种境界称为"Solution Provider"，即解决方案提供商，有较高的技术含量，为用户进行传统设计和制定网络方案，注重系统质量和服务意识，是市场上比较成熟和有实力的系统集成商；第三种境界为"Consultation Provider"，即整合服务商，系统集成的使命是为用户引入先进的信息技术，谋求最佳技术和产品方案远比具体实施项目工程重要得多。

（2）系统集成商的组织结构

一个功能完善的系统集成公司有20～100名员工，并划分成几个部门，如图1-4所示。

1）项目管理部：解决系统集成项目的非技术性问题，责任人为项目经理，主要负责系统集成项目目标定立、项目规划、项目跟踪、变更控制、项目复审、项目保证、费用估算、风险评测、项目分包、项目验收鉴定等工作。

2）系统集成部：解决系统集成项目的技术性问题，如需求调研分析、网络方案设计、网络设备选型、组网工程、网络维护管理、网络应用平台构筑，以及网络工程测试等。

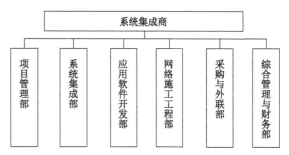

图1-4 网络系统集成商组织机构

3）应用软件开发部。

4）网络施工工程部（可选）：负责网络土木建筑施工、综合布线等，也可外包。

5）采购与外联部：除政府采购外，一般系统集成项目都附带网络及资源设备的采购。系统集成项目能不能争取到好价钱，全靠这个部门。

6）综合管理与财务部：财务人员配合项目管理部完成系统项目费用概算、账目处理、账务结算等日常财务管理。综合管理人员主要负责文秘、接待、宣传推广等事务工作，为公司提供后勤保障。

（3）成为合格系统集成商的必备条件

要成为一个合格的网络系统集成商，应该具备下列条件。

1）具备承担网络系统的分析与设计、软硬件设备选型与工程项目组织管理与协调、系统安装调试与维护的能力。

2）有一支从事网络系统集成的高水平技术队伍。网络系统集成不是一个公司或几个人就能做的，它需要拥有一批高水平专业技术人员，而且要有一定的工程经验。

3）具备完成网络系统集成任务的调试环境及设备。

4）有完成网络系统工程建设的经验和业绩。这是网络建设单位最感兴趣的资质。

5）有充足的资金支持。一个系统集成项目在签约后，一般来讲，系统集成商投资的额度达50%～80%，而且工程周期长，在这个过程中要花费大量的人力、物力，这就要求系统集成商具有相当的经济实力。

（4）系统集成资质等级评审条件

计算机系统集成商要想获得网络工程项目的建设，必须取得相应的系统集成资质。目前，计算机信息系统集成资质分为4个等级，在招标、投标过程中对乙方的资质有明确规定。

1）一级资质：具有独立承担国家级、省（部）级、行业级、地（市）级（及其以下）、大中小型企业级等各类计算机信息系统建设的能力。

2）二级资质：具有独立承担省（部）级、行业级、地（市）级（及其以下）、大中小型企业级或合作承担国家级的计算机信息系统建设的能力。

3）三级资质：具有独立承担中、小型企业级或合作承担大型企业级（或相当规模）的计算机信息系统建设的能力。

4）四级资质：具有独立承担小型企业级或合作承担中型企业级（或相当规模）的计算机信息系统建设的能力。

3. 网络工程监理方

网络工程监理，是指为了帮助用户建设一个性价比最优的网络系统，在网络工程建设过程中，给用户提供前期咨询、网络方案论证、确定系统集成商、网络质量控制等服务。提供工程监理服务的机构就是监理方，工程监理方的人员组织包括总监理工程师、监理工程师、监理人员等。网络工程监理方的主要职责是帮助用户做好需求分析、选择好的系统集成商、控制工程进度、控制工程质量、做好各项测试工作。

1.3 网络系统集成的体系结构

要想真正地帮助用户实现信息化，必须深入了解用户业务和管理，建立网络系统集成体系框架和模型，并根据应用模型设计切实可行的系统方案并加以实施。

1.3.1 网络系统集成的体系框架

网络系统集成的体系框架用层次结构描述了网络系统集成涉及的内容，目的是给出清晰的系统功能界面，反映复杂网络系统中各组成部分的内在联系，如图1-5所示。

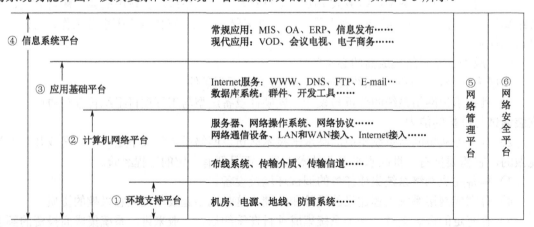

图1-5 网络系统集成体系架构

1. 环境支持平台

环境支持平台是指为了保障网络安全、可靠、正常运行所必须采取的环境保障措施,主要考虑计算机网络的结构化布线系统和机房、电源等环境问题。

2. 计算机网络平台

计算机网络平台提供开发的网络通信协议 TCP/IP、网络互连规则和机制。选择传输的网络软硬件产品、进行网络设备的布局和配置、提供通信数据的交换和路由功能。

3. 应用基础平台

Internet/Intranet 基础服务是指建立在 TCP/IP 协议基础和 Internet/Intranet 体系基础之上,以信息沟通、信息发布、数据交换、信息服务为目的的一组服务程序,包括电子邮件(E-mail)、WWW 协议、文件传送协议(FTP)和域名解析(DNS)等服务。

4. 信息系统平台

信息系统平台容纳各种应用服务,直接面向网络用户。可以选用成熟的网络应用软件,也可以开发适用的应用软件,如用于学校的教学管理系统、企业的 OA 系统等。

5. 网络管理平台

网络管理平台根据所采用网络设备的品牌和型号的不同而不同。但大多数都支持 SNMP,建立在 HP Open View 网关平台基础上。为了网络管理平台的统一管理,习惯上在组建一个网络时,尽量使用同一家网络厂商的产品。

6. 网络安全平台

网络安全贯穿于系统集成体系架构的各个层次。网络的互通性和信息资源的开放性都容易被不法分子利用,不断增长的网络应用,使得网络安全更引人关注。作为系统集成商,在网络方案中一定要给用户提供明确的、翔实的解决方案,网络安全的主要内容是防范信息泄露和防黑客入侵。

1.3.2 网络系统集成模型

网络系统集成模型用来指出设计和实现网络系统的阶段划分和各阶段之间的联系,体现了系统化的工程方法,方便了设计和施工,同时强调了技术文档的作用,各部分的反馈联系反映了网络工程实施的灵活性和适应性,如图 1-6 所示。网络系统集成模型具有加快网络系统建设速度、分工明确、职责清晰、提供交钥匙解决方案;实现标准化配置,所选取的设备及建设方法具有开放性等特点。

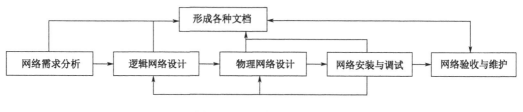

图 1-6 网络系统集成模型

1. 网络需求分析

网络需求分析用来确定该网络系统要支持的业务、要完成的网络功能、要达到的性能等。需求分析的内容涉及3个方面：网络的应用目标、网络的应用约束与网络的通信特征，这需要全面细致地勘察整个网络环境。网络需求包括网络应用需求、用户需求、计算机环境需求、网络技术需求等。

2. 逻辑网络设计

什么是逻辑网络设计？可以以生活中做一双布鞋为例，给出类似的比喻。假设要为某一个人做一双布鞋，则应先照他的脚画一个"鞋样"，这个形成"鞋样"的过程就是逻辑网络设计。逻辑网络设计主要有4个步骤：确定逻辑设计目标、网络服务评价、技术选项评价、进行技术决策。逻辑网络设计需要确定的内容有：网络拓扑结构是采用平面结构还是采用三层结构，如何规划IP地址，采用何种路由协议，采用何种网络管理方案，以及网络管理和网络安全方面的考虑。

3. 物理网络设计

什么是物理网络设计？还是以生活中做一双布鞋的例子来比喻，就是根据"鞋样"去制作鞋子，选择鞋底、鞋面材料、按工序制作鞋子。物理网络设计涉及网络环境的设计，结构化布线系统设计，网络机房系统设计，供电系统的设计，网络技术选择，网络设备的选型等。

4. 网络安装与调试

网络安装与调试是依据逻辑设计和物理设计，按照设备连接图和施工阶段图进行组网的。在组网施工过程中进行阶段测试，整理各种技术文档资料，在施工安装、调试及维护阶段做好记录，尤其要记录每次出现和发现的问题是什么，问题原因是什么，问题涉及哪些方面，解决问题所采用的措施和方法，以后如何避免类似的问题发生，为以后建设计算机网络积累经验。

5. 网络验收与维护

网络验收与维护的主要工作内容：给网络端结点设备加电，并通过网络连接到服务器运行网络应用程序，对网络是否满足需求进行测试和检查。

提示：网络系统集成模型描述了网络系统集成要完成的工作流程，但并不是所有的计算机网络工程项目都严格遵守，小项目可以跳过一些阶段。例如，在小型办公网络工程项目中，用户调查和需求分析就不需要像项目2中介绍的那样全面，物理网络设计也不需要考虑其他弱电系统等。总之，一定要根据实际网络规模、用户行业特点、应用需求等因素具体分析实际需要进行的步骤，不可死守流程。

1.4 网络系统集成项目实践案例

下面通过一个简单的案例，介绍设计和实施网络系统集成的基本步骤。后面的项目将通过多个较为复杂的案例，详细讨论网络设计和实施的过程、步骤和方法。

案 例

实现家庭网络

小明家的房子是两室一厅，小明和父母都要在家里使用计算机上网。为了避免冲突，小明家准备购买 3 台 PC。其中，两台台式 PC 固定在客厅里上网，一台笔记本式 PC（带有无线网卡）需要在家里的任何地方都能够上网。

1.4.1 网络的设计

随着 Internet 的普及，家庭或办公室上网的需求不断增加。访问 Internet 通常使用住宅小区提供的宽带，或者使用 ADSL 宽带（需要安装固定电话）。提供 Internet 服务的公司称为 ISP（Internet Service Provider，因特网服务提供商），也称为电信运营商。当客户与 ISP 签订了协议并交付了上网费用后，ISP 会派工作人员到客户家中一次性完成上网的配置和连接。

但是，如果有两台以上的 PC 需要上网时，最好的方法是组建小型网络。组建网络的过程比较复杂，不仅需要熟悉计算机网络的基本知识，还需要懂得如何运用这些知识并按照有序的步骤设计和实施网络。

1. 需求分析

需求分析是指通过了解用户使用网络的需求，并针对用户需求进行分析，理清解决问题的思路，为随后提出的解决方法奠定基础。例如，本节案例实现家庭网络的需求是多台 PC 能够访问 Internet。需求分析如下。

如果每台 PC 都向 ISP 申请一条上网线缆，花费的成本较高；如果能够通过一条线路共享上网，则能够节约花销，选择共享上网方式需要组建内部局域网，并购买必要的网络连接设备和线缆。

2. 规划网络结构

规划网络结构是指通过网络连接拓扑图描述网络设备、线缆等将要采取的组网连接方式。规划网络结构的时候，应该先画出草图，待确定使用的设备后，再画出正式的网络连接拓扑图。

图 1-7 所示为使用 PowerPoint 绘制的家庭网络的结构草图。通过网络设备连接多台 PC 组成内部局域网，并使内部网络通过一条外部上网线路连接到 Internet。最终的网络连接拓扑图如图 1-8 所示。

3. 技术选择

技术选择是指根据规划的网络结构确定通过哪些主要的网络技术来实现网络的功能。网络技术有很多，需要根据用户的需求适当选择。例如，本节案例中的家庭网络选择以太网或快速以太网技术连接用户 PC，组成内部局域网。如果内部局域网 PC 使用私有 IP 地址，则选择 NAT（Network Address Translation，网络地址转换）技术连接外部网络的 Internet。如果用户需要通过无线连接到内部局域网，则需要采用无线局域网技术。

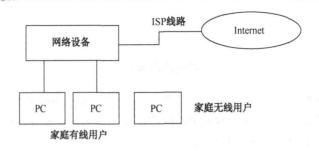

图 1-7　家庭网络结构草图

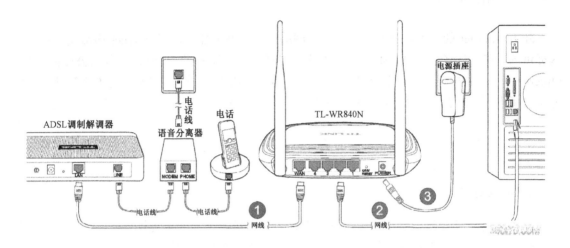

图 1-8　网络连接拓扑图

4．确定广域网的连接方式

广域网的连接是指局域网与 Internet 的连接或者局域网之间互连所使用的线路、接口等，这些连接一般需要租用电信运营商的连接线路。连接方式不同，用户的花费、网络设备的选择和配置也不同。选择租用的线路时，需要咨询电信运营商，确认网络所在位置能够提供的连接线路及费用。

例如，家庭网络连接 Internet 的方式一般有两种：小区宽带和 ADSL 宽带。选择哪种连接方式，需要根据费用和功能确定。

小区宽带与 ADSL 宽带的一条线路费用差不多。但是通过 ADSL 连接，不必支付多台 PC 通过租用一条线路共享上网的额外费用，而且，自己的家庭网络与其他家庭网络隔离，安全性更好。当然，使用 ADSL 需要安装固定电话，花费包括固定电话费的月租和组建家庭网络的费用。经过比较和权衡，小明决定选择 ADSL 连接方式。

5．规划 IP 地址

规划 IP 地址是指通过规划用户主机、路由设备端口等使用的网络地址、可用主机地址范围、子网掩码、网关等，满足网络的逻辑连接要求。由于 IPv6 仍处于测试阶段，可暂时不考虑，目前只选用 IPv4 的地址。

例如，家庭网络包含了内部网和外部网。内部网由 PC 和连接的内部网络端口组成，外部网由外部网络端口和 ISP 接入组成。外部网通过 ADSL 拨号连接 ISP，其端口的 IP 地址由 ISP 自动分配。需要规划的是内部网 PC 和内部网端口的 IP 地址。可选用网段 192.168.1.0/24，可用主机地址范围为 192.168.1.1～192.168.1.254。其中，将 IP 地址 192.168.1.1/24 分配给网络设备的内部网端口，用于内部网 PC 的网卡地址。其中，地址可分配给 IP 内部网 PC。地址规划如表 1-1 所示。

表 1-1 IP 地址规划

设备	可分配的 IP 地址范围	子网掩码	PC 网关/内部网路由端口 IP	外部网端口 IP
PC	192.168.1.2～192.168.1.254	255.255.255.0	192.168.1.1	—
网关设备	—	255.255.255.0	192.168.1.1	由 ISP 自动分配

6. 选择网络设备

选择网络设备指按照上述设计的网络结构和技术选择、广域网连接方式、IP 地址等，选择硬件设备，满足网络的物理连接要求。可通过网站查询或咨询电信运营商的方式，尽可能地了解不同厂家的各种型号产品，并比较性能参数和价格。在选择设备时，首先考虑满足网络功能需要，其次是考虑产品的品牌、性能、质量、价格、服务及用户评价等。

例如，本节案例中根据网络结构图（图 1-7）、技术选择等，按照功能要求来选择。网络设备至少需要两个连接 PC 的内部网以太网端口和一个连接 ISP 的外部网端口，具备 NAT 及无线局域网接入功能。市场上具备这些功能的典型产品为具有无线功能的"宽带路由器"或者"无线宽带路由器"。

选择好设备之后，还要准备必要的网络连接跳线。跳线的具体数量和长度需要根据 PC 的数量和安装位置确定。网络跳线可以直接购买成品，也可以自行制作。

按照选择的网络设备，重新画出网络拓扑结构的设备连接拓扑图（图 1-8），一台无线宽带路由器的 LAN 口连接有线 PC，WAN 口连接 ADSL 调制解调器。通过无线功能连接无线 PC，并与有线 PC 共同组成内部局域网，共享一条 ADSL 线路上网。

最后，列出网络设备清单及参考价格，如表 1-2 所示。

表 1-2 设备及材料清单

设备名称	型号	描述	数量	单价	金额	备注
台式 PC	灵越 560s	Intel 酷睿 2 双核/2930M	2	3510	7080	DELL
笔记本式 PC	灵越 14	Intel 酷睿 2 双核/2930M	1	4799	4799	DELL
宽带路由器	DIR-600	无线宽带最高支持 150Mbit/s	1	190	190	D-LINK
网络跳线	UTP	约 3m	2	10	28	
调制解调器	ADSL	由 ISP 提供	1	0	0	
总计					12029	

注：此价格为 2010 年 7 月 12 日的参考价格。

1.4.2 网络的实施

网络设计完成后，就可以按照以下步骤开始网络实施了。

1. 订购网络产品

根据设计方案中的设备清单购置需要的网络产品。购置产品时，与产品销售人员打交道，一定要具备一定的购买常识和技巧。购买产品时，最好货比三家，注意选择信誉、服务较好的经销商，并确定保修事宜。同时也应考虑到，随着时间的变化，产品的市场价格可能变化，甚至可能出现缺货或者停产情况，可根据实际情况适当调整原计划。

2. 安装调试

先测试购买的产品，然后布线连接，并配置网络设备，最后完成网络的整体调试和测试。例如，家庭网络的按照调试步骤如下。

（1）测试设备

对购买的产品逐一加电测试，确保开机后正常运行。

（2）布线连接

如图 1-8 所示，使用网络跳线连接网络设备、PC 和 ADSL 调制解调器及电话线等。

（3）配置网络设备

无线宽带路由器需要适当的设置才能使用，一般需要通过 Web 方式配置，详细的配置方法可参考厂家提供的使用说明书。主要配置内容如下。

1）设置宽带路由器内部网络端口（LAN）的 IP 地址。按照规划，设为 192.168.1.1，子网掩码为 255.255.255.0。

2）设置 ADSL 拨号方式。选择 PPoE 连接，设置自动拨号。

3）设置 DHCP。如果每个家庭用户 PC 都设置指定的 IP 地址，本步骤可省略。如果希望为家里所有用户 PC 自动分配 IP 地址，可通过 DHCP 服务实现。例如，在宽带路由器的设置中，启用 DHCP 服务，设置 DHCP 服务的 IP 地址段的起始地址为 192.168.1.10，结束地址为 192.168.1.20，子网掩码为 255.255.255.0，网关设为 192.168.1.1（即宽带路由器 LAN 的端口 IP 地址），DNS 地址设为 ADSL 电信运营商提供的 IP 地址。

4）设置无线连接密码。由于无线接入默认是开放式的，即允许任何无线用户连接，为提高安全性，可在无线宽带路由器中设置接入密码，无线用户在首次接入该网络时需要输入密码。

5）配置用户 PC 的 IP 地址。按照 IP 地址规划（表 1-1），设置每台 PC 的 IP 地址、网关、DNS 等。如果在宽带路由器上已经正确设置了 DHCP，则可将 PC 的 IP 地址和 DNS 设置为自动获取。

（4）测试

测试各 PC 能否连接到 Internet。如果不能，则需要检查线缆连接、ISP 线路、IP 地址设置、设备设置等，可借助 Ping 命令测试检查。

3. 记录并整理技术文档

全部调试完成后，将必要的技术文档、资料整理并保存好，便于以后重新配置或调整时查阅。

1.5 项目实训——考察校园网

1. 实训目的

1）了解局域网的结构及网络系统的设置。
2）熟悉网络的拓扑结构。
3）了解计算机网络中的软硬件资源。
4）了解综合布线系统。

2. 实训内容

根据项目 1 中"项目描述",实地考察学院校园网,对其当前网络情况及未来的发展需求进行调查,可主要围绕下列问题进行。

1)学校的组织结构情况及人员配置。
2)目前学校的信息点及接入速率,未来一两年内的发展情况预测。
3)目前常用的局域网技术。
4)目前学校接入 Internet 所采用的技术及用途。
5)服务器采用哪些品牌及操作系统,有哪些配置,提供哪些服务。
6)目前对网络安全主要实施了哪些方案。
7)目前有无防火墙,是硬件防火墙还是软件防火墙,主要做了哪些配置。
8)对计算机病毒是如何防范的。
9)根据掌握的情况绘制一份网络拓扑图。

学校网络现状调查样表如表 1-3 所示。

表 1-3 学校网络现状调查样表(根据需求做改动)

组织名称			被调查人	
班级		小组号	小组成员	
学校基本情况				
学校所属类型				
人员构成				
日常职责				
提供的主要服务				
网络建设相关的各项费用				
计算机				
通信设备				
网络设计、安装、调试费用				
网络操作系统和网络软件等费用				
技术人员的费用				
技术培训费用				
维护费用				
其他与网络建设相关的费用				
网络组成、布局和使用现状				
网络布局示意图				
是否接入互联网或与其他网络连接				
已安装的常用网络操作系统和软件				
常用网络资源使用方式				
现存在的网络管理方式				
已使用互联网的服务类型				
其他				
分析该部门目前网络使用状况				
通过网络提供的服务				
通过网络处理的日常事务				
网络已给部门带来的变化				
网络给部门带来的问题				
其他				

3. 实训要点

1）参观过程中做好记录，作为后续项目的实训数据输入。

2）根据参观过程中的记录材料和参观后的心得，小组讨论后完成需求调查报告的编写，参考格式如下。

××学校网络项目调研报告

一、概述

此部分简要描述校园网的概况，承前启后，概述本调研报告内容。

二、拓扑结构

此部分给出整个校园网的拓扑结构，注意拓扑要用 PowerPoint 绘制，然后插入 Word 中，插图全部由幻灯片直接粘贴而来。其方法是在 PowerPoint 普通视图左侧的缩略图中选择复制一页幻灯片，在 Word 的相应位置粘贴即可。粘贴的幻灯片的宽度和长度不要调节（通常为 12.68cm，锁定纵横比），不要手工加外框。

三、地址分配

此部分给出整个校园网中使用的 IP 地址情况，如使用了哪些网段，PC 是手工分配 IP 地址还是通过 DHCP 获取 IP 地址。

四、协议使用

此部分给出在校园网中使用了哪些协议，如路由协议，局域网中有无使用 VLAN、STP、VRRP 等。

五、可靠性

此部分给出整个网络在可靠性方面的体现，如有可靠性保障，则描述是如何保障的；如无可靠性，则描述存在的问题及缺点。

六、安全性

此部分给出整个网络在安全性方面的体现，如防火墙、IDS/IPS、防病毒等。

七、网络性能

此部分给出网络用户在网络性能（带宽、延时）方面的要求。

八、总结

根据前面的描述，给出网络整体架构、性能总结。

习题

1. 什么是网络系统集成？试讨论网络系统集成的主要好处。
2. 网络系统集成的内容是什么？
3. 计算机信息系统集成资质等级是怎样划分的？请简要叙述。
4. 请给出网络系统集成的参考模型并描述各层次的主要功能。
5. 网络系统集成主体结构中的甲方、乙方、监理方各自的职责有哪些？

6．小李家中有 3 台计算机，一台台式机和两台笔记本式计算机，运行的操作系统都是 Windows XP，都配有 10/100/1000Mbit/s 的以太网网卡，并且已通过中国电信的 ADSL 接入方式连接到 Internet。小李的需求如下。

1）将 3 台计算机连接起来，能够实现硬件资源的共享（共享打印机）。

2）数据资源的共享，并且能够进行相互之间的访问。

3）要求能玩简单的网络游戏。

4）能够同时上网。

请根据小李的需求，设计出合理的网络解决方案。

项目 2

网络需求分析

需求分析是用来获取和确定系统需求和业务需求的方法，是关系到一个网络系统成功与否的重要砝码，如果网络系统应用需求及趋势分析做得透彻，网络方案就会"张弛有度"，系统架构搭建得好，网络工程实施及网络应用实施就相对容易得多；反之，如果没有就需求与用户达成一致，"蠕动需求"就会贯穿整个项目始终，并破坏项目计划和预算。需求分析是整个网络设计过程中的难点，需要由经验丰富的工程人员来完成，主要完成用户网络系统调查，了解用户建网需求，或用户对原有网络设计改造的要求，为下一步制定网络方案打下基础。

学习目标

- 了解需求分析和需求调查的必要性。
- 了解需求调查的基本方法和需求调查的内容。
- 掌握网络需求分析的主要内容。
- 掌握网络需求分析报告的撰写方法和技巧。

工作任务

根据项目1中"项目描述"和实地考察得到的相关数据，对拟新建或升级的校园网系统集成项目进行需求调查和需求分析，并撰写网络需求分析说明书。

知识准备

需求分析是网络工程技术人员必备的专业知识，是做好网络系统集成项目的首要环节。本项目讲述网络系统集成过程中进行需求分析的必要性、收集需求分析的过程及如何编制说明书。在需求调查时考虑了许多方面，本项目主要从网络的一般状况需求、性能需求、管理需求、应用需求和安全需求等五大方面阐述收集需求分析的过程。

2.1 网络需求分析和需求调查的必要性

需求调查与需求分析是推动工程建设项目的基本动力，用户参与是避免期望差异的唯一途径，这一期望差异主要表现在用户得到的系统与开发者所设计的系统之间不相符，带来的将是重复工作、延误工期或资金超支等不利结果。

提示：网络需求分析和网络分析是不同的概念。网络分析指对网络中所有传输的数据进行检测、分析、诊断，帮助用户排除网络故障，规避安全风险，提高网络性能，增大网络可用性。网络分析是网络管理的关键部分，也是最重要的技术。网络需求分析是网络系统集成中网络工程设计的基础，是网络工程设计过程中用来获取和确定系统需求的过程和方法，它的基本任务是准确地回答"待建网络系统必须做什么"。

1. **网络需求调查要解决的问题**

网络需求调查主要解决以下几方面的问题。

1) 建网动因：即回答为什么需要进行相关的网络设计，可以从管理、生产、科研、经营、政治、行政命令、时间方面的需求等来进行回答。

2) 应用需求：所建设的网络应包括哪些应用系统，包括传统的通用网络系统、与业务/生产/管理相关的应用系统，以及需要解决的具体实际问题。

3) 网络覆盖范围：包括地理范围、使用者范围和数量，主要回答网络有多大。

4) 建网约束条件：包括政策性、规范性约束条件，即定量、定性条件及经费约束条件等。

5) 内外网通信条件：回答目前已有或可用的通信条件，目前状况如何。

2. **需求调查为需求分析提供基本素材**

在项目开始阶段用户常常不知道它们的真正需求，开发者也不知道。另外，需求本身是一个动态的过程，离开了能动的、变化的系统进程而空谈需求，无异于纸上谈兵。需求调查恰如裁缝的量体裁衣，它直接关系到最终产品的成形，如果一个产品满足了用户的需求，那么无疑是成功的。用户所提出的"需要"特性并不总是与用户利用新系统来处理它们的任务时所需的功能相等价。当收集到用户的意见后，必须分析、整理这些意见，直到理解为止，并把理解的内容写成文档，然后与用户一起探讨，这是一个反复的过程，并且需要花费时间。

3. **需求分析为项目设计提供基本依据**

需求分析有助于网络设计人员更好地理解网络应用应该具备什么功能和性能，最终设计出符合用户需求的网络，为网络设计人员提供以下依据。

1) 更好地评价网络体系。
2) 能够客观地做出决策。
3) 提供完美的交互功能。
4) 提供网络的移植功能。
5) 合理使用用户的资源。

2.2 网络需求调查

需求调查与分析的目的是从实际出发，通过现场实地调查，收集第一手资料，取得对整个项目的总体认识，为项目总体规划设计打下基础。初学者认为，获取需求信息的手段无非是调查研究，多问多看即可，但实际情况是系统设计人员与被调查人员之间的沟通交流都可能被对方误解，因此网络工程设计人员必须掌握有效的网络需求调查方法和技巧。

2.2.1 需求来自于何处

网络工程技术人员通过以下几个途径获取网络需求信息。

1）决策者的建设思路：项目成功实施的一个关键，首先了解决策者对网络建设的需求，包括网络扩展问题、核心功能问题。

2）用户提供的历史资料、行业资料和使用状况等资料：网络设计具有行业色彩的关键。一般性的行业需求是方案设计人员应该具备的知识，用户没有耐心详细说明本行业基本信息。特殊行业有特殊要求，包括一些相关政策，如政府机关中的网络，涉及国家机密的计算机物理上不可与 Internet 连接。

3）用户技术人员的细节描述：未来网络系统技术指标的来源。

4）网络使用者对网络的需求：普通用户的意见和看法，这部分用户对网络技术不会很了解，但是他们的需求应该是最基本、最直接的，也应该尽可能满足。

2.2.2 需求调查的方法

在做需求调查前，首先制订好调查计划和调查表，然后采用以下方法进行需求调查。

1）会议和座谈：主要是方案设计人员和用户方相关人员，包括决策者和技术人员，在一起商讨确定网络的规划，出示书面记录，作为日后方案评估的标准。

2）问卷调查：问卷调查通常对数量较多的最终用户提出，询问其对将要建设的网络应用的要求。问卷调查的方式可以分为无记名问卷调查和记名问卷调查。一般都是无记名问卷调查；记名问卷调查通常是为了解用户的身份对建设网络是必需的。

3）用户访谈：用户访谈要求工程设计人员与招标单位的负责人通过面谈、电话交谈、电子邮件等通信方式以一问一答的形式获得需求信息。最好的方法是事先由对方给出一份初步的意见书，然后双方针对意见书中的条款进行磋商。

4）实地考察：实地考察是工程设计人员获得第一手资料采用的最直接的方法，也是必需的步骤。

5）向同行咨询：将获得的需求分析中不涉及商业机密的部分发布到专门讨论网络相关技术的论坛或新闻组中，请同行在网上提供参考和帮助。

2.2.3 需求调查的内容

需求调查的内容涉及一般状况调查、性能需求调查、功能需求调查、应用需求调查和安全需求调查等五大部分。在调查时，要求从事调查的工程人员对所负责的设计部分有全面的技术和功能需求掌握。调查的对象因不同的调查项目可能会不同，各种需求调查不仅要从当前实际需要出发，还要了解未来发展的潜在需求状况。

1. 一般状况调查

一般状况调查包括用户网络系统使用环境、企业组织结构、地理分布、发展状况、行业特点、人员组成和分布、现有可用资源、投资预算和用户的期望目标等。表 2-1 列出了几个可供参考的调查项目，调查人员可根据此表向网络管理员、项目负责人、企业总裁等相关人员进行调查。

表 2-1 一般状况调查表

调查项目	调查结果	受调查人签名
企业组织结构（建议到具体功能）		
网络系统地理位置分布（包括各主要部分面积）		

续表

调查项目	调查结果	受调查人签名
人员组成及分布（包括各部门的人员和位置分布）		
外网连接（外网连接的类型和方式）		
行业和企业特点		
发展状况（分为当前和未来三至五年内两个方面）		
现有可用资源（包括设备资源和数据资源两部分）		
投资预算（主要部分的细化预算）		
最大期望和目标		
其他项目调查		

2. 性能需求调查

网络性能是指该系统完成任务的有效性、稳定性和响应速率。系统性能需求调查决定了整个系统性能档次、所采用的技术和设备档次。性能需求涉及很多具体方面，有总体网络接入方面的性能需求、关键设备（交换机、路由器和服务器等）的响应性能需求、磁盘读写性能要求。表 2-2 为用户性能需求调查表，调查时是根据具体的部门进行的，也可直接调查网络管理员或项目负责人。

表 2-2　用户性能需求调查表

部门	主职工作	调查项目	需求描述	受调查人签名
		接入速率需求（包括广域网接入速率要求，分不同关键点说明）		
		扩展性需求（从网络结构、服务器组件配置等方面说明）		
		吞吐速率（分不同关键点说明）		
		响应时间（分不同关键点说明）		
		并发用户数支持（对不同服务系统写出具体需求）		
		磁盘读写性能（指出所用磁盘类型和陈列级别）		
		可用性（指出具体部分的可用性需求）		
		误码率（主要指广域网的需求，局域网中主要针对关键应用结点）		
		其他需求		

3. 功能需求调查

网络系统的功能需求调查主要侧重于网络自身的功能，而不包括应用系统。网络自身功能只是指基本功能之外的那些比较特殊的功能，如下所述。

1）是否配置网络管理系统、服务器管理系统、第三方数据备份和容灾系统、磁盘阵列系统、网络存储系统、服务器容错系统。

2）是否需要多域或多子网、多服务器。

3）更多的网络功能需求还体现在具体的网络设备上，如硬件服务器系统，可以选择的特殊功能配置包括磁盘阵列、内存阵列、内存镜像、服务器集群等。表 2-3 列出了一些在调查中应注意的主要网络功能需求。

表 2-3　功能需求调查表

功能需求项目	原网络使用情况	新系统的具体需求	受调查人签名
是否需要网络管理系统			
是否需要服务器管理系统			

续表

功能需求项目		原网络使用情况	新系统的具体需求	受调查人签名
是否需要第三方数据备份和容灾系统				
是否需要网络存储系统				
是否需要服务器容错系统				
是否需要多域系统				
是否需要多子域系统				
是否需要多个域控制器				
用户共享上网方式和控制级别				
服务器特殊功能需求	是否支持内存镜像和阵列			
	初始磁盘块数和容量配置			
	磁盘阵列类型和级别			
	是否支持服务器集群			
	服务器集群类型			
	其他功能需求			
交换机特殊功能需求	第3层路由			
	VLAN			
	QoS			
	第7层应用协议支持			
	Web管理			
	其他功能需求			
路由器特殊功能需求	数据交换			
	网络隔离			
	流量控制			
	身份认证			
	数据加密			
	Web管理			
	其他功能需求			

4．应用需求调查

在一定程度上，需求决定一切，所以在组建新网络或改造原有网络前一定要了解企业当前，乃至未来3～5年内的主要网络应用需求。应用需求调查项目主要包括如下方面。

1）期望使用的操作系统、办公系统、数据库系统是哪些？打印和传真业务是否多。
2）主要的内部网络应用，是否需要使用公司内（外）部的邮件服务。
3）是否需要用到公司内（外）部网站服务。
4）是否需要用到一些特定的行业管理系统？

应用需求调查的通常做法：由网络工程技术人员和网络用户在调查基础上填写应用调查表。设计和填写应用调查表要注意的是"该粗的粗，该细的细"，如涉及应用开发的要"细"，而不涉及应用开发的要"粗"，不要遗漏用户的主要需求。表2-4列出了以部门为单位，部门负责人或具体应用人员为被调查对象的主要调查项目。

表2-4 应用需求调查表

部门	调查项目	当前及未来3～5年的应用需求	受调查人签字
	期望的操作系统		
	期望的办公系统		

续表

部　门	调 查 项 目	当前及未来 3～5 年的应用需求	受调查人签字
	期望的数据库系统		
	打印、传真和扫描业务		
	邮件系统的主要应用		
	网站系统的主要应用		
	内网的主要应用		
	外网的主要应用		
	所有的应用系统及要求		
	其他应用需求		

5. 安全管理需求调查

（1）管理需求调查

通常，网络管理的功能主要体现在配置管理、故障管理、性能管理、安全管理和记账管理等几个方面。这些功能在需求调查时应加以考虑，但是，由于网络的大小和复杂程度不同，这些功能仅在某种程度上是有用的。大多数的网络需要远程管理。现在已经有很多软、硬件产品支持简单的网络管理协议（SNMP），因此，在进行需求调查时，要考虑网络管理系统需要做的工作和系统的自动化程度。

表 2-5 详细描述了这些任务，由网络设计人员、网络管理员、工程师、操作人员、技术人员和桌面帮助人员实施。

表 2-5　网络管理方法

设计和优化	实施和更新	监控和诊断
定义数据采集	安装	确定阈值
建立基线	配置	监控异常现象
趋势分析	IP 地址管理	管理问题
响应时间分析	操作数据	验证问题
容量计划	安全管理	排除
获得	审计和记账	旁路和解决问题
拓扑结构设计	资产和库存管理	
	用户管理	
	数据管理	

（2）安全需求调查

随着网络规模的扩大和开放程度的增加，网络安全问题日益突出，人们对安全性的需求已从一个组织延伸到另一个组织。有的组织对系统的安全性很高，如政府代理机构或银行系统往往需要相当高的保密性，这些组织必须要有高质量的安全策略来管理信息的读写操作。表 2-6 为网络安全需求表。

表 2-6　网络安全需求表

类　　别	网络安全需求
安全类型	
Internet 安全	
数据完整性	

提示：网络管理和网络安全是网络工程设计中不可或缺的设计环节。网络管理包括网络安全管理，网络安全是网络管理设计的一部分。最初的网络管理和安全管理都是随着网络系统的规模不断发展的，缺乏系统的规划设计，随着网络规模的不断扩大，网络管理和网络安全也开始逐渐变得系统化、综合化和整体化。可以说，网络管理和网络安全从网络设计之初就已经开始进行规划和设计，并贯穿于网络工程的各个部分。

2.2.4 网络需求调查实例

下面以一个网络系统集成项目来说明网络需求调查的过程及方法。

1. 某企业网络系统项目

某钢铁股份有限公司总部位于重庆市郊区，主要负责生产，有计算机用户 120 人。公司设立了一个分支机构，位于市中心，主要负责销售，有计算机用户 15 人。公司计划实现企业生产和销售的信息化管理，并分期完成。首期投入资金 50 万元用于网络系统的基本建设，完成企业内部计算机用户的网络互连。以后逐步完成网站建设、企业信息系统管理、生产管理和控制等。

虽然首期建设仅需要网络设备互连系统，但是企业的其他系统的建设也需要在设计网络时考虑。按照网络系统设计流程，首先需要进行网络的需求分析。下面是本项目收集需求的两次沟通记录。

2. 第一次需求调查过程

（1）制订调查计划

12 月 5 日，拟对该公司客户管理层自动化部的王部长、网络管理员小胡进行网络需求调查，计划了解如下内容。

1）企业建筑分布和用户的具体分布情况。
2）企业的网络应用需求。
3）网络建设的大致投资预算。
4）原有网络情况，包括网络布线系统、网络设备、计算机等情况。
5）招标情况。

（2）沟通记录

1）小胡：企业总部设在市郊区，有 3 幢建筑物，即办公大楼、建筑 A 和建筑 B，人数分别为 60、25 和 30。网络信息中心设在办公大楼，分支机构位于市中心，租用 2 个写字间，共有用户 15 人。

2）王部长：内部用户日常的网络办公，企业需要建设 Web 网站，需要访问 Internet，要有安全防护措施。员工有时在外出差，需要使用自带笔记本式计算机安全地访问内部网络的数据资源。由于企业处于发展阶段，资金并不富裕，投资预算不高，故希望使用性价比较高的网络产品。

3）小胡：建筑楼内的网络布线过于简单，需要重新布线。计算机由企业单独订购，不需要本次项目资金购买。有几台早期的交换机，如能利用最好。

4）王部长：希望能够建立目前最先进的网络，最好采用万兆以太网连接。将来可能会增加一些员工，估计近 3 年内用户数量可能会增加到 300 人。计划采用招标的方式选择供货服务商,要求注册资金在 100 万元以上,且有两年以上网络系统集成经验,类似项目业绩 5 个以上。

(3)现场考察情况

总部的 3 幢建筑物相距都不超过 450 m。但是,建筑物 B 与办公大楼之间相隔一条高速公路,布线十分困难。需要与客户协商,可否使用无线网络连接。原本有 5 台交换机,每台有 24 个 10/100BASE-T 端口,没有管理功能,不支持 VLAN。

3. 第二次需求调查过程

(1)制订调查计划

12 月 7 日,拟对该公司客户的管理层集团副总罗总,自动化部的王部长进行网络需求调查,计划了解如下内容:包括前次未了解到的需求和其他需求。

1)具体的投资预算。
2)网络设备是否要求为国内或国外的产品,是否对某些厂家比较青睐。
3)确认建筑物 B 与办公大楼之间可否使用无线网络连接。

(2)沟通记录

1)罗总:计划本次投资不超过 50 万元,主要完成基础网络设施的建设。下一步的投资,将实现办公自动化、生产控制自动化等。选用国外质量好、服务好且先进的设备。

2)王部长:总投资包括计算机、网络布线、网络设备和安装调试等全部费用。已经新购置约 120 台计算机,花费 6 万元,其余款项用于网络布线和网络设备互连。他认为使用无线连接的安全性得不到保证,不希望使用无线连接。

2.3 网络需求分析

在进行网络需求调查后,从用户管理人员和管理代表那里获得了大量数据。这些独立的需求含有很多信息,需对这些信息进行整理、分析加工,否则它只是一堆数据,显示不出其用处。网络系统设计者对用户的理解程度,很大程度上决定了网络系统建设的成败,如在为一个公司架设 Web 服务器时,站点的所有功能都实现了,本地测试也没有什么问题,但是如果不知道客户的系统每天要承受 100 万独立 IP 地址的访问,而认为只有 1 万独立 IP 地址的访问流量,则这样的设计就是一个"灾难"。需求分析关注的是"做什么"而不是"怎么做"。因此,网络系统设计人员在网络系统建设初期应该对以下几个方面的问题进行深入的分析。

提示:网络需求描述了网络系统的行为、特性或属性,这是在设计待建网络系统过程中对系统的约束条件,是一个获取和确定支持用户有效工作所需的网络服务和性能水平的过程,它的准确性和完善性直接关系到整个网络工程设计的实施。

2.3.1 问题的确认和描述

首先将调查了解的情况进行分析整理,把主要问题整理出来,明确需要解决的问题。对于访谈形式的需求信息,经常包含一些通信语言,专业性不强,必须用计算机网络的专业术语来描述用户实际存在的问题和需求,这样才能需求分析说明书的具体内容。表 2-7 为问题的确认和描述示例。

表2-7 问题的确认和描述示例

用户提出的实际问题	用专业术语描述
有很多文件要存储且供大家应用	需要一个大容量的存储器，估算其容量为×××兆字节
很多人要同时使用一个软件	需要软件的多用户版本
用户工作时要交换一些信息	需要在用户之间建立电子邮件服务
公司的计算机要能够上网	公司的网络需要接入 Internet

2.3.2 对需求信息进行分析

本部分主要对一般状况调查、性能需求调查、功能需求调查、应用需求调查和安全需求调查等需求信息进行分析。

1. 网络环境需求分析

网络环境需求是对企业的地理环境和人文布局进行实地勘察以确定网络规模、地理分布，以便在拓扑结构设计和结构化综合布线设计中做出决策。网络环境需求分析需要明确下列指标。

1）网络系统建设涉及的物理范围的大小。
2）网络建设区域建筑群位置及它们相互间的距离、公路隔离、电线杆、地沟和道路状况等。
3）每栋建筑物的物理结构：楼层数、楼高、建筑物内的弱电井位置、配电房位置、建筑物的长度与宽度、各楼层房间分布、房间大小及功能等。
4）各部分办公区的分布情况。
5）各工作区内的信息点数目和布线规模。
6）现有计算机和网络设备的数量配置和分布情况。

2. 网络业务需求分析

网络业务需求分析的目标是明确企业的业务类型、应用系统软件种类以及它们对网络功能指标（如带宽、服务质量）的要求。业务需求是企业建网中的首要环节，是进行网络规划与设计的基本依据。通过业务需求分析要为以下几方面提供决策依据。

1）确定需要联网业务部门及相关人员，了解各个工作人员的基本业务流程以及网络应用类型、地点和使用方法。
2）确定网络系统的投资规模，预测网络应用增长率（确定网络的伸缩性需求）。
3）确定网络的可靠性、可用性及网络响应时间。
4）确定 Web 站点和 Internet 的连接性。
5）确定网络的安全性及有无远程访问需求。

3. 网络管理需求分析

网络的管理是企业建网不可缺少的方面，网络是否按照设计目标提供稳定的服务主要依靠有效的网络管理，高效的管理策略能提高网络的运营效率。因此，建网之初就应该重视这些策略。网络管理的需求分析要回答以下类似问题。

1）是否需要对网络进行远程管理，远程管理可以帮助网络管理员利用远程控制软件管理网络设备，使网管工作更方便、更高效。
2）谁来负责网络管理。

3）需要哪些管理功能，如是否需要计费，是否要为网络建立域，选择什么样的域模式等。
4）选择哪个供应商的网管软件，是否有详细的评估。
5）选择哪个供应商的网络设备，其可管理性如何。
6）需不需要跟踪和分析处理网络运行信息。

4. 网络安全需求分析

网络安全的目标是使用户的网络财产和资源损失最小化。网络工程师需要了解用户业务的安全性要求，同时又需要在投资上进行控制，提供满足用户要求的解决方案。对于用户来说，安全性的基本要求是防止用户网络资源被盗用和破坏，企业安全需求分析要明确以下几点。

1）企业的敏感性数据的安全级别及其分布情况。
2）网络用户的安全级别及其权限。
3）可能存在的安全漏洞，这些漏洞对本系统的影响程度如何。
4）网络设备的安全功能要求。
5）应用系统安全要求。
6）采用什么样的杀毒软件。
7）采用什么样的防火墙技术方案。
8）网络遵循的安全规范和达到的安全级别。

5. 外部联网分析

与外部网络的互联涉及以下几方面的内容：
1）是否接入 Internet，内网与外网是否需要隔离。
2）采用哪种上网方式。
3）与外部网络连接的带宽要求。
4）是否要与某个专用网络连接。
5）上网用户权限如何，采用何种收费方式。

6. 网络扩展性需求分析

网络的扩展性有两层含义：其一是指新的部门能够简单地接入现有网络；其二是指新的应用能够无缝地在现有网络上运行。扩展性分析要明确以下指标。

1）企业需求的新增长点有哪些。
2）已有的网络设备和计算机资源有哪些。
3）哪些设备需要淘汰，哪些设备还可以保留。
4）网络结点和布线的预留比率是多少。
5）哪些设备（是否模块化结构）便于网络扩展。
6）主机（CPU 的数量、插槽数量、硬盘容量等）设备的升级性能。
7）操作系统（升级方式）平台的升级性能。
8）所采用的网络拓扑结构是否便于添加网络设备、改变网络层次结构。

提示：网络系统的可扩展性最终体现在网络拓扑结构、网络设备上，特别是交换机和硬件服务器的选型，以及网络应用系统的配置等方面。要充分考虑原有网络中可用的设备资源和数据资源，在不影响网络性能的前提下，优先选用现有的网络设备，一定不要采用完全不兼容的新系统，从而造成资源的浪费。

2.3.3 网络需求数据总结

需求的收集需要经过多次、从多方面获得,列出的需求和一些可能的需求往往比较杂乱,需要进行整理、归纳。同时,还要将这些需求按照重要性分类,确定哪些是必须满足的需求,哪些不是必需的,哪些是推荐的。详细的区分方法可以参照 IETF 在 RFC 2119 对需求重要性分类的关键字描述。关于这些关键字的解释如表 2-8 所示。

表 2-8 需求重要性分类

需求重要性分类的关键字	解 释
Must/shall/required,必须/将/要求	必须满足的基本要求和需求
Must not/shall not,必不/将不	必须满足的约束和禁止的要求
should/recommended,应该/推荐	非必须满足但可能存在的需求,对网络的功能和性能将是有益的
should not/recommended not,不应该/不推荐	非必须满足但存在的需求,不值得实现或可能无法实现
may/optional,可以/可选	可以满足但非必须的需求,可选

2.3.4 网络需求分析实例

将 2.2.4 小节中收集的需求按重要性进行分类,并进一步补充,列入电子表格,如表 2-9 所示。其中,有一些是客户未提到但需要说明的需求。在设计网络之前,需要与用户确认不确定的需求和建议。

表 2-9 需求重要性分析实例

需求重要性分类	需 求 内 容
必须/将/要求	1)用户 115 人,连接快速以太网,能够互相访问,除生产部以外,能够访问 Internet 2)用户分布在 3 栋建筑物里,人数分别为 60、25、30 3)网络信息中心设在主楼,核心设备能够支持 300 个用户 4)总部需要与分支机构实时连接 5)出差在外地的移动用户能够连接到内部网络 6)重新设计并完成网络布线
必不/将不/约束	1)布线及网络系统的成本不超过 50 万元 2)注册资金在 100 万元以上,且有两年以上网络系统集成经验,类似项目业绩 5 个以上
应该/推荐	1)建议使用千兆核心设备,百兆连接到桌面,核心设备支持三层交换 2)建议使用可网管的网络设备,支持 VLAN,便于管理 3)建议设备支持 IPv6,便于将来的网络升级 4)建议购买防火墙设备,保护内部网络的安全,并将 Web 服务器置于非军事区 5)推荐使用 VPN,移动用户通过 Internet 访问内部网络,提高安全性 6)目前国内的网络产品质量也不错,性价比比较高,建议使用国内产品,节约成本 7)建议建筑 B 与主楼之间使用无线网络连接,并设置安全密钥连接 8)建议建筑物之间的布线使用多模光纤,节约设备端口成本 9)原有交换机已经淘汰,价值较低,性能较差,建议报废不用
不应该/不推荐	不推荐使用万兆连接网络,成本过高,千兆连接能够满足企业需求
可以/可选	1)购买网络管理软件,便于管理 2)建筑之间的布线连接增加单模光纤,便于以后干线升级到万兆网络

2.4 项目可行性分析

根据客户的需求并根据系统集成单位自身的具体情况，组织项目小组讨论，确认该项目的可行性，做到心中有数。可行性包括满足约束条件、技术性能和指标及可能的困难和利润。可行性分析不仅有助于设计网络，还能对参加该项目的竞争策略提供帮助。

1. 满足约束的可行性分析

首先要看约束条件（如网络投资约束、政策和时间约束等）能否满足，如果不能满足，可以与用户进一步沟通，探讨是否可以调整约束条件。如果不能满足客户提出的约束条件且不能协商调整约束条件，应尽快放弃。如果约束条件能够满足，可再分析技术的可行性。

2. 技术可行性分析

技术的可行性分析包括两个方面：一个方面是网络需求所要求的技术特点和性能指标的分析，另一个方面是在技术上能否实现的分析。通常用户会在招标文件中列出技术性能指标的最低要求，并要求填写技术偏离表。如果没有，则由设计者分析确定。

（1）技术特性分析

技术特性分析包括可用性、可扩展性、适应性、经济性、安全性、可管理性等，这些都属于定性条件，用程度衡量，没有确定值，最佳的程度是趋于100%。但是，每项都趋于100%是不可能的，因为每个特性都受到成本、技术、环境等多个条件或因素的限制。其中，可用性最重要，应尽可能接近100%，其他特性可根据需要适当提高。分析这些特性能够满足用户需求的最低程度。

（2）性能指标分析

性能指标主要包括带宽、吞吐量、延迟等，针对特定网络应用，分析这些性能指标需要达到的最低量化值。

（3）技术实现分析

查阅现有的技术标准及符合标准的技术产品资料，分析是否能满足或超过上述特性程度或性能指标的最低要求。

3. 可能的困难和利润

设计网络还要考虑一些人为因素带来的困难及可能的利润。新设计的网络结构会改变用户的工作习惯，应尽量使网络方便用户使用，减少用户的抵触情绪。所设计项目完成后的预期效果应当能够为客户带来经济效益，也能为提供服务的公司带来利润，这应该在设计之前进行初步的评估。

2.5 编制需求说明书

如果没有编写出用户认可的需求分析文档，项目人员就很难确定项目何时结束，这将给项目带来极大的风险。需求说明书（也称网络需求分析报告）是需求分析阶段的工作成果，是网络系统集成过程中第一个可以传阅的主要文件，也是下一阶段通信规范分析工作和以后项目验收的检验标准，目的在于对收集到的需求做出清晰的概括。编制需求说明书的基本步骤如下。

2.5.1 数据准备

1)将原始数据制成表,从各个表反映内在联系。提炼需求的过程不需要使用价格费用高的统计分析软件包,因为需求分析并不那么严格,使用价格低廉、使用方便的办公电子表格或数据库即可。

2)把大量的手写调查问卷或表格信息转换成电子表格或数据库。这部分工作的工作量也是可观的,但作为网络设计人员,应该把更多的时间花在技术性的问题上,所以,可以向管理人员或公司职员求助,或雇佣临时工来完成数据的录入。

3)对于需求收集阶段产生的各种资料,都应该编辑目录并归档,便于后期查阅。不管数据是以何种方式收集的(手写调查或联机调查),都应该进行备份。

2.5.2 需求说明书的编制

撰写需求说明书时,应注意对需求信息进行有条理的组织,文档的大标题和小标题之间的序号应该很明确,清晰的需求说明书体现了一个系统设计人员的素质。不同的网络,其设计文档也各不相同。但总体说来,需求分析说明书应该包括综述、需求分析阶段总结、需求数据总结、按优先级排队的需求清单、申请批准部分。

1. 综述

在任何网络设计文档的前面都应该对一个项目的重要性做简要的概述,这对于忙碌的管理人员来说意义重大。综述中内容如下。

1)对项目的简单描述。
2)设计过程中各个阶段的清单。
3)项目各个阶段的状态,包括已完成阶段和正在进行的阶段。

2. 需求分析阶段总结

简单回顾本阶段所要完成的工作。列出所接触过的群体和个人名单,表明收集信息的途径和方法(面谈、集中访谈、调查等)。统计出总的面谈、调查次数。说明该过程中受到的限制和约束,如调查不得不简短、无法接触关键人物、被调查者答卷不认真等。

3. 需求数据总结

认真总结从数据收集中得到的信息。可以根据情况,使用各种不同方法来表示收集到的信息。建议把多种方法结合起来使用,效果会更佳。总结数据需求时,需要注意以下几点。

(1)描述简单直接

对管理人员应该提供信息的整体模式,而不是具体的细节。应该注意尽量用简单易懂的语言,少用专业术语,如果不得不用,则要用通俗的言语进行解释。

(2)说明来源和优先级

说明哪些是业务需求,哪些是用户需求,哪些是应用需求等。对高优先级的需求做标注,标明其来源出处。例如,对防火墙的需求应该来自于网络管理员,而不应该来自于一般的员工。

(3)尽量多用图片

图片说明问题具有直观、易懂的特点,因此可以尽量多地使用图片,使读者更容易明白数据模式,数字表格不如图片的效果好。

（4）指出矛盾的需求

在分析需求信息时，经常会发现一些需求之间存在矛盾。在需求说明书中应该对这些矛盾进行说明，以使管理人员能够找出解决方法。如果管理人员给出目标和优先级，也可以给出解决问题的建议。

（5）需求数据总结表

需求分析总结表如表 2-10 所示。

表 2-10 需求数据总结表

项目名称		项目类型		项目规格	
用户名称		用户技术员	姓名	职务	电话
用户网络现状概述					
拟建项目需求详细说明（附信息点分布图、建筑物位置图等）					
设备需求					
序号	产品	优选品牌			
1	交换机				
2	路由器				
3	硬件防火墙				
4	服务器				
布线产品需求：					
系统软件需求：					
应用需求：					
备注：					

4. 按优先级排队的需求清单

对需求数据做出整理总结后，按需求数据的重要性优先级列出数据的优先级清单。例如，打印机的可用性优先级别最高，工作空间的优先级别最低等。

5. 申请批准部分

在编写需求说明书时，应该说明在进行下一步工作之前，需要得到批准的原因，管理人员签字的地方，网络设计小组的负责人签字的地方。

2.5.3 修改需求说明书

由于需求收集阶段可能没有足够多的用户参与、用户需求不断增加或模棱两可的用户需求等原因，将会产生不合格的需求说明。因此，在编写需求说明书的时候，也要考虑怎样设计修改说明书。需求说明书中一般揭示了不同群体需求之间存在的矛盾，可能管理层会解决这些矛盾，给出所有相关人员一致同意的意见；也可能是大家协商，共同找出解决这些矛盾的方案。如果的确需要修改需求说明书，则最好不要修改原来的数据和信息，可以考虑在需求说明书中附加一部分内容，说明修改的原因，解释管理层的决定，然后给出最终的需求说明。

2.6 项目实训——校园网网络需求分析

1. 实训目的

1）了解需求调查的内容和方法。
2）理解需求分析的内容。
3）掌握需求分析的方法及技巧。
4）掌握网络需求说明书的编写方法。

2. 实训内容

根据项目1中项目背景的描述，完成以下内容。

1）教师或非本项目组的学生扮演所选择的调查目标关键人物（网络中心主任、网络管理员、普通员工、客户等），学生扮演项目组的需求调查人员，双方进行沟通。
2）分析现有网络，以该校园网为模拟分析目标，分析该学院现有网络基本结构，主要检查网络拓扑结构、网络设备、布线情况、机房和设备间情况等，将分析结果用图表示出来。
3）可通过面谈、问卷、研究等各种调查手法，对业务、管理、应用、安全、规模、扩展性等各方面进行需求调查。
4）收集、统计调查结果，得出目标网络需求。
5）写出详细的网络需求说明书。

参考资源：http://wenku.baidu.com/view/0c9fa28ca0116c175f0e4843.html

3. 实训要点

1）需求分析说明书格式力求规范，语言通俗易懂。
2）需求分析中的内容应包含学院的办学规模、管理需求和师生对教学科研的需要。
3）经过系统的需求分析，能够帮助网络设计者确立一个性能较高的网络计算平台，能够帮助学院行政领导更好地做出决策及评价现有网络，能够为学院师生提供更为合适的资源。

习 题

1．"打印机总是很忙"意味着什么技术需求？它说明了用户关心什么问题？
2．在需求信息收集阶段，可以使用哪些方法收集用户的需求信息？至少列举3种方法并比较各自的特点和优点。
3．假定你是一名系统分析人员，用户对你精心设计的需求分析报告不满意，你要怎样处理？
4．了解网络用户需求分析可以从哪些方面着手？
5．网络需求分析的主要内容有哪些？
6．网络安全需求分析涉及的主要内容有哪些？
7．网络建设的可行性分析报告的主要内容有哪些？
8．网络设计需求说明书的主要内容有哪些？
9．写出确定网络流量边界的具体做法。

项目 3

网络工程设计

通过深入细致的网络调查，完成网络需求分析，形成一份详尽的网络需求报告，并通过用户方组织的评审，然后进行网络工程设计。网络工程设计就是要明确采用哪些技术规范，构筑一个满足哪些应用需求的网络系统，从而为用户要建设的网络系统提供一套完整的实施方案。其主要内容包括网络工程目标和设计原则的确定、逻辑网络设计、物理网络设计和编写网络工程设计技术方案。本项目主要涉及逻辑网络设计相关内容，物理网络设计涉及的相关内容将在项目 4 中进行讨论。

学习目标

- 了解网络工程设计的目标与原则。
- 掌握网络技术方案设计和层次化网络拓扑结构设计的方法。
- 掌握 VLAN 及 IP 地址规划的方法和技巧。
- 掌握 IP 路由的设计方法。
- 掌握提高网络可靠性和性能设计的方法。
- 掌握接入网设计要点和服务器子网的构建方法。
- 掌握网络系统安全设计的方法。
- 掌握逻辑网络设计方案的撰写方法和技巧。

工作任务

根据项目 2 中的网络需求分析和网络流量分析的结果，对该校园网进行逻辑网络设计，主要包括以下任务：网络技术方案选型，网络拓扑设计及绘制，VLAN 及 IP 地址规划，IP 网络路由设计，服务器子网和接入网络设计，网络安全设计。

本项目涉及的任务较多，可以根据实施的具体情况，分期分批次完成。

知识准备

网络工程设计是项目实施的重要依据，是网络系统集成的核心内容，涉及两个层面：一是网络逻辑层面的设计和规划，二是网络物理层面的设计和搭建。物理层面的网络设计主要包括综合布线系统设计、网络设备选型等；逻辑层面的网络设计主要涵盖网络技术、拓扑结构设计、VLAN 及 IP 地址规划、网络安全设计等内容。本项目将详细讨论逻辑网络设计的相关知识。

3.1 网络工程设计的目标与原则

网络工程建设目标关系到现在和将来几年用户方网络信息化水平和网络应用系统的成败。在网络工程设计之前应对设计原则进行平衡，并确定各项原则在方案设计的优先级。

1. 网络工程设计的目标

一个单位要建设计算机网络总有自己的目的，不同的计算机网络的建设目标也不尽相同。通常，计算机网络工程建设的目标是如下。

1）建成实用、先进、安全的计算机网络平台。
2）提高资源管理水平和生产效率。
3）促进信息共享，宣传企业形象。
4）提供电子政务、电子商务等功能。
5）提供多种网络应用服务。

2. 网络工程设计的基本原则

网络工程设计原则的确定对网络工程的设计和实施具有重要的指导意义。

（1）实用性原则

计算机外部设备、服务器设备和网络设备在技术性能逐步提升的同时，其价格在逐年下降，不可能也没必要实现所谓的"一步到位"。所以，网络方案设计中应把握"够用"和"实用"原则，网络系统应采用成熟可靠的技术和设备，达到实用和经济的有效结合。

（2）开放性原则

网络系统应采用开放的标准和技术，如 TCP/IP 协议、IEEE 802 系列标准等，其有利于未来网络系统扩充和在需要时与外部网络互通。

（3）高可用性/可靠性原则

无论是企事业单位，还是私营企业，网络系统的可靠性是一个工程的生命线。例如，证券、金融、铁路、民航等行业的网络系统应确保很高的平均无故障时间和尽可能低的平均故障率，在这些行业的网络方案设计中，高可用性和系统可靠性应优先考虑。

（4）安全性原则

在网络工程设计中，既要考虑信息资源的充分共享，又要注意信息的保护和隔离。在企业网、政府行政办公网、国防军工部门内部网、电子商务网站等网络方案设计中应重点体现安全性原则，确保网络系统和数据的安全运行。在社区网、城域网和校园网中，安全性的考虑相对较弱。

（5）先进性原则

建设一个现代化的网络系统，应尽可能采用先进而成熟的技术，应在一段时间内保证其主流地位。网络系统应采用当前较先进的技术和设备，符合网络未来发展的潮流。例如，目前较主流的是千兆以太网和全交换以太网，几乎没有人再去用 FDDI 和令牌环了。但是，太新的技术也存在缺点：一是不成熟；二是标准还不完备、不统一；三是价格高；四是技术支持力量跟不上。

（6）可扩展性原则

为了保证用户的已有投资和用户业务不断增长的需求，网络总体设计不仅要考虑近期目标，也要为网络的进一步发展留有扩展的余地，因此，网络工程设计应在规模和性能两方面具有良好的可扩展性。

（7）网络设计的其他原则

1)"核心简单，边缘复杂"原则。网络设计时，应当保证核心层结构简单，但性能要求高；接入层一般结构复杂，但性能要求低于核心层。

2)"弱路由"原则。路由器容易成为网络瓶颈，因此应传输尽量少的信息。一般在连接外网时使用路由器，而内网中尽量使用 3 层交换机。

3)"80/20"原则。在进行局域网设计时，应当保证一个子网数据流量的 80%是该子网内的本地通信，只有 20%的数据流量发往其他子网。

4)"影响最小"原则。网络结构改变而受到影响的区域应被限制到最小。

5)"2 用 2 备 2 扩"原则。由于主干光纤布线困难，因此在主干光纤布线时应考虑 2 根光纤正常使用，2 根光纤用于链路备份，2 根光纤留给系统以后的扩展。

6)"技术经济分析"原则。网络设计通常包含许多权衡和折中，成本与性能通常是最基本的设计权衡因素。

7)"成本不对称"原则。局域网设计时，对线路成本考虑较少，对设备性能考虑较多，追求较高的带宽和良好的扩展性。

提示：用户在设计网络时强调的先进性、实用性、安全性、可靠性、易用性和经济性等指标要求，往往是互相矛盾的。这些矛盾包括主流技术与新技术的矛盾、安全性与易用性的矛盾、可靠性与经济性的矛盾。例如，可靠性设计往往以增加系统成本为代价。可以说，满足所有要求的设计是一个充满了矛盾的设计。因此，应当根据用户的实际需求，在相互矛盾的指标中做出折中处理。

3.2 网络体系结构设计

网络体系结构设计指确定计算机网络的层次结构及每层所使用的协议的过程。就局域网而言，它所覆盖的层主要包括物理层和数据链路层，其中设计的重点是物理层和 MAC 子层；而广域网的物理线路和传输服务属于电信公共网络，不属于计算机网络物理层设计范围，计算机网络用户所要做的工作是选择一种接入方式和租用某种传输服务。但是，出于计算机网络互连的需要，还需设计高层的协议及互联网通信技术。

3.2.1 物理层设计

计算机网络物理层设计的任务包括以下几个方面。

1. 确定在网络的不同位置使用何种传输介质

计算机网络系统使用的传输介质主要有双绞线（UTP/STP）、同轴电缆（粗缆/细缆）、光缆（单模/多模）和无线传输介质（红外线、蓝牙、微波、射频无线电）等。不同传输介质其传输特性是不一样的，传输距离和传输速率是影响其传输特性的两个主要因素。例如，UTP 双绞线的传输距离限制在 100m 内，5 类以下的 UTP 双绞线最高能传输 100Mbit/s 的数据。常用传输介质的分布如表 3-1 所示。

表 3-1 传输介质分布

传 输 介 质	分 布 位 置
双绞线	桌面布线
	同一楼层布线
	楼层间互连
光缆	楼与楼之间互连
	楼层交换机互连
	桌面布线（用在极少数高性能计算场所）

2．确定物理层标准

当前计算机网络工程中主要采用以太网时，以太网的物理层标准成员如表 3-2 所示。

表 3-2 以太网物理层标准成员

MAC 标准	802.3	802.3a	802.3i	802.3j
物理层标准	10BASE-5	10BASE2	10BASE-T	10BASE-F
MAC 标准	802.3u	802.3u	802.3u	802.3x&y
物理层标准	100BASE-FX	100BASE-TX	100BASE-T4	100BASE-T2
MAC 标准	802.3z	802.3ab	802.3ae	802.3ae
物理层标准	1000BASE-X	1000BASE-T	10G BASE-LR/LW	10G BASE-ER/EW

从表中可以看到，物理层标准包括两方面的指标：数据速率和传输介质。数据速率从 10Mbit/s、100Mbit/s、1Gbit/s 到 10Gbit/s；传输介质包括了双绞线、同轴电缆（10BASE-5，10BASE-2）和光纤。物理层标准分布如表 3-3 所示。

表 3-3 物理层标准分布

物理层标准	分 布 位 置
10 BASE-T	桌面
100 BASE-TX	桌面
	楼层交换机互连
100 BASE-FX	楼层交换机互连
	桌面（极少数高性能计算场所）
1G BASE-CX	楼层交换机互连
	楼与楼之间互连
1G BASE-SX	服务器与交换机互连
	楼层交换机互连
1G BASE-LX	楼与楼之间互连
	园区之间互连
10G BASE	园区网之间互连

3.2.2 MAC 子层设计

计算机网络的数据链路层设计主要是选择 MAC 技术，因为逻辑链路控制子层提供的数据服务对不同的 MAC 子层是一致的。局域网可以分为共享式和交换式。这两种网络的区别就在于 MAC 方式的不同。共享式网络的 MAC 方式支持多个工作站争用同一信道,如 802.3 以太网、802.4 令牌总线网、802.5 令牌环网、ANSI FDDI 网等。交换式网络中的工作站使用点到点信道,不存在信道争用。

综上所述,MAC 子层设计包括以下内容:确定 MAC 标准,选择 802.3 以太网系列,还是选择其他的计算机网络;确定采用共享式还是交换式。这两方面很重要,因为它们决定了选择什么样的设备和设计什么样的硬件平台。当前,计算机网络 MAC 设计趋势是交换式。一个全交换式的园区计算机网络如图 3-1 所示。

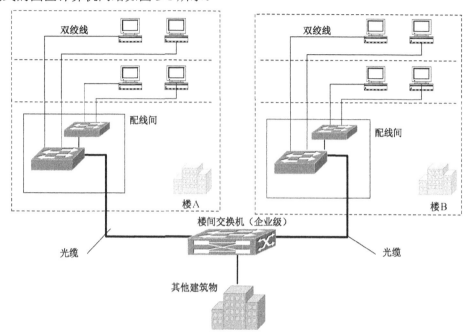

图 3-1 交换式园区网络配置

交换式计算机网络设计的核心是确定各个级别交换机的配置。目前这一点很容易实现,因为交换机的供应商已经专门设计了各个级别的交换机。设计者需要做的工作是提出计算机网络交换机需具备的性能指标细节,以及对现有产品的评估和比较。

3.2.3 互连层设计

当计算机网络中采用路由方式互连(或是存在子网)时,需要设计互连层,主要解决以下 3 个问题。

1)在网络之间进行数据帧格式转换,其转换原理如图 3-2 所示。

图 3-2 互连层的转换功能

2）路由选择：为计算机网络帧中封装的互连协议分组选择传输路径。

3）地址解析：在 IP 地址与 MAC 地址之间进行映射。

互连层设计要确定以下 3 个方面的协议。

1）互连协议：常见的第 3 层协议，如 IP、IPX 或 Apple Talk 等。

2）路由协议：路由协议的作用是生成互连协议进行路由选择时使用的路由表。常用的路由协议有 RIP、OSPF、BGP 等。

3）地址解析协议：常用的有 ARP/RARP、BOOTP、DHCP 等。

目前，互连层协议多采用 IP，而传输层协议采用 TCP 和 UDP。TCP/IP 协议簇由于 Internet 的广泛应用而成为互联网协议的主导。

3.2.4 网络协议的选择

具体选择哪种网络协议主要取决于网络组建的规模和网络的兼容性，以及协议是否简单、易操作，这样更有利于网络的管理。网络协议的选择要遵循以下原则。

1. 网络协议的选择要符合其特点

每种网络协议都有其独特的优势，但也有一定的缺陷。如果网络需要用路由器连接，那么就不能采用 NetBEUI 协议，而采用 TCP/IP 或者 NetWare 协议；如果网络组建的目的是实现资源共享，那么 NetBEUI 协议是不错的选择；如果从 NetWare 迁移到 Windows 2003，或者两个平台资源共享时，可以选择 IPX/SPX 及其兼容的协议。但从高效、可扩展性等方面考虑，TCP/IP 还是比较理想的协议。

2. 注意选择网络协议的版本

即使是相同的协议，不同的版本所需的环境也可能不一样，为了保证其协议能应用到用户所需的网络环境中，需要注意其版本。

3. 注意所选网络协议的一致性

如果两台计算机通过不同的协议进行通信，则可能造成许多不利影响，这也会影响到网络的稳定性和安全，所以要尽量保持协议的统一。

4. 注意不要选择多种网络协议

除非情况特殊，否则选择一种网络协议就已经足够，尽量不要选择多种网络协议。因为协议也会占用部分资源，而过多的网络协议会使计算机网络性能下降，也不方便管理。

3.3 网络技术方案设计

由于大中型网络结构比较复杂，实现网络功能需要运用很多网络技术。在网络设计中需要描述选择哪些技术，以及运用这些技术解决什么问题，选择适合企业网络系统需求特点的主流网络技术，不仅能保证企业网络的高性能，还能保证企业网络的先进性和扩展性，能够在未来向更新技术平滑过渡，保护企业的投资。

3.3.1 以太网、快速以太网和吉比特以太网技术

以太网技术发展十分迅速,现在几乎所有的局域网都采用以太网技术。相对于带宽为10Mbit/s 的以太网标准,将带宽为 100Mbit/s 的以太网标准称为快速以太网(Fast Ethernet)。在树型拓扑结构的大中型局域网中,为了提高末端结点的带宽,在干线上需要提供更大的带宽。以太网技术已经能够在网络干线连接的交换机端口上实现1000Mbit/s(吉比特以太网)的带宽,甚至可以到达 10Gbit/s(万兆以太网),近年来已经出现了 40 吉比特以太网、100 吉比特以太网等。

1. 以太网技术指标

常见以太网技术指标如表 3-4 所示。

表 3-4 常见以太网技术指标

项 目	10BASE-5	10BASE-2	10BASE-T	10BASE-F
传输介质	同轴粗缆	同轴细缆	双绞线	光纤
缆线电阻	50Ω	50Ω	100Ω	—
数据速率	10 Mbit/s	10 Mbit/s	10 Mbit/s	10 Mbit/s
信号传输方式	基带	基带	基带	基带
网段的最大长度	500m	185m	100m	2000m
最大网端数量	5	5	5	2
最大网络跨度	2500m	925m	500m	4000m
网段上的最大工作站数目	100 台	30 台	1024 台	无限制
拓扑结构	总线型	总线型	星型	点对点
网线上的连接端	9 芯 D 型 AUI	BNC T 型接头	RJ-45	ST、SC、FC 光纤
介质挂接方法	MAU 连接同轴电缆	网卡中	网卡中	网卡中
优点	用于主干最好	便宜	易于维护	最宜在楼间使用

2. 快速以太网技术指标

快速以太网技术指标如表 3-5 所示。

表 3-5 100Mbit/s 标准以太网技术指标

项 目	100BASE-T4	100BASE-TX	100BASE-FX	100BASE-T2
信号传输技术	8B6T	4B5B	4B5B	PAM5X5
传输介质	3 类以上 UTP	5 类以上 UTP 或 STP	SMF/MMF	3 类以上 UTP
接口	RJ-45	RJ-45	ST、SC、MIC	RJ-45
最长介质段	100m	100m	2000m/40000m	100m
所需传输线数目	4 对	2 对	1 对	2 对
发送线对数	3 对	1 对	1 对	1 对
拓扑结构	星型	星型	星型	星型
中继器数量	2	2	2	2
全双工支持	否	是	是	是
最大冲突域范围	205m	205m	228/412m	205m
网卡上的连接端口	RJ-45	RJ-45	ST、SC、FC	RJ-45
信号频率	25MHz	125MHz	125MHz	25MHz

3. 高速以太网技术指标

高速以太网技术指导如表 3-6 所示。

表 3-6 吉比特以太网技术指标

项 目	1000BASE-SX	1000BASE-LX	1000BASE-CX	1000BASE-T
信号传输技术	8B10B	8B10B	8B10B	PAM-5
传输介质	MMF/SMF	MMF/SMF	STP	5 类 UTP
线对	1	1	1	4
接口	SC	SC	SC、DB9	RJ-45
最长介质段	275m/550m	550m/5000m	25m	100m
拓扑结构	星型	星型	星型	星型

4. 万兆位以太网组网技术

万兆位以太网技术于 2002 年 7 月在 IEEE 通过,它提供了 4 种接口,分别是 850nm 局域网接口、1310nm 宽频波分复用(WWDM)局域网接口、1310nm 广域网接口和 1550nm 广域网接口,如表 3-7 所示。

表 3-7 万兆位以太网技术标准

项 目	10GBASE-LX4	10GBASE-SR	10GBASE-LR	10GBASE-ER	110GBASE-LX4	10GBASE-SR	10GBASE-LR
波长	1310nm	850nm	1310nm	1550nm	850nm	1310nm	1550nm
光缆	MMF/SMF	MMF	SMF	SMF	MMF	SMF	SMF
网络	局域网	局域网	局域网	局域网	广域网	广域网	广域网
传输距离	300m	35m	10000m	300m	10000m	10000m	40000m

提示:IEEE 802.3ae 标准定义了 7 种新的传输介质,其标准通式如下:10G BASE-[媒体类型][编码方案][波长数],即 10G BASE-[E/L/R] [X/R/W] [4]。媒体类型中 S 为短波长(850nm),用于 MMF 在短距离(35m)数据传送;L 为长波长(1310nm),用于校园网的建筑物之间或大厦之间进行数据传输,使用 SMF 时可以支持 10km 距离,使用 MMF 时可以支持 300m;E 为特长波长(1550nm),用于广域网或城域网中的数据传输,使用 SMF 时可以支持在 40km 内传输。在编码方案中,X 为局域网物理层中的 8B/10B 编码,R 为局域网物理层中的 64B/66B 编码,W 为广域网物理层中的 64B/66B 编码。最后的波长数为 4,如果不使用波分复用,则波长数为 1。

3.3.2 VLAN 设计

VLAN 是指在交换局域网的基础上,采用 VLAN 协议(802.1Q)实现的逻辑网络。这种逻辑网络可以跨越多个交换机,实现不同地理位置的 PC 互连互通。交换机提供了 VLAN 和路由(三层交换)功能。VLAN 技术能够控制第二层广播域的大小,减少或避免广播风暴的发生;第三层交换可以实现不同 VLAN 之间的数据通信,扩大了局域网的规模和覆盖范围。

1. VLAN 实现途径

建立 VLAN 的条件:构成 VLAN 的 PC 必须直接连接到支持 VLAN 功能的局域网交换机端口,交换机要有相应的 VLAN 管理及协议。交换式以太网实现 VLAN 主要有 4 种途径,如

表 3-8 所示。

表 3-8 实现 VLAN 的主要方式

划分方法	类 型	优 点	缺 点	应用范围
基于端口的 VLAN	静态 VLAN	划分简单,性能好,大部分交换机支持,交换机负担小	手工设置较烦琐;用户变更端口时,必须重新定义	应用广泛
基于 MAC 的 VLAN	动态 VLAN	用户位置改变时不用重新配置,安全性好	所有用户都必须配置,交换机执行效率降低	一般
基于协议的 VLAN	动态 VLAN	管理方便,维护工作量小	交换机负担较重	支持较少
基于 IP 组播的 VLAN	动态 VLAN	可扩大到广域网,很容易通过路由器进行扩展	不适用于局域网,效率不高	应用较少

提示:网络中有很多和 VLAN 相关的术语,这些术语按照网络流量的类型和 VLAN 所执行的功能进行定义,VLAN 相关术语包含:默认 VLAN、管理 VLAN、数据 VLAN、本征 VLAN 和语音 VLAN 等。

2. 本地 VLAN 和端到端 VLAN

(1)本地 VLAN

本地 VLAN 把 VLAN 的通信限制在一台交换机中,也就是把一台交换机的多个端口划分为几个 VLAN,如图 3-3 所示。

本地 VLAN 不进行 VLAN 标记的封装,交换机通过查看 VLAN 与端口的对应关系来区别不同 VLAN 的帧。在本地 VLAN 模型中,如果用户想访问到它们所需的资源,那么二层交换就需要在接入层来实施,而路由选择则需要在分布层和核心层实施。使用本地 VLAN 设计模型具有增强网络的可扩展性、实现网络的高可用性、隔离网络的故障域等优势。

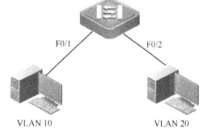

图 3-3 本地 VLAN

(2)端到端 VLAN

端到端 VLAN 模型中,各 VLAN 遍布整个网络的所有位置,网络中所有交换机都必须定义这个 VLAN,若那台交换机上没有属于这个 VLAN 的活动端口,则 VLAN 的信息由中继链路(Trunk)来传输,如图 3-4 所示。在中继链路里,交换机要给某个 VLAN 的数据帧封装 VLAN 标识,并通过交换机或者路由器的快速以太网接口来传输。

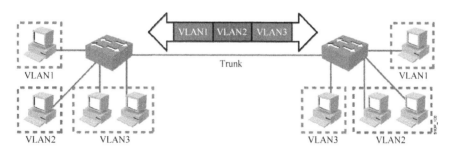

图 3-4 端到端 VLAN

提示:以前,网络设计者在设计网络时往往会使用 80/20 规则,当时的网络架构更适宜使用端到端 VLAN。而现在,网络架构更接近 20/80 规则,使用本地 VLAN 更好。

3. VLAN 间的通信

（1）用路由器实现 VLAN 间路由

图 3-5 所示为用路由器实现 VLAN 间通信的模型图。图中，路由器分别使用 3 个以太网接口连接到交换机的 3 个不同 VLAN 中，主机的网关配置成路由器接口的 IP 地址。由路由器把 3 个 VLAN 连接起来，这就是 VLAN 间路由。

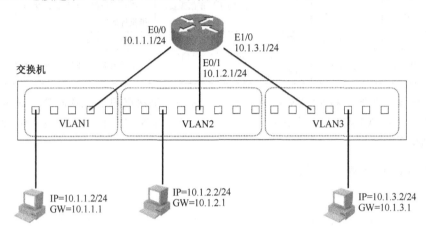

图 3-5　用路由器实现 VLAN 间路由的模型图

（2）用 802.1q 和子接口实现 VLAN 间路由

为了避免物理端口和线缆的浪费，简化连接方式，可以使用 802.1q 封装子接口，通过一条物理链路实现 VLAN 间路由，这种方式被形象地称为"单臂路由"。交换机端口的链路类型有 Access 和 Trunk，其中 Access 链路仅允许一个 VLAN 的数据帧通过，而 Trunk 链路能够允许多个 VLAN 数据帧通过。单臂路由正是利用 Trunk 链路能够允许多个 VLAN 数据帧通过而实现的，如图 3-6 所示。从图 3-6 可以看出，VLAN 间传递流量的设备正是路由器，在 Trunk 链路上，每个数据帧都会"穿越"两次：第一次是交换机将数据帧发送给路由器，第二次是路由器将数据帧发回给目的 VLAN。

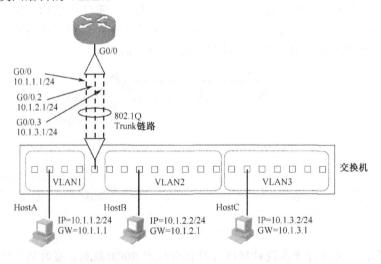

图 3-6　用 802.1q 和子接口实现 VLAN 间路由的模型图

提示：物理接口和子接口都可以用于执行 VLAN 间的路由，但两者之间在端口限制、效能、使用端口属性、成本和复杂性等方面存在区别，如表 3-9 所示。

表 3-9 交换机物理接口和子接口之间的区别

物 理 接 口	子 接 口
每个 VLAN 占用一个物理接口	多个 VLAN 占用一个子接口
无带宽争用	存在带宽争用
连接到接入模式交换机端口	连接到中继模式交换机端口
成本高	成本低
连接配置较复杂	连接配置较简单

（3）用三层交换机实现 VLAN 间路由

采用"单臂路由"方式进行 VLAN 间路由时，数据帧需要在 Trunk 链路上往返发送，从而产生了一定的转发延迟；同时，路由器是软件转发 IP 报文的，如果 VLAN 间路由数据量较大，就会消耗路由器大量的 CPU 和内存资源，造成转发性能的瓶颈。

图 3-7 所示为三层交换机实现 VLAN 间路由。图中，三层交换机的系统为每个 VLAN 创建了一个虚拟的三层 VLAN 接口，用来做 VLAN 内主机的网关，这个接口像路由器接口一样接收和转发 IP 报文。三层 VLAN 接口连接到三层路由转发引擎上，通过转发引擎在三层 VLAN 接口间转发数据。

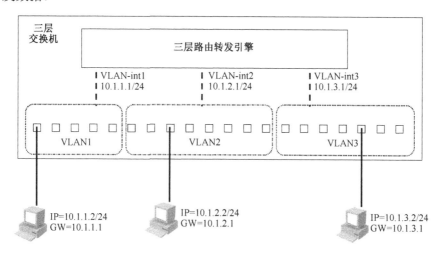

图 3-7 用三层交换机实现 VLAN 间路由的模型图

提示：在交换机上可以给 VLAN 接口配置 IP 地址，但二层交换机与三层交换机之间存在区别：二层交换机上给 VLAN 配置 IP 地址，作为该交换机的管理 IP 地址；在三层交换机上给 VLAN 配置 IP 地址，作为该 VLAN 用户的网关。

4. VLAN 划分原则

一般情况下，在企业网中推荐采用按"地理位置+部门类型+应用类型"三者结合的规划模式对 VLAN 进行划分，如表 3-10 所示。同时，为实现对网络设备安全、有效地管理，建议将网络设备的管理地址作为一个单独的 VLAN 进行规划。

表 3-10　VLAN 的划分原则

划 分 依 据	举　　　例
按业务类型划分	数据、语音、视频
按部门类型划分	工程部、市场部、财务部
按地理位置划分	总公司、北京分公司、重庆分公司
按应用类型划分	服务器、网络设备、办公室、教室

5. VLAN 规划的限制

1）VLAN 1 不要分配给业务 VLAN 使用。
2）相近业务的 VLAN ID 要连续成段分配。
3）尽量使用 1024 以下的 VLAN ID。
4）为每一个 VLAN 规划 VLAN 描述符。
5）VLAN 的数目不能超过 4096。
6）每一个 VLAN 的主机数目建议不超过 64 个。
7）VLAN 不宜划分得太多。

提示：对于某些应用，VLAN 的数量可能超过 4096，如建设一个城域网，这个城域网可以为数百个企业提供互连，规划的 VLAN 数量就可能超过 4096 个，这种情况下可以使用 VLAN 二次封装技术（即 QinQ 技术）来解决；另外，ISP 为了安全需要，为每一个端口划分一个 VLAN，会导致全网的 VLAN 数目不够用，这种情况下可以使用 Private VLAN 等技术解决；VLAN 划分得越多，就会占用越多的主机地址，这种情况下可以使用 Super VLAN 技术来解决。

3.3.3　VLAN 设计案例

某园区网有 3 栋楼，分别为行政楼、教学楼、办公楼；每栋楼各有 1 台接入交换机，核心交换机在行政楼；行政楼内有办公室、财务部和教室；办公楼内有办公室、财务部；教学楼内有办公室和教室，VLAN 规划如表 3-11 所示。

表 3-11　VLAN 规划

VLAN-ID	用　　途	使 用 网 段	网 关 地 址	VLAN 名称
10	办公室用户	192.168.10.0/24	192.168.10.1	bangong
20	财务部用户	192.168.20.0/24	192.168.20.1	caiwu
30	教室用户	192.168.30.0/24	192.168.30.1	jiaoshi
100	设备管理	172.16.100.0/24	172.16.100.1	shebei

3.3.4　STP 设计

在网络中，通常要设计冗余链路和设备来避免单点失效引起的网络瘫痪。但是，冗余链路的存在，会使网络形成环路，导致网络广播风暴的发生和 MAC 地址学习错误等严重问题，如何解决这个矛盾呢？

提示：交换网络环境中的二层交换机能够按照 MAC 地址表进行转发数据帧，但它没有记录任何关于该数据帧的转发记录，因而无法依靠自身来解决冗余链路带来的环路问题，必须使用 STP（生成树协议）来解决。

STP 是一个二层链路管理协议，启用了 STP 的交换机通过有选择的堵塞冗余链路，生成无环路的拓扑（定义根桥、根端口、指定端口、路径开销等），来达到消除网络二层环路的目的，同时具有链路备份功能。

生成树协议包括最初在 IEEE 802.1d 中定义的 STP、IEEE 802.1w 中定义的能快速收敛的 RSTP 和 IEEE 802.1s 中定义的能适应多 VLAN 复杂环境的 MSTP 等。

1. STP 基本术语

1）网桥 ID（8 字节）=网桥优先级（2 字节）+网桥 MAC（6 字节），默认优先级 32768，值为 0~65535；值越小越好，为 4096 的倍数。

2）端口 ID（2 字节）=端口优先级（1 字节）+端口 ID（1 字节），默认优先级 128，值为 0~255，越小越好，为 16 的倍数。

3）根路径开销：本交换机到达根交换机路径的总开销，越小越好，与带宽有关。

4）根网桥：交换网络中具有最小网桥 ID 的交换机。根网桥是 STP 选举的参考点，以及所形成无环路转发路径的核心。一个交换式网络只能有一个根网桥。

5）根端口：非根网桥上具有到根网桥最小路径开销的接口。每个非根网桥有一个根端口。

6）路径开销：路径开销用来衡量网桥之间的距离，以网桥之间的接口链路带宽为参考，如表 3-12 所示。

表 3-12 常见路径开销

链 路 带 宽	成本（修订前）	成本（修订后）
10Gbit/s	1	2
1000Mbit/s	1	4
100Mbit/s	10	19
10Mbit/s	100	100

7）指定端口：每个交换网段中具有最小根路径开销的端口。

2. STP 的工作过程

（1）交换 BPDU

在 STP 网络中，交换机之间必须进行一些信息交流，这些信息交流单元称为 BPDU，是一种二层报文，目的 MAC 地址是多播地址 0180.c200.0000，所有支持 STP 的交换机都会收到并处理 BPDU，BPDU 的报文类型有以下两种。

1）配置 BPDU，根桥用于生成树计算和维护生成树拓扑的报文。

2）拓扑变更告知（TCN）BPDU，用于通知网络拓扑的变更。

初始时，每台交换机生成以自己为根桥的配置 BPDU，如图 3-8 所示。网络收敛后，每个参与 STP 的交换机在自己的每个端口每隔 2s 发送一次 BPDU，根交换机向外发送配置 BPDU，其他的交换机对该配置 BPDU 进行转发。配置 BPDU 包含相关参数，如图 3-9 所示。

（2）选举根网桥

根网桥是 STP 的核心，它的所有端口都转发数据，判断根网桥就是通过 BPDU 来完成的，选择依据网桥 ID，ID 值最小者当选，如图 3-10 所示。作为公共参考点，根网桥应位于 2 层网络的中央，选用汇聚层的交换机比接入层的交换机更合适，或者将靠近服务器的交换机用作根网桥的效率更高。

（3）选举根端口

根网桥选举出来后，要在每个非根网桥上选举出一个根端口，根端口通常处于转发状态。Root Port 的选择依据如下：根路径成本最小，发送网桥 ID 最小，发送端口 ID 最小，接收端口 ID 最小。

根端口的选举过程如图 3-11 所示。

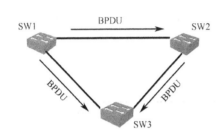

图 3-8 配置 BPDU

项目	字节
协议 ID	2
版本号	1
报文类型	1
标记域	1
根网桥 ID	8
根路径成本	4
发送网桥 ID	8
端口 ID	2
报文老化时间	2
最大老化时间	2
Hello 时间	2
转发延迟	2

图 3-9 配置 BPDU 包含相关参数

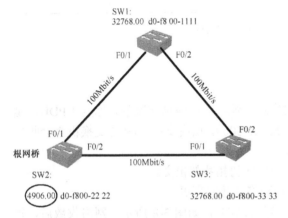

图 3-10 根网桥选举

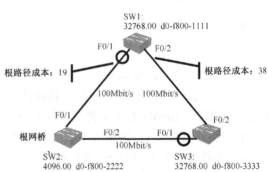

图 3-11 根端口选举

（4）选举指定端口

每个网段中选取一个指定端口，用于向根交换机发送流量和从根交换机接收流量。指定端口选举依据如下：根路径成本最小，所在交换机的网桥 ID 最小，端口 ID 最小。

指定端口的选举过程如图 3-12 所示。

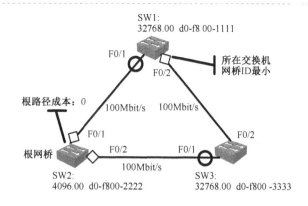

图 3-12 指定端口选举

3. STP 端口状态

STP 定义了 5 种端口状态：Disabled、Blocking、Listening、Learning 和 Forwarding。其中，Listening 和 Learning 状态为中间状态，为避免临时环路，端口处于中间状态时，端口不能接收和发送数据。STP 各端口状态对配置 BPDU 收发、MAC 地址学习及数据的收发处理不同，如表 3-13 所示。

表 3-13 STP 各端口状态对配置 BPDU 收发、MAC 地址学习及数据的收发处理

STP 端口状态	是否发动配置 BPDU	是否进行 MAC 地址学习	是否收发数据
Disabled	否	否	否
Blocking	否	否	否
Listening	是	否	否
Learning	是	是	否
Forwarding	是	是	否

4. STP 的计时器

STP 网络收敛是一种重要的网络操作，是指当网络拓扑改变时（如某个交换机失效），交换机重新计算 STP 的过程。因为 STP 选举完成后，网络不可能总是稳定的，有可能某个交换机失效了，这时它就不会每隔 2s 发送 BPDU 信息了，其相邻的交换机检测到这一点时，STP 开始重新计算过程。在这个过程内，交换机就会经历上述的状态，在收敛过程中，交换机是不能转发数据的，因此时间就变得重要起来。表 3-14 为 STP 的 3 个重要计时器。

表 3-14 STP 的计时器

计时器	功能	默认时间
Hello	发送 BPDU 的时间间隔	2s
Max Age	BPDU 的存储时间	20s
Forward Delay	监听和学习状态的持续时间	30s（其中监听 15s，学习 15s）

提示：在未充分了解网络结构之前，最好不要更改这些计时器。如果网络管理员认为网络的收敛时间可以进一步优化，则可以通过重新配置网络直径自动调整转发延迟和最大老化时间计时器来进行优化，建议不要直接调整 BPDU 计时器。当某个交换网络直径超过 7 台以上的交

换机时,默认配置就会有问题,此时应注意不要将转发延迟时间调整的过长,否则会导致生成树的收敛时间过长,也不要将转发时间调整的过短,否则在拓扑变更的时候会引入短暂的环路。

5. RSTP 的引入

当网络拓扑发生变化时,STP 可以消除二层网络中的环路并为网络提供冗余性,但网络临时失去连通性并没有做任何处理时,网络需要经过 2 倍的转发延迟才能恢复连通性,相对于三层协议 OSPF 或 VRRP 秒级的收敛速度,STP 的延迟无疑成为影响网络性能的一个瓶颈。为解决 STP 收敛速度慢的问题,IEEE 在 STP 的基础上进行了改进,推出了 RSTP,其 IEEE 标准为 802.1w。RSTP 消除环路的基本思想和 STP 保持一致,具备 STP 的所有功能,支持 RSTP 的网桥和支持 STP 的网桥一同运行。

提示:RSTP 为了实现端口的快速收敛,依赖于协议定义的两种变量:边缘端口、链路类型(点对点和共享)及引入的一种新的机制:交换机在其新的端口上发送确认信息时,授权其立刻过渡到转发状态,并绕过会产生双倍转发延迟的侦听和学习阶段。

6. MSTP 的引入

(1) STP/RSTP 的缺陷

IEEE 802.1d 标准的提出早于 VLAN 的标准 802.1q,因此 STP 中没有考虑 VLAN 的因素。

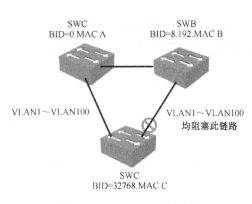

图 3-13 STP/RSTP 的局限

而 802.1w 对应的 RSTP 仅对 STP 的收敛机制进行了改进,其和 STP 一样同属于单生成树协议,在计算 STP/RSTP 时,网桥上所有的 VLAN 都共享一棵生成树,无法实现不同 VLAN 在多条 Trunk 链路上的负载分担,造成带宽的极大浪费,如图 3-13 所示。

提示:如果每个 VLAN 运行一个生成树实例,对交换机来说会比较浪费。实际上,大多数网络不需要太多的逻辑拓扑,即通常多个 VLAN 采用相同的逻辑拓扑,那么采用相同逻辑拓扑的 VLAN 就可以共享一个生成树实例。交换机处理生成树实例越少,交换机的 CPU 消耗就越少,MSTP 就是为减少生成树运行时消耗交换机 CPU 而提出的。

(2) MSTP 的基本思想

上述缺陷是单生成树协议自身无法克服的,如果要实现 VLAN 间的负载分担,就需要使用 MSTP。MSTP 在 IEEE 802.1s 标准中定义,它既可以实现快速收敛,又可以弥补 STP 和 RSTP 的缺陷。MSTP 基于实例计算出多棵生成树,每一个实例可以包含一个或多个 VLAN,每一个 VLAN 只能映射到一个实例。网桥通过配置多个实例,可以实现不同 VLAN 之间的负载分担,如图 3-14 所示。

(3) MSTP 的基本概念

如图 3-15 所示,为了确保 VLAN 到实例的一致性映射,协议必须能够准确地识别区域的边界,交换机需要发送 VLAN 到实例的映射摘要,还要发送配置版本号和名称。

1)具有相同的 MST 实例映射规则和配置的交换机属于一个 MST 区域,属于同一个 MST 区域的交换机的以下配置必须相同。

2)MST 配置名称(Name):用 32B 的字符串来标志 MST Region 的名称。

3)MST 修正号(Revision Number):用 16B 的修正值来标志 MST Region 的修正号。

4)VLAN 到 MST 实例的映射:在每台交换机里,最多可以创建 64 个 MST 实例,编号从 1~64,实例 0 是强制存在的。在交换机上可以通过配置将 VLAN 和不同的实例进行映射,没有被映射到 MST 实例的 VLAN 默认属于实例 0。实际上,在配置映射关系之前,交换机上所有的 VLAN 都属于实例 0。

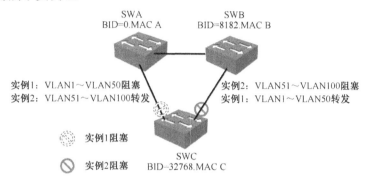

图 3-14 MSTP 实现负载分担

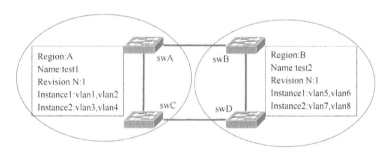

图 3-15 MSTP

7. STP 增强技术

STP 网络的收敛时间为 30~50s,这会严重影响交换网络的响应时间,但是 STP 技术又是网络中不可避免的关键技术,那么在保留 STP 技术的前提下,如何能最大限度地提高 STP 的收敛时间呢?PortFast、UplinkFast 和 BackBoneFast 就是专门用于解决这个问题的。

(1)PortFast

PortFast 的设计是为了解决访问接入层交换机接入网络主机的端口延迟过大问题(等待转发数据的时间为 30s 左右),而这些端口也不可能产生环路(只有交换机级联端口才有可能产生环路),因此这些端口再进入监听和学习状态就没有任何意义。因此,使用 PortFast 的目的是让交换机的端口或者 Trunk 口避过监听和学习状态,立即进入 STP 的转发状态。

PortFast 一般用在交换机连接网络主机的端口,而不会用在 STP 的指定端口和根端口下,否则可能造成环路。切记,永远不要在交换机级联端口上配置 PortFast。如果在一个 STP 认为是 Block 的接口上使用了 PortFast,那么该接口会从阻塞状态转换为转发状态,产生网络环路。

(2)UplinkFast

UplinkFast 也是加快 STP 收敛的技术。UplinkFast 用于 STP 根端口的快速选举,当网络拓扑变化时,主链路可能出现故障,此时可能需要将原来的阻断端口转换成根端口进行数据转发,而通常情况下的 STP 要经过监听和学习状态才能进行转发,UplinkFast 就用来争取这几十秒的时间。启用了 UplinkFast 以后,端口从阻塞状态到转发状态大约需要 5s 时间,这样大大减少了 STP 的收敛时间。

UplinkFast 一般应用在和根交换机直接相连的非根交换机上（特征是不能收到根网桥的 BPDU 数据），如图 3-16 所示，如果不是直接相连的，那么 UplinkFast 可能不会生效。

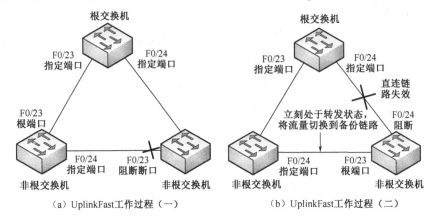

图 3-16　UplinkFast 应用

（3）BackBoneFast

在如图 3-17 所示的网络中，当 SwitchX 和 SwitchY 的链路出现故障时，SwitchZ 仍然能够通过 F0/24 的接口收到根网桥发送的 BPDU 数据，对于 SwitchZ 来讲，它无法发现主链路失效的情况，SwitchZ 不能重新进行 STP 的选举，从而不能将 SwitchZ 的阻塞接口转换成转发状态。

BackBoneFast 是对 UplinkFast 的补充，解决了 UplinkFast 只能检测和根网桥直接相连的链路失效问题的瓶颈。和 UplinkFast 不同，BackBoneFast 需要在网络中的所有交换机上配置。当配置了 BackBoneFast 的交换机检测

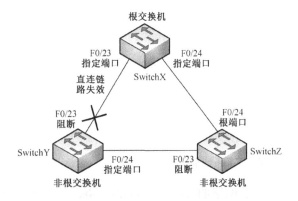

图 3-17　UplinkFast 不能解决问题的示例

到网络中和根网桥非直连的主链路出现故障时，BackBoneFast 能够检测到链路失效，然后立刻将本身阻断的端口置于转发状态。

提示：另外，在实际应用中，为了提高端口状态变迁速度，达到提升网络中生成树的弹性目的，可以在交换机接口配置模式和全局配置模式下启用 PortFast 功能。将交换机上的接口设置为 PortFast 接口后，如果这个接口连接到其他交换机上就可能造成环路问题，为了避免这种情况发生，可以配置 BPDU Guard 和 BPDU Filtering。

3.3.5　链路聚合设计

在 STP 网络中，不管使用多少条链路将交换机级联，最终得到的带宽将是一条链路的带宽。如果希望多条级联链路的带宽能够累加，那么可以使用链路聚合技术来完成。链路聚合的主要功能是将两个交换机的多条链路捆绑形成逻辑链路，而其逻辑链路的带宽就是所有物理链路带宽之和；使用链路聚合，当其中的一条链路发生故障时，网络仍然能够正常运行，并且当

发生故障的链路恢复后能够重新加入到链路聚合中；链路聚合还能在各端口上运行流量均衡算法，起到负载分担的作用，解决交换网络中因带宽引起的网络瓶颈问题。

提示：另外一种解决主干链路带宽不足引起的网络瓶颈的方法是购买新的高性能设备，如购买千兆或者万兆交换机来提高端口速率，但这种方法的成本高，不符合企业实际需求。

1. STP 与链路聚合是否冲突

在网络中同时使用 STP 与链路聚合技术时不会产生任何冲突，当将多条物理链路捆绑形成一条逻辑链路后，STP 就认为这是一条链路，也就不会产生环路，因此不能阻断链路聚合中的任何一个物理接口，而实际情况也是这样。

2. 链路聚合技术

链路聚合是链路带宽扩展的一个重要途径，符合 802.3ad 标准。它可以把多个端口的带宽叠加起来，如全双工快速以太网端口形成的逻辑链路带宽可以达到 800Mbit/s，吉比特以太网接口形成的逻辑链路带宽可以达到 8Gbit/s。

当链路聚合中的一条成员链路断开时，系统会将该链路的流量分配到聚合链路中的其他有效链路上，系统还可以发送 trap 来告警链路的断开。聚合链路中一条链路收到的广播或者多播报文，将不会转发到其他链路，因此，尽管聚合链路也存在冗余链路，但它不会引起广播风暴。图 3-18 为典型的链路聚合配置。

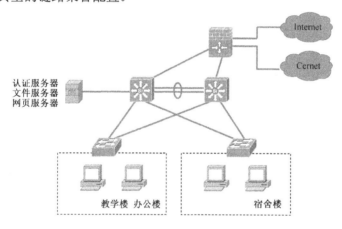

图 3-18 典型的链路聚合配置

3. 流量平衡

链路聚合还可以根据报文的 MAC 地址或 IP 地址进行流量均衡。源 MAC 地址流量均衡即根据报文的源 MAC 地址把报文分配到各个链路中。不同的主机转发的链路不同，同一台主机的报文，从同一个链路转发。

目的 MAC 地址流量均衡即根据报文的目的 MAC 地址把报文分配到各个链路中。同一目的主机的报文从同一个链路转发，不同目的主机的报文从不同的链路转发。

源 IP 地址/目的 IP 地址对流量均衡即根据报文源 IP 地址与目的 IP 地址进行流量分配。不同源 IP 地址/目的 IP 地址对的报文通过不同的端口转发，同一源 IP 地址/目的 IP 地址对通过相同的链路转发。该流量均衡方式一般用于三层链路聚合，如果在此流量平衡方式下收到的是二层数据帧，则自动根据源 MAC 地址/目的 MAC 地址对来进行流量均衡。

提示：并不是所有型号的交换机都支持所有负载均衡方式，要视 IOS 版本而定。在交换机之间通过链路聚合多条链路后，默认执行基于源 MAC 地址的负载均衡，而每条链路的流量比例都是固定的。

在图 3-19 中，一个聚合链路同路由器进行通信，路由器的 MAC 地址只有一个，为了让路由器与其他多台主机的通信量能够被多个链路分担，应设置根据目的 MAC 地址进行流量均衡。因此，应根据不同的网络环境选择适合的流量分配方式，以充分利用网络带宽。

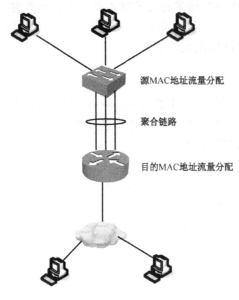

图 3-19　链路聚合流量均衡

4. PAgP 和 LACP

PAgP（Port Aggregation Protocol，端口聚集协议）和 LACP（Link Aggregation Control Protocol，链路聚集控制协议）都是用于自动创建链路聚合的。不同的是，PAgP 是思科专有协议，而 LACP 是 IEEE 802.3ad 定义的公开标准，这就像 ISL 和 802.1q 一样。

无论是 PAgP 还是 LACP，都是通过在交换机的级联接口之间互相发送数据包来协商创建链路聚合的。交换机接口收到对方的要求建立 PAgP 或者 LACP 的数据后，如果允许，交换机会动态地将物理端口捆绑形成聚合链路。

5. 链路聚合方式

如果将聚合链路设置为 On 或者 Off 模式，则不使用自动协商的 PAgP 或 LACP，而是手工配置聚合链路；如果将模式设置为 Auto、Desirable、Silent 或 Non-silent，则使用 PAgP；如果将模式设置为 Passive 或 Active，则使用 LACP。

6. 链路聚合条件

值得注意的是，并不是所有的物理端口都能够形成聚合链路，接口的物理参数和配置必须相同才可形成聚合链路。

1）端口必须处于相同的 VLAN 之中或都为 Trunk 口（其 Allowed Vlan 和 Native Vlan 都应该相同）。

2）端口必须使用相同的网络介质。
3）端口必须都处于全双工工作模式。
4）端口必须是具有相同传输速率的端口。
5）若本端是手工（动态）配置，则另外一端也应该是手工（动态）配置。

7. 链路聚合的应用

下面分别针对第二层接口（无 Trunk）、第二层接口（有 Trunk）和第三层接口的情况介绍链路聚合的使用。

（1）第二层接口（无 Trunk）

当希望交换机的级联接口作为普通的二层接口使用，而不希望有 Trunk 流量时，则可以使用第二层的链路聚合。采用这种方式的 Aggregateport 应该首先将交换机的接口设置为第二层模式。

（2）第二层接口（有 Trunk）

当希望交换机的级联接口作为二层 Aggregateport，并且能够运行 Trunk 时，则可以使用带 Trunk 的第二层 Aggregateport 实现。采用这种方式的 Aggregateport 应该首先将交换机的接口设置为第二层模式，并且配置好 Trunk，然后配置 Aggregateport。

（3）第三层接口

当希望交换机之间能够通过第三层接口相连时，即像两个路由器通过以太网接口相连一样，则可使用 Aggregateport 提高访问速度。

3.3.6 冗余网关设计

通常，同一网段内的所有主机都将网关作为下一跳默认路由。主机发往其他网段的报文将通过默认路由发往网关，再由网关进行转发，从而实现主机与外部网络通信。当网关发生故障时，本网段内所有以网关为默认路由的主机将无法与外部网络通信，如图 3-20 所示。

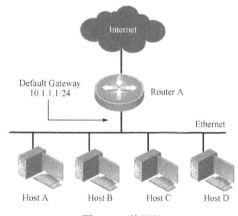

图 3-20 单网关

在双核心层次化网络结构中，为了减少作为网关的路由器（或三层交换机）出现故障时，导致用户无法正常访问网络服务的现象，可考虑在网络设计中应用冗余网关技术。常用的冗余网关协议包括虚拟路由冗余协议（VRRP）、热备份路由协议（HSRP）、网关负载均衡协议（GLBP）。限于篇幅，本书只讨论 VRRP。

1. VRRP 标准协议

VRRP 是一种容错协议，在提高可靠性的同时，简化了主机的配置。VRRP 报文通过指定的组播地址 224.0.0.18 进行发送。VRRP 通过交互报文的方法将多台物理路由器模拟成一台虚拟路由器，网络上的主机与虚拟路由器进行通信，一旦 VRRP 组中的某台物理路由器失效，则其他路由器将自动接替其工作。

如图 3-21 所示，VRRP 涉及的主要术语包括如下几个。

1）VRRP 组：由具有相同组 ID（1～255）的多台路由器组成，对外虚拟成一台路由器，充当网关；一台路由器可以参与到多个组中，充当不同的角色，实现负载均衡。

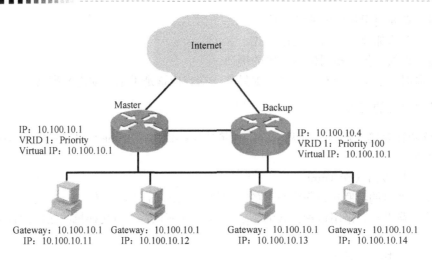

图 3-21 VRRP

2）IP 地址拥有者：指接口 IP 地址与虚拟 IP 地址相同的路由器。

3）虚拟 MAC 地址：一个虚拟路由器拥有一个虚拟 MAC 地址，其格式为 00-00-5E-00-01-[组号]。当虚拟路由器（Master 路由器）回应 ARP 请求时，回应的是虚拟 MAC 地址，而不是接口的真实 MAC 地址。

4）Master、Backup 路由器：Master 路由器是 VRRP 组中实际转发数据包的路由器，Backup 路由器是 VRRP 组中处于监听状态的路由器，Master 路由器失效时由 Backup 路由器替代。

5）优先级：VRRP 中根据优先级来确定参与备份组中的每台路由器的地位。优先级的取值是 0～255，数值越大表明优先级越高，优先级的默认值为 100，但是可配置的值为 1～254，优先级 0 为系统保留，优先级 255 保留给 IP 地址拥有者。

6）接口监视：VRRP 开启 Track 功能，监视某个接口，并根据所监视接口的状态动态地调整本路由器的优先级。

7）抢占模式：工作在抢占模式下的路由器，一旦发现自己的优先级比当前的 Master 路由器的优先级高，就会对外发送通告报文，导致重新选举，并取代 Master 路由器。用于保证高优先级的路由器只要接入网络就会成为主路由器。默认情况下，抢占模式都是开启的。

8）VRRP 的选举：选举时，首先比较优先级，优先级高者获胜，成为该组的 Master 路由器，失败者成为 Backup 路由器；如果优先级相等，IP 地址大者获胜。在 VRRP 组内，可以指定各路由器的优先级。Master 路由器定期发送 Advertisement，Backup 路由器接收 Advertisement。Backup 路由器如果一定时间内未收到 Advertisement，则认为 Master Down，重新进行下一轮的 Master 路由器选举。

2. VRRP 的应用

VRRP 允许将多个路由器加入到一个备份组中，形成一台虚拟路由器。

（1）VRRP 主备方式

在 VRRP 主备方式中，仅由 Master 路由器承担网关功能。当 Master 路由器出现故障时，其他 Backup 路由器会通过 VRRP 选举出一个路由器接替 Master 路由器的工作，如图 3-22 所示。只要备份组中仍有一台路由器正常工作，虚拟路由器就仍然正常工作，这样可以避免由于网关单点故障而导致的网络中断。

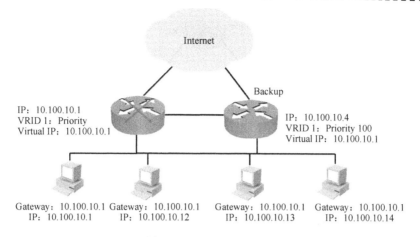

图 3-22 VRRP 主备方式

VRRP 主备方式中仅需一个备份组，不同的路由器在该备份组中拥有不同的优先级，优先级最高的路由器成为 Master 路由器。

（2）VRRP 负载分担方式

VRRP 负载分担方式是指多台路由器同时承担业务，因此负载分担方式需要两个或两个以上的备份组，每个备份组都包括一个 Master 路由器和若干个 Backup 路由器。各备份组的 Master 路由器各不相同。同一台路由器同时加入多个 VRRP 备份组，在不同备份组中具有不同的优先级。

如图 3-23 所示，为了实现业务流量在路由器之间的负载分担，需要将局域网内主机的默认网关分别配置为不同虚拟路由器的 IP 地。在配置优先级时，需要确保备份组中各路由器的 VRRP 优先级形成交叉对应。

（3）VRRP 与 MSTP 的结合

采用生成树协议只能做到链路级备份，无法做到网关级备份。MSTP 与 VRRP 结合可以同时做到链路级备份与网关级备份，极大地提高了网络的健壮性。在 MSTP 和 VRRP 结合配置使用时，需要注意的是，要保持各 VLAN 的根网桥与各自的 VRRP Master 路由器要保持在同一台三层交换机上，如图 3-24 所示。

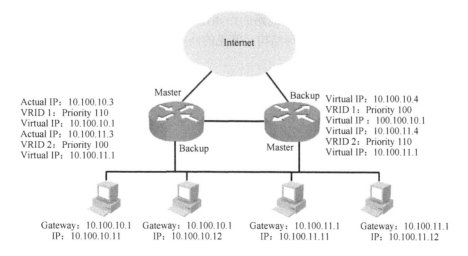

图 3-23 VRRP 负载分担

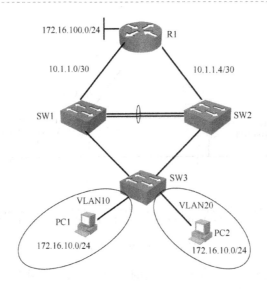

图 3-24 VRRP 与 MSTP 结合应用示例

提示：MSTP+VRRP 为高校、大中型企业网络提供了解决方案，通过有效部署 MSTP 和 VRRP，可以确保主备网关上流量的负载均衡，或当由于某些原因导致主备切换时，用户终端不会受到任何的影响，真正做到低层网络变化对上层业务的透明。

3.4 网络拓扑结构设计

网络拓扑结构设计是网络工程设计工作的核心内容，网络拓扑结构像建筑物的基本框架，其重要性和地位是不言而喻的，可以从技术、性能、可靠性、可扩展性、安全、服务质量和投资成本等多个方面分析和讨论，本节主要从技术、性能、可扩展性等方面进行设计。

3.4.1 网络拓扑结构分析

网络拓扑结构是指忽略了网络通信线路的距离远近和线缆粗细程度，忽略通信结点大小和类型后仅仅用点和直线来描述的图形结构，常见的网络拓扑结构如下。

1. 平面拓扑结构

这种拓扑结构的局域网，每台计算机都处于平等的位置，两者间的通信不用经过别的结点，它们处于竞争和共享的总线结构中。这种网络拓扑结构适用于规模不大的小型网络，适用于管理简单方便，安全控制要求不高的场合。

2. 层次网络结构

它的特点是终端结点发出的流量在达到核心结点之前要进行汇聚，使得终端结点之间的通信一般要经过上层网络线路，对上层网络有依赖作用。

3. 网络拓扑冗余结构

为了提高网络的健壮性和减少故障时间，这种结构的网络适当地考虑了增加冗余线路和冗余设备，以在主设备或线路出现故障时，备份设备或线路能立刻接替主设备或线路的工作。

4. 园区网络拓扑结构

园区网以全局信息共享为主，各个信息发布点之间覆盖范围大，数据大量在不同子网之间传递，因此此类网络的设计，主要考虑采集是大跨度的，信息的传递在主干上可能是全方位的，要考虑到主干之间的连接是多点连接。

5. 企业网拓扑结构

一个公司的网络就是一个典型的企业网，信息在每个部门内部有很强的共享性，其中少量信息在部门外部共享，局部和全局的信息遵守所谓的 80/20 规则。

提示：优良的拓扑结构是网络稳定可靠运行的基础，一般将网络拓扑结构分为总线型、环型、星型、树型和网状型，以上则是从网络行业的应用角度简单分析了网络拓扑结构的特点。

3.4.2 网络拓扑结构设计

设计网络拓扑是确定网络逻辑结构的第一步。为满足扩展性和适应性，在选择具体的产品和技术之前设计好逻辑拓扑结构是很重要的。在设计拓扑结构时，需要确定网络的结构及互连点，明确网络的大小及范围，网络互连设备的类型等。就目前的技术而言，园区网络基本上以高性能交换式以太网组成骨干网，设计思路是层次化、模块化、安全性和冗余设计。

1. 网络层次设计模型

所谓网络层次设计模型，就是将复杂的网络设计分为多个层次，每个层次只着重于某方面特定功能的设计，这样就能够使一个复杂的大问题变成几个简单的小问题。目前的网络分层设计采用三层网络拓扑结构设计，三层网络架构依次分为核心层、汇聚层及接入层，如图 3-25 所示。

（1）接入层

接入层主要为最终用户提供访问网络的能力，将用户主机连接到网络中，提供最靠近用户的服务。接入层容易影响设备工作的稳定性（环境温度变化大、灰尘多、电压不稳定）。接入层网络设备一般为价格低廉的二层交换机，分散在用户工作区附近，设备品种繁多、地点分散，造成网络管理工作困难。接入层设备价格比较便宜，容易出现质量问题，对网络的稳定性影响很大。

（2）汇聚层

汇聚层的主要功能是汇聚网络流量，屏蔽接入层变化对核心层的影响，汇聚层构成核心层与接入层之间的界面，如图 3-26 所示。

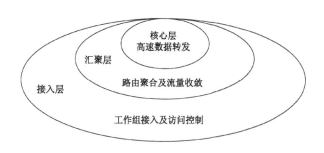

图 3-25 三层网络设计模型

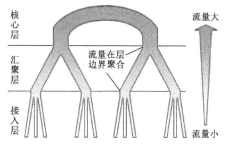

图 3-26 汇聚层流量聚合与发散模型

汇聚层交换机多选用三层交换机，可以在全网体现分布式路由思想，减轻核心层交换机的路由压力，有效地实现路由流量的均衡。例如，根据楼宇内子网规模和应用需求，决定选择汇聚层交换机的类型，对于网络规模较大的子网，应选择较高性能的模块化三层交换机；而对于较小规模的子网，则选择固定端口三层交换机。

提示：在实际工作中，汇聚层交换机的下行链路端口速率可以与接入层保持一致，上行链路端口速率相对于下行链路端口应大一个数量级。在企业网设计中，为降低成本，多采用单光口、多电口组合的交换机，而在城域网中，由于流量大，汇聚层多采用全光口交换机。

（3）核心层

核心层的主要功能是实现数据包高速交换，是所有流量的最终汇聚点和处理点，故结构必须简单高效，对核心设备的性能要求十分严格。

提示：核心层设计注意事项——不要在核心层执行网络策略，核心层的所有设备应具有充分的可到达性，核心层的交换机不应该使用默认的路径到达内部的目的地，聚合路径能够用来减少核心层路由表的大小。

1）核心层网络技术选择：核心层网络技术要根据需求分析地理距离、信息流量和数据负载的轻重而定。一般而言，主干网用来连接建筑群和服务器群，可能会容纳网络上40%~60%的信息流，是网络大动脉。连接建筑群的主干网一般以光缆作为传输介质，典型的主干网技术主要有千兆以太网、100BASE-FX、ATM和FDDI等。从易用性、先进性和可扩展性的角度考虑，采用千兆以太网技术是目前通行的做法。

提示：具体选择何种网络技术，一定要对整个网络性能进行综合考虑，不但上层（核心层、汇聚层）的技术要好，下层（接入层）的技术也不能太差，通常按"千—千—百"、"千—百—百"、"万—千—千"、"万—千—百"的原则来进行设计，即核心层如果是千兆以太网，则汇聚层和接入层至少应该是百兆的以太网；如果核心层是万兆的以太网，则汇聚层至少应该是千兆以太网，接入层至少是百兆以太网。这不仅要求各层的交换机端口达到这个要求，还要求用户端的网卡及传输介质都达到这个要求。

2）核心层拓扑结构选择：核心层网络拓扑结构可以根据不同的应用需求采用单星、双星和多星拓扑结构。单星结构常用于小规模局域网设计，优点是结构简单、投资少，适用于网络流量不大、可靠性不高的场合。双星结构解决了单点故障失效问题，不仅抗毁性强，还可采用链路聚合技术（Port Trunking），如快速以太网的FEC（Fast Ethernet Channel）、千兆以太网的GEC（Gigabit Ethernet Channel）等技术，可以允许每条冗余连接链路实现负载分担。图3-27对双星结构和单星结构进行了对比，双星结构会占用比单星结构两倍的传输介质和光端口，除要求增加核心交换机外，二层上连接的交换机也要求有两个以上的光端口。当核心层为3个结点时，网络拓扑结构将连成环型；为4个结点时，连成全网型模型，主要用于大型园区网和城域网设计，网络可靠性高、建设成本也高。

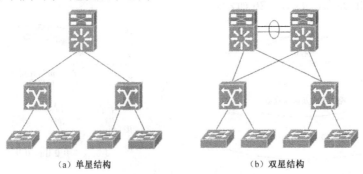

图3-27 单星、双星网络结构

2. 模块化

通常，大的网络设计项目由不同的区域和模块组成。每个区域的设计都可以作为一个相对独立的系统，按照自顶向下的方法进行设计，设计时同样考虑层次及冗余。比较典型的模块化网络模型是 Cisco 公司的企业综合网络模型，它将企业网络分成 3 个部分（模块），即企业园区、企业边界及服务提供商边界，如图 3-28 所示。

如图 3-28 所示，可以看出，每个模块又由很多小模块组成。例如，在企业园区中包括园区骨干、建筑物分布和建筑物接入 3 个模块，这些模块实际上对应了层次结构中的 3 个层次。另外，服务器群是园区网络中不可缺少的部分。

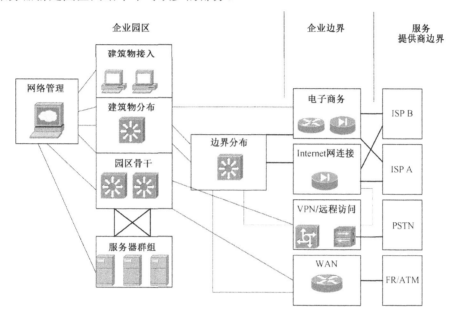

图 3-28 企业综合网络模型

3. 冗余

为保证网络的可用性，要求有适当的冗余。在设计网络拓扑结构时，一些关键的网络结点要考虑冗余，如核心层的网络设备、重要的服务器及主干线路等。冗余意味着更多的经济开销，因此，是否考虑冗余，考虑到什么程度，要根据实际的应用需求和经济投资而定。如果要求网络必须提供 7×24 小时不间断服务，则核心层及主干线路包括一些服务器必须考虑冗余。

4. 安全性

网络拓扑结构与网络安全性关系很大，设备再好，如果结构设计有问题，如拓扑结构设计不合理，将防火墙放置在网络内部，而不是放置在内部网络和外部网络的边界上，则整个网络不能抵挡外部黑客的入侵。

3.4.3 网络拓扑结构的绘制方法

1. 网络拓扑图绘制工具

小型、简单的网络拓扑结构中涉及的网络设备较少，图元外观也不要求完全符合相应产品的型号,此时,可以通过简单的画图软件(如 Window 系统中的"画图"软件、HyperSnap 等)进行绘制。而对于一些大型、复杂的网络拓扑结构图的绘制则通常采用一些非常专业的绘图软件,如 Visio、亿图专家、LAN Map Shot 等。在这些专业的绘图软件,不仅会有许多外观漂亮、型号多样的产品外观图,还提供了圆滑的曲线、斜向文字标注,以及各种特殊的箭头和线条绘制工具。

2. 网络拓扑结构设计内容

1)确定网络设备总数。确定网络设备总数是整个网络拓扑结构设计的基础,因为一个网络设备至少需要连接一个端口,设备数一旦确定,所需交换机的端口总数也就确定了。

2)确定交换机端口类型和端口数。一般来说,网络中的服务器、边界路由器、下级交换机、网络打印机、特殊用户工作站等所需的网络带宽较高,所以通常连接在交换机的高带宽端口上。其他设备的带宽需求不是很明显,只需连接在普通的 10/100Mbit/s 自适应端口上即可。

3)保留一定的网络扩展所需的端口。交换机的网络扩展主要体现在两个方面:一个是用于与下级交换机连接的端口,另一个是用于连接后续添加的工作站用户。与下级交换机连接的端口一般采用高带宽端口的,如果交换机提供了 Uplink(级联)端口,则也可直接使用级联端口与下级交换机连接。

4)确定可连接工作站总数。交换机端口总数不等于可连接的工作站数,因为交换机中的一些端口还要用来连接那些不是工作站的网络设备,如服务器、下级交换机、网络打印机、路由器、网关、网桥等。

5)确定关键设备连接。把需要连接在高带宽端口的设备连接在交换机可用的高带宽端口上。

6)确定工作站用户计算机和其他设备的连接。

7)与其他网络连接。通过路由器与其他网络连接,如通过 Internet 等。

3. Visio 绘制网络拓扑图一般步骤

1)打开模板开始创建图表。
2)将形状拖动到绘图页上,然后重新排列这些形状、调整它们的大小或将其旋转方向。
3)使用连接线工具连接图表中的形状。
4)为图表中的形状添加文本并为标题添加独立文本。
5)使用格式菜单中的选项和工具栏按钮设置图表中形状的格式。
6)在绘图文件中添加和处理绘图页。
7)保存和打印图表。

提示:以上步骤只是提供一个拓扑图绘制的大致思路,并非所有的拓扑图都需要照搬上述步骤,有些拓扑图异常复杂,并非简单几步就能完成。根据物理网络环境,结合客户业务逻辑结构,最终绘制出合理的网络拓扑图,这体现了工程师对客户网络环境、网络需求、网络协议等的综合理解。

4. Visio 绘制网络拓扑图注意要点

1)选择合适的图符来表示设备。
2)线对不能交叉、串接,非线对尽量避免交叉。
3)线接处及芯线避免断线、短路。

4）主要设备名称和商家名称加以标注。

5）不同连接介质使用不同的线型和颜色加以注明。

6）标明绘制日期和制图人。

3.4.4 网络拓扑结构设计案例

某大型钢铁公司,需要建立包含整个公司的办公区域、钢厂、轧钢厂、动力厂、生产部等区域的主干计算机网络及相关的二级计算机网络,与 Internet 相连,实现整个公司的信息化管理。拓扑图如图 3-29 所示。

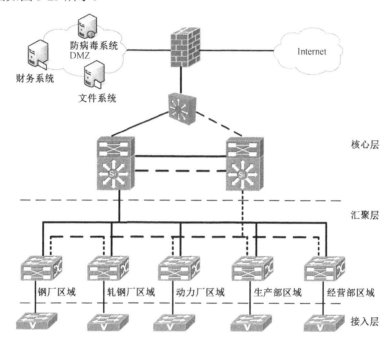

图 3-29 企业网拓扑结构示意图

本案例中采用三层网络设计的方法。

1. 层次的划分

1）核心层:将公司的网络主结点机房定在公司办公楼,功能为公司区域网络核心和应用服务中心。

2）汇聚层:设置钢厂区域、轧钢厂区域、动力厂区域、生产部区域、经营部区域为网络系统的汇聚层,用于与核心层的连接和区域信息的汇聚。

3）接入层:将各区域内的办公楼、生产车间等内部的计算机作为网络接入层,用于各信息点的接入。

以上建立了企业的内部网络,并通过防火墙与 Internet 相连。

2. 冗余设计

1）核心层:对于企业网的设计,考虑到企业的生产、经营和管理的重要性,设置双核心交换机,并将交换机引擎等关键部位设置为双引擎,实现冗余备份。

2）汇聚层：将汇聚层到核心层的链路设计为不同路由的双链路连接或到其他汇聚层路由的备份连接，以实现汇聚层的冗余设计。

3）接入层：在企业网的接入层中，办公楼、生产车间等信息接入点都是非常重要的，是企业生产、经营和管理的最终用户，接入层的冗余设计要与汇聚层的设计级别等同。

3. 安全性设计

考虑到企业的应用需求，应根据各应用系统的安全级别要求，制定恰当的安全策略，使用规范的安全标准，提高网络的安全性，同时要做到便于管理和维护。本案例采用防火墙、VLAN 等技术实现网络安全。其中，选用三端口的防火墙，分别连接内网、外网和非军事化区（DMZ）。

3.5 网络地址规划

计算机网络中有 4 类地址，包括域名地址、端口地址、IP 地址和 MAC 地址，这些地址用于网络中的计算机设备、网络应用进程的寻址，与 TCP/IP 模型的对应关系如图 3-30 所示。网络体系结构中的数据链路层及其以下层对应的地址为物理地址，网络层及其以上层对应的地址为逻辑地址。在计算机网络中，之所以要使用逻辑地址，主要是为了便于标识网络连接和网络寻址。因为连接的计算机设备及网络是各种各样的，采用了不同的物理地址格式，如果直接用物理地址标识实现连接是很困难的，只有采用逻辑地址才能实现网络中计算机设备的寻址，最终需要把逻辑地址映射为物理地址，才能找到网络中的计算机设备。

网络中寻址时需要进行地址转换，需要用到地址转换协议。域名地址通过域名服务器（即 DNS）和域名解析协议找到对应的 IP 地址；IP 地址通过地址解析协议（即 ARP）找到对应的物理地址，反之，物理地址通过反向地址解析协议（即 RARP）转换为对应的 IP 地址；IP 地址与端口地址构成套接字（Socket），用于标识不同的应用服务进程，在具体应用时套接字呈现的是一个数字。图 3-31 给出了主机域名、IP 地址和物理地址之间转换的关系。

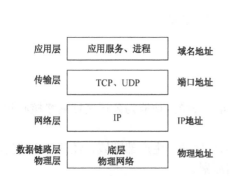

图 3-30　网络中的地址及其与 TCP/IP 模型的层次对应关系

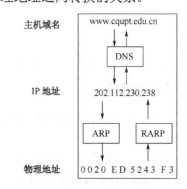

图 3-31　主机域名、IP 地址和物理地址之间转换的关系

3.5.1　IP 地址规划

1. 网络设备命名规则

为了以后管理方便，通常需要为网络中的设备进行统一命名，可采用的命名方式如下。

AA-BB-XXXX-Y

其中：

1）AA 表示设备所属的级别或名称，通常用汉语拼音的首字母表示，如 WG 表示网管。也可以灵活应用大小写字母及增加后缀来表示不同级别的设备，如 Shiyanlou1 表示实验楼 1 楼。

2）BB 表示设备的厂商名称，如设备为华为 3COM 公司的产品的 BB 为 H3。

3）XXXX 表示设备型号，如 NE16E、S2026 等。

4）Y 表示前 3 项相同的设备，用数字编号 1、2、3 等标识。

例如，Shiyanlou1-H3-NE16E-1、Shiyanlou1-H3-NE16E-2 分别代表是实验楼 1 楼华为 3COM 公司的两台 NE16E 型的交换机。

2. IP 地址编码规则

"是否便于聚合"是地址分配的基本原则，而聚合与否又与路由器紧密相关。因此，根据拓扑结构（与路由器连接关系）分配地址是最有效的方法。如图 3-32 所示，在路由器 A～路由器 D 上聚合是很容易实现的。

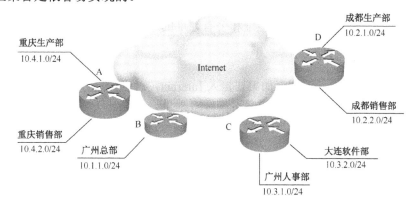

图 3-32　拓扑结构分配地址

但是，按拓扑结构分配地址的方案存在这样一个问题：如果没有相应的图表或数据库参照，要确定一些连接之间的上下级关系（如确定某个部门属于哪个网络）是相当困难的。解决（降低）这种困难的做法是将按拓扑结构分配地址的方案与其他有效方案（如按行政部门分配地址）组合使用。具体做法如下：用 IP 地址的左边两个个字节表示地理结构，用第三个字节标识部门结构（或其他的组合方式）。相应的地址分配方案如下。

1）进行部门编码，如表 3-15 所示。

表 3-15　部门编码表

行 政 部 门	总部和人事部	软 件 部	生 产 部	销 售 部
部门号	0～31	32～63	64～95	96～127

2）对各个接入点进行地址分配，如表 3-16 所示。

表 3-16　接入点地址分配

路 由 器	A	B	C	D
接入点地址	10.4	10.1	10.3	10.2

3）对各部门进行子网地址分配，如表 3-17 所示。

表 3-17　子网地址分配

部　门	地　址　范　围
路由器 A 上的生产部	10.4.64.0/24～10.4.95.0/24
路由器 A 上的销售部	10.4.96.0/24～10.4.127.0/24
路由器 B 上的总部	10.1.0.0/～10.4.31.0/24
路由器 C 上的人事部	10.3.0.0/24～10.3.31.0/24
路由器 C 上的软件部	10.3.32.0/24～10.3.63.0/24
路由器 D 上的生产部	10.2.64.0/24～10.2.95.0/24
路由器 D 上的销售部	10.2.96.0/24～10.2.172.0/24

3．IP 地址规划技巧

在逻辑网络设计过程中，IP 地址规划是一个关键内容。通常，IP 地址规划之前需要明确的主要内容包括：需要采用哪种类型的公有地址和私有地址、需要访问专有网络的主机分布、需要访问公有网络的主机分布、私有地址和公有地址的边界、私有地址和公有地址如何翻译、VLSM 设计、CIDR 设计等。

（1）公有 IP 地址分配

私有地址不被 Internet 所识别，如果要接入 Internet，就必须通过 NAT 协议将其转换为公有地址。在地址规划时，需要对以下设备分配公有地址。

① Internet 上的主机，如网络中需要对 Internet 开放的 WWW、DNS、FTP、E-mail 服务器等。

② 综合接入网的关口设备（如通过路由器的广域网接口 S0 接入 Internet），需要使用公有 IP 地址才能连接到 Internet。

（2）Loopback 地址规划

为了方便管理，系统管理员通常为每一台交换机或路由器创建一个 Loopback 接口，并在该接口上单独指定一个 IP 地址作为管理 IP 地址。分配 Loopback 地址时，最后一位是奇数就表示路由器，是偶数就表示交换机。越是核心的设备，Loopback 地址越小。

（3）设备互连地址

互连地址是指两台或多台网络设备相互连接的接口所需的 IP 地址。规划互连地址时，通常使用 30 位掩码的 IP 地址。相对核心的设备，使用较小的一个地址。另外，互连地址通常要聚合后发布，在规划时要考虑能否使用连续的可聚合地址。

（4）业务地址

业务地址是连接在以太网上的各种服务器、主机所使用的地址及网关地址。通常网络中的各种服务器的 IP 地址使用主机号较小或较大的 IP 地址，所有的网关地址统一使用相同的末尾数字，如 254 表示网关。

4．IP 地址规划案例

图 3-33 所示为某职业学院网络系统的拓扑结构，采用 Cisco 公司的网络设备进行构建。整个网络由交换模块、广域网接入模块、远程访问模块、服务器群等 4 部分构成。

校园网内部数据的交换是分层进行的，分为 3 个层次：接入层（WS-C2950-24）、汇聚层（Cisco Catalyst 3550）、核心层（Cisco Catalyst 4006）。广域网接入模块的功能由 Cisco 3640 路由器来完成,通过串行接口 S0/0 使用 DDN（128kbit/s）技术接入 Internet；远程访问模块采用集成在 Cisco 3640 路由器中的异步 Modem 模块 NM-16AM 提供远程接入服务；服务器群模块用来对校园网的接入用户提供 Web、DNS、FTP、E-mail 等多种网络服务。

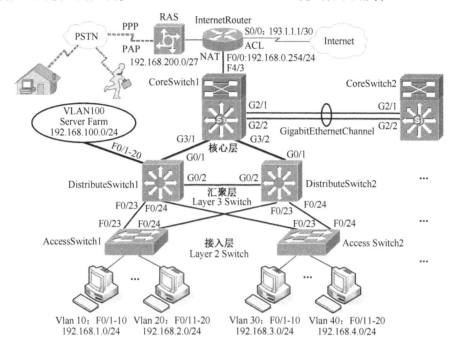

图 3-33　某职业学院网络整体拓扑结构图

1）业务 IP 地址及 VLAN 规划。为了简化，这里只规划了 8 个 VLAN，同时为每个 VLAN 定义了一个由拼音缩写组成的 VLAN 名称。为了提高 VLAN ID 的可读性，采用 VLAN ID 和子网关联的方式进行分配。IP 地址采用连续私网地址网段 192.168.0.0/24～192.168.7.0/24，便于使用 CIDR 技术，缩小核心交换机路由表条目，提高路由查找速度。每个网段预留一定数量的 IP 地址空间，以便将来扩展使用，具体规划结果如表 3-18 所示。

表 3-18　VLAN 及 IP 地址编制方案

VLAN 号	VLAN 名称	IP 网段	默认网关	汇　总	说　明
VLAN 1	FWQQ	192.168.0.0/24	192.168.0.254		服务器群 VLAN
VLAN 10	JWC	192.168.1.0/24	192.168.1.254		教务处 VLAN
VLAN 20	XSSS	192.168.2.0/24	192.168.2.254		学生宿舍 VLAN
VLAN 30	CWC	192.168.3.0/24	192.168.3.254	192.168.0.0/21	财务处 VLAN
VLAN 40	JGSS	192.168.4.0/24	192.168.4.254		教工宿舍 VLAN
VLAN 50	JZX	192.168.5.0/24	192.168.5.254		建筑系 VLAN
VLAN 60	GLX	192.168.6.0/24	192.168.6.254		管理系 VLAN
VLAN 70	JSJX	192.168.7.0/24	192.168.7.254		计算机系 VLAN
…	…	…	…		…

2）设备互连 IP 地址规划如表 3-19 所示。

表 3-19 设备互连 IP 地址规划

设备名称	接口	互连地址	设备名称	接口	互连地址
Router	F0/0	192.168.8.1/30	CoreSwitch2	GE Channel	192.168.8.6/30
CoreSwitch1	F4/3	192.168.8.2/30	CoreSwitch1	F3/1	192.168.8.9/30
CoreSwitch1	GE Channel	192.168.8.5/30	CoreSwitch1	F3/2	192.168.8.13/30
DistributeSwitch1	G0/1	192.168.8.10/30	DistributeSwitch1	G0/2	192.168.8.17/30
DistributeSwitch2	G0/1	192.168.8.14/30	DistributeSwitch2	G0/2	192.168.8.18/30

3）设备网管 IP 地址规划如表 3-20 所示。

表 3-20 设备网管 IP 地址规划

汇聚层	管理地址	掩码	下连 2 层设备	管理地址	掩码
DistributeSwitch1	192.168.10.254	/24	AccessSwitch1	192.168.10.1	/24
			AccessSwitch2	192.168.10.2	
			AccessSwitch3	192.168.10.3	
			AccessSwitch4	192.168.10.4	
			AccessSwitch5	192.168.10.5	
...	...		...	...	

4）外网 IP 地址规划如表 3-21 所示。

表 3-21 外网 IP 地址规划

设备名称	接口	互连地址	设备名称	接口互连地址
Router	S0/0	193.1.1.1/30	RAS	192.168.200.0/27（动态获取）

3.5.2 域名设计

在企业网、园区网和校园网等网络中，需要进行命名的资源包括服务器、路由器、交换机、主机、打印机等。借助优秀的命名模型，网络用户可以直接通过便于记忆的名称（而不是 IP 地址）透明访问这些网络资源，从而增强网络服务的易用性和可管理性。

1. DNS 概述

在网络命名系统中，将名称映射到 IP 地址的方法主要包括两种类型：使用命名协议的动态方法和借助于文件等方式的静态方法。

（1）DNS 的功能

DNS 实现 IP 地址与域名之间的相互映射关系，主要有两项功能：正向解析，将域名转化为数字的 IP 地址，以便网络应用程序能够正确地找到需要连接的目的主机；反向解析的主要任务是将 IP 地址转换为域名。

（2）DNS 服务器的层次结构

DNS 服务器按层次分为根 DNS 服务器、顶级域服务器和权威服务器。顶级域服务器负责管理顶级域名（如 com、org、net、edu 和 gov 等）和所有国家的顶级域名（如 cn）。权威服务器负责管理在 Internet 上具有公共可访问主机（如 WWW 服务器和 FTP 服务器）的每个组织结构提供的公共可访问的 DNS 记录。

（3）DNS 的资源记录

在 DNS 服务器中，资源记录是指区域中的一组结构化的记录，常用的资源记录包括主机地址（A）、邮件交换（MX）、别名（CNAME）、名称服务（NS）、起始授权机构（SOA）资源记录等。

2. DNS 设计规则

在对网络资源进行命名并分配具体名称时，需要遵循一些特定的规则：名称要简短、能见名思义、无歧义；名称可以包含物理位置代码；名称中尽量避免使用连字符、下划线、空格等不常用字符；名称不应区分大小写，增强易用性。

3. DNS 设计内容

在进行 DNS 设计时，应该确定网络系统中的以下内容：DNS 服务器数量和类型，需要进行正向解析的域名区域，反向解析的 IP 地址范围，各种资源记录的类型及内容规划，动态更新的时间规划等。

4. DNS 设计案例

下面以 3.5.1 小节的例子为例来说明 DNS 的设计过程。考虑到进一步保障公司内部的网络应用服务，方便学院师生和外部用户访问校园网的资源，决定安装 DNS 服务器，实现校园网域名的自动解析服务。

（1）申请域名

该校园网络要向域名申请机构提出申请，在中国国内主要向中国教育与科研计算机网络的网络中心申请，也可以向中国互联网络信息中心申请。此外，也有许多其他的域名申请机构。此处假定向中国教育与科研计算机网络的网络中心申请的域名为 cqupt，则该网络的全名为 cqupt.edu.cn。在此基础上设置 DNS 服务器的域名为 dns.cqupt.edu.cn，电子邮件服务器的域名为 em.cqupt.edu.cn，Web 信息浏览服务器的域名为 www.cqupt.edu.cn，FTP 服务器的域名为 ftp.cqupt.edu.cn，它们都分别对应相应的服务器主机 IP 地址。

（2）校园网络管理中心域名分配

如果各个学院、系部的主页由校园网络中心负责统一管理，那么学校各个二级学院、系部部门的网络域名由学校网络管理中心统一分配和提供。例如，教务处的域名为 jwc，计算机学院的域名为 jsjxy，那么教务处的网站域名为 jwc.cqupt.edu.cn，计算机学院网站的域名为 jsjxy.cqupt.edu.cn。

如果各学院和系部的主页放在本单位各自的服务器上维护，那么可以申请独立域名，但是自行负责服务器的安全与维护，本案例采用前一种方法。

（3）DNS 设计结果

DNS 设计结果如表 3-22 所示。

表 3-22 DNS 设计结果

名 称	记 录 类 型	IP 地址	备 注
www.cqupt.edu.cn	A（主机记录）	192.168.0.1/24	WWW 服务器
web.cqupt.edu.cn	CNAME（别名记录）	192.168.0.1/24	
ftp.cqupt.edu.cn	A（主机记录）	192.168.0.2/24	FTP 服务器
pop3.cqupt.edu.cn	A（主机记录）	192.168.0.3/34	POP3 服务

续表

名 称	记录类型	IP 地址	备 注
smtp.cqupt.edu.cn	A（主机记录）	192.168.0.3/24	SMTP 服务
mail.cqupt.edu.cn	MX（邮件交换记录）	192.168.0.3/24	E-mail 服务器
jwc.cqupt.edu.cn	A（主机记录）	192.168.1.2/24	教务处站点
cwc.cqupt.edu.cn	A（主机记录）	192.168.3.2/24	财务处站点
glx.cqupt.edu.cn	A（主机记录）	192.168.6.2/24	管理系站点
jsjxy.cqupt.edu.cn	A（主机记录）	192.168.7.2//24	计算机学院站点
…	…	…	…

3.5.3 IP 地址分配策略

企业网络采用私有 IP 地址方案，首先要考虑用哪一段私有 IP 地址，小企业可以选择"192.168.0.0"地址段，大中型企业可以选择"172.16.0.0"或"10.0.0.0"地址段。常用的私有 IP 地址分配方式有手工分配、DHCP 分配和自动私有 IP 寻址 3 种方式，具体采用哪种 IP 地址分配方式，可由网络管理员根据网络规划应用等具体情况而定。

1. 手工分配

手工设置 IP 地址是经常使用的一种 IP 地址分配方式。以手工方式进行 IP 地址设置时需要为网络中的每一台计算机分别设置 4 项 IP 地址信息（IP 地址、子网掩码、默认网关和 DNS 服务器地址）。所以，通常情况下，手工分配 IP 地址被用于设置网络服务器、IP 地址数量大于网络中的计算机数量、路由器（三层交换机）等网络设备的接口 IP 地址和管理 IP 地址以及用于分配数量较少的公用 IP 地址。

2. DHCP 分配

为了较好解决普通用户的如下问题，如对 TCP/IP 缺乏深入了解，不会正确配置 IP 地址通信参数；配置的 IP 地址通信参数可能产生错误，导致计算机不能正常通信；计算机在多个子网间频繁移动，增加网络管理员管理和配置 IP 地址的负担；网络中的 IP 地址资源紧缺等，微软和几家厂商共建立了一个 Internet 标准——动态主机配置协议，即 DHCP，由它为客户端提供 IP 地址、子网掩码和默认网关等各种配置。

（1）DHCP 支持的地址分配方式

DHCP 建立在 C/S 模型上，其中 DHCP 服务器负责分配网络地址并向动态配置的主机传送配置参数，支持如下 3 种类型的地址分配方式。

1）自动分配：自动分配方式中 DHCP 给主机指定一个永久的 IP 地址，这一点和手工配置方式实现的效果是一样的。

2）动态分配：动态分配方式中 DHCP 给主机指定一个具有时间限制的 IP 地址，当租期达到或主机明确表示释放该地址时，该地址才可以被其他的主机使用。

3）手工分配：手工分配方式中主机的 IP 地址是由网络管理员指定的，DHCP 只是把指定的 IP 地址告诉主机。

（2）DHCP 的实现方式

DHCP 是一种网络服务，一般指计算机操作系统（如 Windows Server 2008）上的一项软件服务。目前，很多主流交换机（如 Cisco 3650）、路由器（如 Cisco 2800）、防火墙（如

RG-WALL160T）等网络设备都支持 DHCP 服务，即在实现交换和路由转发等功能的基础上充当 DHCP 服务器的角色。

（3）DHCP 服务器的部署

当部署 DHCP 服务器时需要充分考虑企业网络的规模和结构。

1）单子网环境 DHCP 服务器的部署。对于小型企业，一般所有的计算机都处于同一个子网内，可以直接在一台性能稍好、运行网络操作系统并且使用静态 IP 地址的计算机上安装 DHCP 服务器，实现整个网络的 IP 地址管理。

2）多子网环境 DHCP 的部署。出于管理、性能、安全等各方面的要求，目前，企业一般采用 VLAN 技术对企业网络进行子网划分，在大型网络中使用路由器来连接各个子网，在这种情况下，DHCP 服务将受到 DHCP 请求无法跨域广播的限制，对于该问题的解决方法如下。

在多 VLAN 环境下，通过在核心交换机上实现跨 VLAN 的 DHCP 服务，如图 3-34 所示，需要完成两个任务：在 DHCP 服务器上创建对应 VLAN 的 IP 作用域，并将这些作用域的"路由器"选项设置为对应 VLAN 接口的 IP 地址；在核心交换机上启用中继代理，在各 VLAN 接口下指定 DHCP 服务器的 IP 地址。

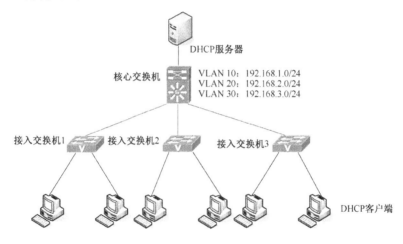

图 3-34　多 VLAN 环境下 DHCP 服务器的部署

提示：由于路由器在默认情况下会"阻挡"广播报文，使得客户端发出的 DHCP Discovery 广播报文无法跨越广播域的限制，因此必须在收到这个广播报文的接口上启用 DHCP 中继功能，让这些广播报文被中继成单播包。另外，DHCP 服务器与中继接口之间必须三层能通，因为中继后的单播包，源地址是配置 ip helper-address 的中继接口，所以 DHCP。在回复包的时候，报文的目的 IP 就是这个配置了 ip helper-address 接口的 IP 地址。

除上述方式之外，根据需要，还有一种更简便的方法解决多 VLAN 环境下的 DHCP 服务问题，即直接将核心交换机配置成 DHCP 服务器，进一步减少设备的投入。

3. 自动私有 IP 寻址

自动私有 IP 寻址，可以为没有 DHCP 服务器的单网段网络提供自动配置 TCP/IP 协议的功能。默认情况下，运行 Windows 系统的计算机首先尝试与网络中的 DHCP 服务器进行联系，以便从 DHCP 服务器上获得自己的 IP 地址等信息，并对 TCP/IP 协议进行配置。如果无法提供与 DHCP 服务器的连接，则计算机改为使用自动私有 IP 寻址方式，并自动配置 TCP/IP 协议。

使用自动私有 IP 寻址时，Windows 将在 168.254.0.1～168.254.255.254 内自动获取一个 IP 地址，子网掩码为 255.255.0.0，并以此配置建立连接，直到找到 DHCP 服务器为止。

因为自动私有 IP 寻址范围内指定的 IP 地址是由网络编号机构（IANA）保留的，这个范围内的任何 IP 地址都不能用于 Internet。因此，自动私有 IP 寻址仅用于连接到 Internet 的单网段的网络，如小型公司、家庭、办公室等。

值得注意的是，自动私有 IP 寻址分配的 IP 地址只适用于一个子网的网络。如果网络需要与其他的私有网络通信，或者需接入 Internet，则不能使用自动私有 IP 寻址分配方式。

4. 用 NAT 扩展 IP 地址

NAT 在 RFC 1631 中进行了定义，它的主要作用是实现局部地址和全局地址的转换，起到节约 IP 地址的作用。作为一种减慢 IPv4 地址空间耗尽速度的方法，在有很多主机而 IP 地址不够用的环境中，它是一个很好的解决方案。

另外，NAT 还可以用于简化 Internet 的合并。在用户更改 ISP 时必须变更内部网络的 IP 地址，为了避免花费大量工作在 IP 地址的重新分配上，可以选择使用 NAT，这样内部网络地址的分配可以保持不变。NAT 可以将内部 LAN 与外部 Internet 隔离，以实现 LAN 内部地址的隐藏。

（1）NAT 的基本概念

在路由器上应用 NAT 时，应理解下面的术语，如图 3-35 所示。

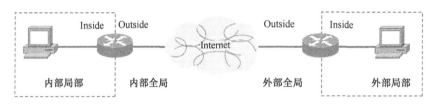

图 3-35　NAT 术语

1）NAT 基本术语。

① 内部局部地址：指定于内部网络的主机地址，全局唯一，但为私有地址。

② 内部全局地址：代表一个或多个内部 IP 到外部网络的合法 IP 地址。

③ 外部全局地址：外部网络主机的合法 IP 地址。

④ 外部局部地址：外部网络的主机地址，看起来是内部网络的私有地址。

内部局部地址在访问 Internet 时需要被翻译成公网上的外部全局地址，这两种地址覆盖了大部分 NAT 的应用。如果外网地址和内网地址重叠，则需要对外网地址进行翻译，这就引出两个概念：公网机器在内网上所显示的外部局部地址和公网上机器的外部全局地址。

提示：NAT 涉及 3 个转换，即 ip nat inside source（转换内部主机的源 IP 地址）、ip nat inside destination（转换内部主机的目的 IP 地址）、ip nat outside source（转换外部主机的源 IP 地址），ip nat outside source 一般和 ip nat inside source 一同使用，主要解决地址重叠问题，即双向 NAT；ip nat inside destination 是由外部流量发起的，可实现内部全局向内部局部转换，只有 TCP 流量才会转换，ping 流量是不会触发 NAT 的 Destination 转换的，主要用于服务器负载均衡。

2）NAT 分类。

NAT 分为源地址转换（SNAT）和目的地址转换（DNAT）。SNAT 改变内网发出数据分组的源地址，对于返回的数据分组则改变其目的地址，以实现内网主机对 Internet 的访问。

DNAT 转换改变从外网来的数据分组的目的地址,对于返回的数据分组则改变其源地址,以实现对内网主机的访问。

（2）NAT 的工作方式

提示：NAT 在工作过程中,与路由器和访问控制列表（ACL）行为紧密相关。路由器一旦接收到源 IP 地址为私网 IP 地址,目的 IP 地址为公网 IP 地址的数据包,则先进行 ACL 的匹配操作,若符合匹配条件,则查找路由表,将数据包路由至转发接口,然后进行 NAT 操作,完成数据包的重新封装,再将数据包从这个接口发送出去,返回数据包的操作过程与此正好相反。

1）静态 NAT：如图 3-36 所示,将一个私网地址和一个公网地址做一对一映射；或将特定私网地址及 TCP 或 UDP 端口号和特定公网地址及 TCP 或 UDP 端口号做一对一映射；或定义整个网段的静态转换。这种方式当内网的机器要被外网访问时是非常有用的,但是不能起到节省 IP 地址的作用。

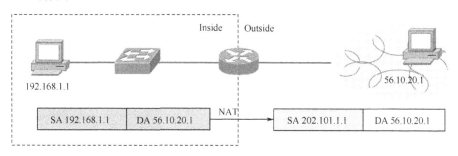

图 3-36　静态 NAT 方式

2）动态 NAT：如图 3-37 所示,将一个私网地址和一个公网地址池中的某个 IP 地址做映射（注意可以定义连续 IP 地址池,也可以定义非连续 IP 地址池）,在映射关系建立后,也是一对一的地址映射,但所使用的公网 IP 地址不确定,相比静态 NAT,网络管理员不需要手动去绑定,但此种方式同样不能起到节省 IP 地址的作用。

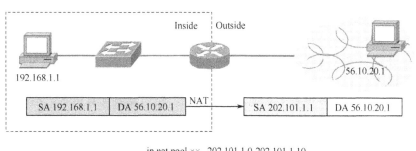

图 3-37　动态 NAT 方式

3）overloading：如图 3-38 所示,它是一种特殊的动态 NAT,将多个私网 IP 地址映射到一个公网 IP 地址的不同端口号下,通常称为 PAT,可以起到节省 IP 地址的作用,这是目前使用最广泛的方式。针对 PAT,理论上可以支持最多 65536 个内部地址映射到同一个外部地址,但实际上在一台 Cisco NAT 路由器上,每个外部全局地址只能有效支持大约 4000 个会话,其他厂商的设备很难超越这个数字。

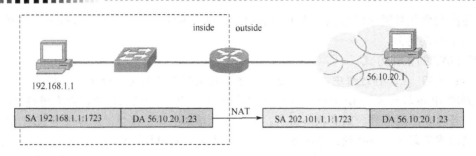

图 3-38 端口 NAT 转换方式

4）TCP 负载均衡：如图 3-39 所示，TCP 负载均衡是指对外提供一个服务地址，而该服务地址对应内部多台主机 IP 地址，NAT 通过轮询实现负载均衡。但由于 TCP 连接的多样性和 NAT 的局限性，NAT 不能实现完全的负载均衡。

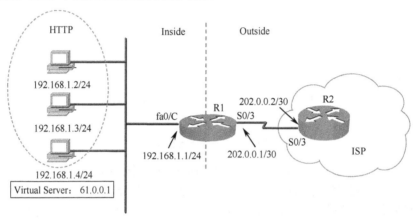

图 3-39　NAT 实现 TCP 负载均衡

5）overlaping：这种情况比较复杂，指内网使用的 IP 地址与公网上使用的 IP 地址有重叠。这时，路由器必须维护一个表：在数据包流向公网时，它能够将内网中的 IP 地址翻译成一个公网 IP 地址；在数据包流向内网时，把公网中的 IP 地址翻译成与内网不重复的 IP 地址。

（3）NAT 设计

NAT 的工作可以在很多设备上实现，如防火墙、路由器或计算机等，不过大部分的三层交换机是不具备该功能的，这些设备应该是本地网络和 Internet 网络的边界。在实施 NAT 时，首先要弄清 NAT 设备的内部接口和外部接口，以及在哪个接口上启用 NAT；其次要明确内部网络使用的 IP 地址范围，申请到供给内部网络地址转换使用的合法 IP 地址范围；最后要明确哪些本地地址要转化为合法的外部地址。

（4）NAT 设计案例

如图 3-40 所示的网络拓扑，内部网络用户使用私网地址网段 172.16.10.0，并能访问 Internet；内部服务器设置了私网地址 172.16.10.100，并对外提供 Web 和 FTP 服务，申请到供给内部网络地址转换使用的合法 IP 地址为 202.112.192.1/24-202.112.192.10/24。为此，需要在路由器 R1 上实施 NAT，其中 Fa0/0 作为 NAT 的内网口，G0/3 作为 NAT 的外网口；在路由器 R1 的 G0/3 端口上，启用静态端口 NAT 转换，将 Web 和 FTP 服务发布到公网上，供外部用户访问；同时在 G0/3 接口上启用动态 NAT，将 172.16.10.024 网段地址转化为 202.112.192.1/24-202.112.192.10/24，这样内部用户就能访问 Internet 了。

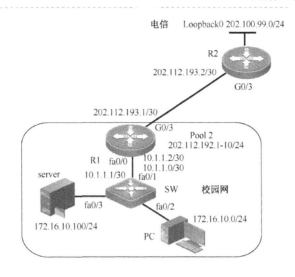

图 3-40 NAT 设计案例图

提示：在实施本案例时，一般从 ISP 那里动态获取 IP 地址，当在 R1 上配置一条默认路由时，其下一跳就只能采用传出接口的方式，而不能采用下一跳接口 IP 地址的方式。R2 上不应配置指向内部网络的静态路由，因为公网上的路由器不能直接将 IP 数据包路由至采用私网 IP 地址的网络中。

3.6 路由设计

在路由设计中，路由机制是需要考虑的重要内容，路由机制包括分析确定路由边界及在路由边界上针对特定需求应用路由流控制技术等内容。

路由边界是基于网络的管理需求对网络进行的物理上和逻辑上的隔离，并把分隔后的网络进行标识和分类。物理边界通过隔离局域网或非军事化区域、网络设备上的物理接口来标识。逻辑边界可以由功能域、工作组、管理域（如自制系统）等来标识。

路由流是路由器间交换路由信息形成的通信流，在功能域之间和自制系统之间传递。路由信息包括路由初始化信息、路由更新信息和路由背景信息（如 hello 或 keep-alive 报文）等。

路由边界和路由流对网络路由设计非常重要，可以在路由器边界上通过路由器对路由流进行操纵和控制。在设计的路由流控制中，可以在硬边界和软边界中操纵路由流，其关键技术有默认路由、路由过滤、路由汇聚和路由策略等。

3.6.1 默认路由设计

默认路由是一种特殊的静态路由，可以匹配所有的 IP 地址，常用于网关、出口设备等。不论是 Internet 还是 Intranet，使每一台路由器拥有全网络的路由表都是不现实的，默认路由的使用不可避免。

1）默认路由的指向单一，不允许形成环路。例如，省、市、县三级网络，默认路由的配置只能是由县指向市，由市指向省，而不能有上有下，形成环路。

2）全网络中至少存在一台路由器不需配置默认路由。换句话说，全网络中至少有一台路由器要具备全网所有路由。

3）静态默认路由适用于配置在星型的小型网络上，到 Internet 的访问路由器上（末节网络），如图 3-41 所示。

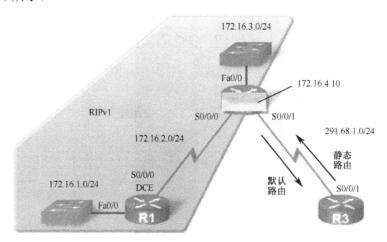

图 3-41　末节网络拓扑

提示：在配置静态路由时，对于下一跳的操作，一般采用下一跳接口的 IP 地址方式，若使用指向出接口的方式，该条目将作为直连网络输入到路由表中，如果出接口为广播型接口，可能会给接口下的结点造成额外的负担（ARP）。当然也可以使用指向下一跳接口 IP 地址+出接口方式，这可以最小化与下一跳地址关联的出站接口查询，并且把广播网络上的流量减到最小。

4）各种动态路由引入默认路由的方法（如表 3-23 所示）

表 3-23　动态路由引入默认路由的方法

方　　法	RIP	EIGRP	OSPF
本地路由器上配置默认静态路由，与 redistribute static 命令一同使用	是	是	否
default-information originate 命令	是	否	是
ip default-network 命令	是	是	否
本地路由器上配置默认静态路由，使用 network 0.0.0.0 命令	否	是	否

3.6.2　动态路由设计

在进行路由设计时，首先将默认路由用于末节网络区域，然后在网络层级和互连通性为低或中等时使用 RIP/RIPv2，最后在网络层级和互连通性为高时使用 OSPF 协议。在网络中要求 EGP 时使用 BGP。目前，OSPF、BGP、EIGRP 等选择协议都应用了模块化层次拓扑结构来控制路由选择开销和带宽消耗。

1．RIP 动态路由设计

RIP 路由协议有两个版本，称为版本 1 和版本 2，版本 2 是对版本 1 的改进。RIP 的缺点很明显，路由的度量标准过于简单，只考虑了跳数这一个因素。如果有到相同目标的两个不等速或不同带宽的路由，但跳数相同，则 RIP 认为两个路由是等距离的。但其他要素，如链路带宽、拥塞程度等，对路径优劣的影响甚至大于跳数，因此 RIP 是一个比较简单"粗糙"的路由协议，适用于小型网络。RIP 各版本功能特点对比如表 3-24 所示。

表 3-24 RIP 各版本功能特点对比

特 性	RIPv1	RIPv2
采用跳数为度量值	是	是
15 是最大的有效度量值，16 为无穷大	是	是
默认 30s 更新周期	是	是
周期性更新时，全部路由信息	是	是
拓扑改变时，只针对变化的触发更新	是	是
使用路由毒化、水平分割、毒性逆转	是	是
使用抑制计时器	是	是
发送更新的方式	广播	组播
使用 UDP 520 端口发送报文	是	是
更新中携带子网掩码，支持 VLSM	否	是
支持认证	否	是

1）在实施 RIP 之前，通常情况下需要考虑下列设计问题。
① 网络中的路由器个数不要超过 50。
② 网络直径不超过 15。
③ 存在冗余链路时，为满足冗余需求，需要调整路径开销。
④ 如果需要支持 VLSM，则必须选择 RIPv2。
⑤ 为避免路由环路出现，必须合理设计使用路由过滤方式。

2）RIP 设计案例。
① NBMA 网络中 RIP 设计。对于 NBMA 网络来说，有两种使用方法：一是点到多点连接，二是全网状连接。而点到多点连接是使用的主要方法。

对于点到多点连接，如图 3-42 所示，R1 可以直接访问 R2 和 R3，但 R2 和 R3 不能直接互访，需要通过 R1 转接。在这种情况下，R2 将路由 10.2.0.0/16 更新给 R1，但 R1 受 Split-horizon 功能限制，不会再将 10.2.0.0/16 这条路由从接口发出，导致 R3 路由器永远也学习不到 R2 上的路由信息。

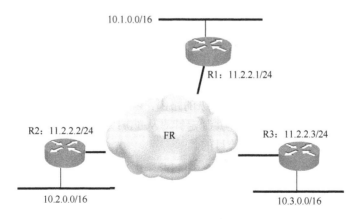

图 3-42 NBMA 网络中 RIP 设计

为解决这个问题，通常我们在 NBMA 的网络上使用 RIP 时，要禁止使用 Split-horizon 功能。

② RIP 的自动聚合。RIP 会周期性通告路由器的全部路由信息，为了减少网络上的路由流量，减小路由表的大小，可以对路由进行聚合操作，这个聚合操作默认情况下是使能的。

对于如图 3-43 所示的网络，在 R2 和 R3 上执行了自动聚合功能，在路由器 R1 上得到相同的路由更新，造成路由更新的错误，导致网络不通。

如果使用 RIPv2，当需要将子网路由广播出去时，可以通过 no auto-summary 命令关闭路由聚合功能。

RIPv1 不支持子网掩码，如果转发子网路由，则有可能会引起歧义。所以，RIPv1 始终启用路由聚合功能。no auto-summary 命令对 RIPv1 不起作用。

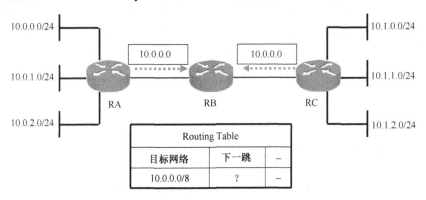

图 3-43　RIP 的自动聚合

③ RIP 实现链路备份。RIP 使用跳数作为度量值来衡量路径的优劣，如图 3-44 中所示，R3 从 R1 和 R2 都学习到了关于 172.16.0.0/16 的路由，由于两条路径的路由器个数相同，R3 上关于 172.16.0.0/16 的路由就会有两个下一跳，出现负载均衡的现象。

而用户为了便于控制数据，往往要求主备备份而不是负载均衡，因此，要使用偏移量列表来实现主备备份的需求。

默认情况下，RIP 路由器向外通告路由时跳数加 1，接收路由时不加，偏移量列表就是人为修改 RIP 的度量值，从而影响 RIP 的路由优选结果。现在，希望 R1～R3 的链路是主链路，可以在 R2 向 R1 通告路由时人为增加路由的跳数。首先通过 ACL 定义要操纵的路由，然

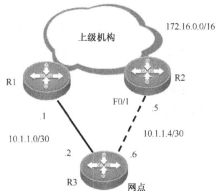

图 3-44　RIP 实现链路备份

后在路由模式使用 offset-list 调用 ACL 并制定针对从 F0/1 接口出去的这条路由在原来的基础上增加 3 跳，这样就实现了主备备份的目的。

2. OSPF 动态路由设计

OSPF 协议是一种链路状态协议，区别于 RIP，OSPF 具有支持大型网络、路由收敛快、占用网络资源少的优点，在目前应用的路由协议中占有相当重要的地位。OSPF 协议是所有内部网关协议中比较复杂的一种，这种复杂性和 OSPF 的协议原理密切相关，在企业网的 OSPF

设计和部署中需要认真考虑以下几方面的问题。

（1）Router ID 的合理选择

如果一个路由器的 Router ID 发生了变化，那么路由器会重新进行 LSA 泛洪，从而导致全网 OSPF 路由器都会更新其 LSA 数据库并且重新计算 SPF，使得 OSPF 网络发生振荡，因此选择一个稳定的 Router ID 是 OSPF 网络设计的首要工作。

OSPF 路由器在选择 Router ID 时遵循如下顺序。

1）最优先的是在 OSPF 路由进程使用命令"router id"指定路由器的 ID。

2）如果没有在 OSPF 路由进程中指定路由器的 ID，那么选择 IP 地址最大的 Loopback 的 IP 地址为路由器的 ID。

3）如果没有配置 Loopback，则选择最大的活动的物理接口的 IP 地址为路由器 ID。

在实际工程中，推荐的做法是首先规划出一个私有网段用于 OSPF 的 Router ID 选择，如 192.168.1.0/24。在启用 OSPF 进程前就在每个 OSPF 路由器上建立一个 Loopback，使用一个 32 位掩码的私有地址作为其 IP 地址，如图 3-45 所示，这个 32 位的私有地址不要发布在 OSPF 网络中。

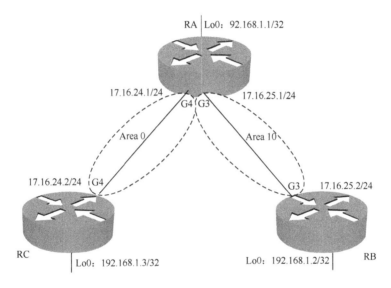

图 3-45　OSPF 网络 Router ID 规划

（2）OSPF 网络的层次区域规划

OSPF 是一个需要层次化设计的网络协议，在 OSPF 网络中使用了区域的概念，从层次化的角度看区域被分为两种：骨干区域和非骨干区域。骨干区域的编号为 0，非骨干区域的编号为 1~4294967295，如图 3-46 所示。处于骨干区域和非骨干区域边界的路由器称为 ABR，处于非骨干区域的路由器被称为区域内部路由器。由于 OSPF 的区域边界处于路由器上，因此每个非骨干区域中至少会存在一个 ABR。实际上 OSPF 区域的划分也就是把网络中的路由器做归类的过程。

在设计 OSPF 区域时，首先要考虑网络的规模，对于小型的 OSPF 网络，可以只使用一个 Area 0 来完成 OSPF 的规划。但是在大型 OSPF 网络中，网络的层次化设计是必需的。对于大型的网络，一般在规划上都遵循核心、汇聚、接入的分层原则，而 OSPF 骨干路由器的选择必然包含两种设备：一种是位于核心位置的设备，另一种是位于核心区域的汇聚设备。非骨干区域的范围选择则根据地理位置和设备性能而定，如果在单个非骨干区域中使用了较多的低端三层交换产品，由于其产品定位和性能的限制，应该尽量减少其路由条目数量，把区域规划变得更小一些。值得注意的是，在施工中对于非骨干区域的 Area ID 定义，推荐使用 Area10、20、30 等，这样提供了 Area ID 的冗余，便于网络管理员增加区域。

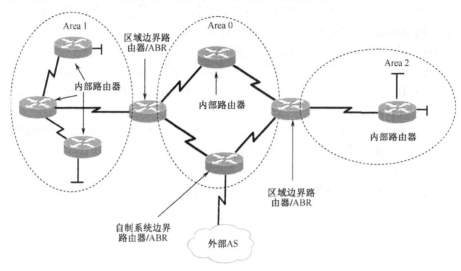

图 3-46 OSPF 网络路由器类型

（3）非骨干区域内部路由器的路由表优化

非骨干区域中使用了较多的低端三层交换产品，由于其产品定位和性能的限制使其不能承受过多的路由条目数量，为了精简其路由条目数量可以采用一些特殊区域来进行路由表的优化。OSPF 协议中定义了 3 种特殊区域：末梢区域（Stub Area），完全末梢区域（Totally Stub Area）和非完全末梢区域（NSSA Area）。由于 NSSA 区域应用非常少，下面简单简绍前两种特殊区域的应用场合。

1）末节区域：如图 3-47 所示，该区域不接收 AS 外部路由信息，路由到 AS 外部时，使用默认路由。该区域不能包含 ASBR（除非 ABR 也是 ASBR），不能接收 LSA Type 5 报文，由 ABR 向 Stub 区域通告默认路由（但还是 3 类 LSA）。

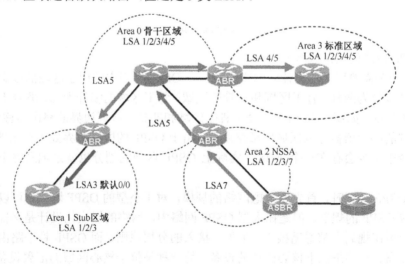

图 3-47 末节区域

2）完全末节区域：完全末节区域的内部路由器只有区域内部的明细路由和指向区域外部的一条默认路由，如图 3-48 所示。

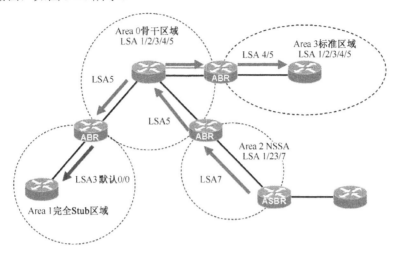

图 3-48　完全末节区域

在绝大部分情况下，企业网网络中的非骨干区域中都仅仅需要知道默认路由的出口在哪里，因此推荐把非骨干区域统一设置成完全末节区域，这样极大地精简了非骨干区域内部路由器的路由条目数量，并且减少了区域内部 OSPF 交互的信息量。对于极少数存在特殊要求的网络，可以根据实际情况灵活使用几种区域类型。

（4）骨干区域内部路由器的路由表优化

对于 OSPF 的非骨干区域来说，使用特殊区域能够精简其内部路由器的路由表，而对于 OSPF 的骨干区域来说，要简化其内部路由器的路由表所采用的方式，就是减少非骨干区域使用的 IP 网段做出合理的规划以便于区域边界汇总。对于 IP 网段的合理规划在 3.5 节中已有详细的说明，本节不再赘述。

推荐新建 OSPF 网络能够在前期做出利于路由汇总的 IP 网络设计，对扩建的网络应尽量进行 IP 地址的重新规划，通过区域汇总能够精简骨干区域路由器的路由表，减少骨干区域内 OSPF 交互的信息量，并且提高路由表项的稳定性。

（5）OSPF 默认路由的引入和选路优化

当前对于一个大型网络来说，很大一部分的业务量并不在区域内部，而是通往 Internet 出口，因此默认路由的引入也是企业网 OSPF 设计的一大要点。对于 OSPF 网络的默认路由引入方式，推荐使用默认路由重发布到 OSPF 网络的方法进行。

在实际的大多数工程案例中，企业网的出口不止一个，如何有效地将出口的流量分担到多条链路上就构成了 OSPF 设计中的一个难点。图 3-49 所示为简单的双出口网络，OSPF 会直接选择将所有的流量都从 S0 接口发出走 E1 线路，这是一种极大的浪费。

虽然有很多种方法能够起到分担流量的目的，但是简单的也是最安全的方法是使用 OSPF 内建的选路机制。因为 OSPF 路由器对一条路由的优劣是通过计算其 cost 值来实现的，cost 值小的路由会被路由器优先放入路由表。通过调整 OSPF 接口的 cost 值可以使路由器选择不同的链路出口来到达负载分担的目的。

不过在调整 cost 值之前还有一项必要的工作。因为 OSPFv2 出现的时间较早，没有考虑到带宽的飞速发展，因此默认情况下，OSPF 计算 cost 值使用的参考带宽为 100Mbit/s，也就是说默认情况下，OSPF 把 100Mbit/s 带宽以上的端口统统认为其 cost 值是 1。很明显，在网络骨干带宽迈向 10Tbit/s 的今天已经显得非常不合时宜。

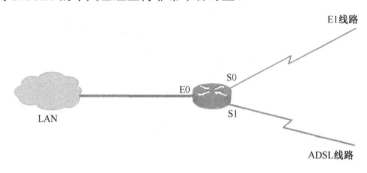

图 3-49　简单的 OSPF 双出口网络

为确保路由器选择最优路径，需要统一 OSPF 路由尺度的计算。通常的做法如下：取网络中带宽的最大值为度量值 1，其他类型的接口按与最大带宽的比例计算。例如：网络中最大带宽为 GE，将其 cost 设置为 1，如表 3-25 所示。

表 3-25　OSPF 网络 cost 调整

接口类型	Cost	接口类型	cost
GE	1	10Mbit/s Ethernet	100
155Mbit/s POS	7	$N \times E1$	$500/N$
100Mbit/s FE	10	Loopback 接口	cost 值通常取 1

（6）OSPF 网络的基本安全防护

对于一个大型的网络来说，安全性是必须要考虑到的问题，对于网络的安全设计将在 3.10 节中详细讨论，本节主要讨论终端用户如何避免通过 Sniffer 工具偷窥到网络内 OSPF 的报文信息。

为什么要避免终端用户窥探 OSPF 网络的报文信息呢？这是因为如果用户能够截获 OSPF 报文，那就意味着他已经知道如何加入此 OSPF 网络。此时要破坏整个 OSPF 网络已经是轻而易举的，如果将一台路由器接入到 OSPF 网络中，并且使得该路由器的 OSPF 进程处于不稳定的状态，会导致整个 OSPF 网络发生振荡甚至瘫痪。

为了保证 OSPF 网络的安全与稳定，推荐在实际工程中使用被动接口（Passive Interface）的方式来阻止通往用户侧的 OSPF 报文。

（7）OSPF 网络设计案例

图 3-50 所示为某公司网络的物理网络拓扑图，可以看出这是一个中型的园区网络，拥有两个分公司和一个到 Internet 的出口，园区内部网络比较清晰简单。对于这种比较典型网络结构的 OSPF 部署，采用上述的 6 个步骤来设计。

1）保持 OSPF 数据库的稳定性：规划和部署 Router ID。

部署 OSPF 的首要工作是规划和部署 Router ID，Router ID 仅仅是一个 OSPF 设备的标识，因此不需要占用公有 IP 地址，使用一个合适的私有 IP 地址段即可，此案例中选用的 Router ID 地址段为 172.16.100.0/24。下面的工作就是在每个 OSPF 设备上建立相应的接口，并设置其接口的 IP 地址为 172.16.100.x/32。注意：不要在 OSPF 进程中发布 Loopback0 的接口 IP 地址，以减少无用的 OSPF 信息交互报文。

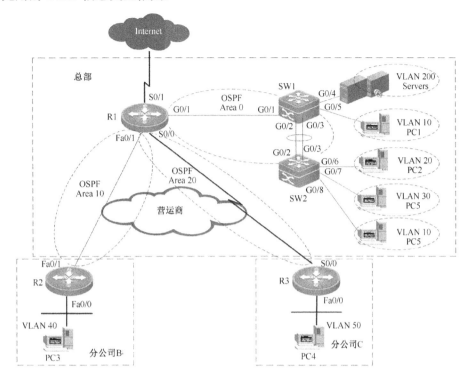

图 3-50 某公司网络的物理网络拓扑图

2）层次化的网络设计：OSPF 的区域规划。

在完成分配 Router ID 后，下面的工作就是对整个 OSPF 网络进行区域划分。对于这种层次分明的网络，OSPF 的区域划分是非常容易的，直接把 R1 路由器，SW1、SW2 交换机包含到 Area 0，再按照地理位置来区分非骨干区域。唯一需要注意的是非骨干区域 Area ID 的冗余性，在实际工作中经常被忽视。图 3-50 是做了区域划分后的拓扑图。

3）非骨干区域内部路由器的路由表项优化：特殊区域的使用。

划分完 OSPF 网络区域后，就应该考虑特殊区域的应用。这个案例中没有特殊区域，所以这里就不再考虑了。

4）骨干区域路由器的路由表项优化：非骨干区域 IP 子网规划和路由汇总。

使用特殊区域后，非骨干区域内部路由器的路由表项得到了极大简化，并且减少了区域内部 OSPF 路由器之间的信息交互量。在骨干区域也需要做出适当的操作来到达同样的目的，这就要对非骨干区域使用的 IP 地址做出合理规划并在边界路由器进行汇总操作。本案例比较简单，没有必要进行路由汇总。

5）OSPF 默认路由的引入和选路优化：重发布静态路由和 cost 调整。

对于多出口网络，引入默认路由和多出口流量分担是必须要考虑的问题。但对于本案例来说，没有必要对路由重分发。

引入默认路由的方式有多种，推荐的做法是在边界路由器上建立默认路由，并且重分发到 OSPF 路由进程中。在本案例中一条默认路由被引入到 OSPF 网络中。

6）OSPF 网络的基本安全：阻止发往用户的 OSPF 报文。

对于本案例来说，做完前面 5 步，实际上整个 OSPF 网络已经能正常运行，但是这个网络存在一个较大的安全隐患，即用户侧能够接收到 OSPF 的 Hello 报文，使用 Sniffer 工具就可以很轻松地做到。

为了实现 OSPF 网络的基本安全，在实际工程中推荐使用被动接口的方式来阻止发往用户的 OSPF 报文。注意：passive-interface 命令会阻止所有 OSPF 报文的发送，一般只会用于用户 VLAN 的 SVI 接口，千万不要阻塞 OSPF 路由器之间的链路，这将导致 OSPF 路由器邻居无法建立。

3.6.3 路由汇总设计

路由汇总与否会直接影响到路由的查找速度，不同的路由选择协议采用路由汇总的方法和位置是不一样的。

1. 静态汇总路由设计

通过改变子网掩码，用一条路由替代一些路由，达到简化路由表的目的。这些被汇总的路由要求是连续的，有共同的网络号，共同的出口，如图 3-51 所示，可以在路由器 RA 上配置一条汇总路由 10.0.0.0/20。路由汇总必须是精确汇总，否则会引发"路由黑洞"问题。另外，静态汇总路由可能存在路由环路隐患。

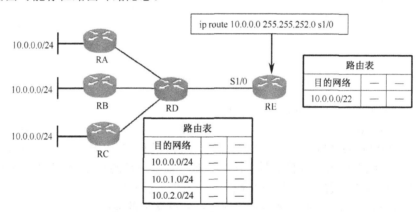

图 3-51　静态路由汇总

2. RIP 路由汇总设计

1）进行手动汇总之前必须关闭自动汇总（no auto-summary）。
2）汇总可以在任意一台路由器上进行，但效果不一样。
3）汇总路由的掩码必须大于或等于主类网络掩码。
4）在通告汇总路由的路由器上，根据实际需要，可配置指向 Null0 接口的汇总路由，如 ip route 192.168.1.0 255.255.255.0 null 0。

3. OSPF 路由汇总设计

运行 OSPF 协议的路由器域中，路由汇总的控制点在 ABR 路由器和 ASBR 路由器上
（1）ABR 路由汇总条件

只要有一条明细路由存在，那么在 ABR 上通告汇总路由就会生效；如果不存在明细路由，那么 ABR 虽然配置了汇总命令，但不会通告汇总路由；ABR 仅在将 1/2 类 LSA 转换为 3 类

LSA 时，可以进行汇总，如果 1/2 类 LSA 转换后的 3 类 LSA 中的网络号不在汇总网段范围内，则仍以精确的 3 类 LSA 通告。

（2）ASBR 汇总的条件

重发布路由生成的 5 类 LSA 中的网络号不在汇总网段范围内，则仍以精确的 5 类 LSA 通告；同区域间路由汇总一样，为预防路由环路，也必须要产生 Null0 接口的汇总路由。如果汇总命令配置后，不产生 Null0 接口路由，则必须手动配置一条 Null0 接口的静态路由。

（3）动态路由汇总总结如表 3-26 所示。

表 3-26　动态路由汇总总结

路由选择协议	有无类别	是否支持自动汇总	是否默认使用自动汇总	是否可以禁用自动汇总
RIPv1	有	支持	默认	不可禁用
RIPv2	无	支持	默认	可禁用
EIGRP	无	支持	默认	可禁用
OSPF	无	不支持	N/A	N/A

3.7 网络冗余设计

随着 Internet 的高速发展，企业网、园区网和校园网从简单的信息承载平台转变成一个公共服务平台。作为终端用户，希望能够时时刻刻保持与网络的联系，因此健壮、高效和可靠的网络成为发展的重要目标。而保证网络的可靠性，就需要使用冗余技术。

网络冗余设计的基本思想：通过重复设置网络链路和互连设备来满足网络的可用性需求。冗余是提高网络可靠性和目标的重要方法，可以减少由于单点故障而导致的整个网络的故障，如图 3-52 所示。

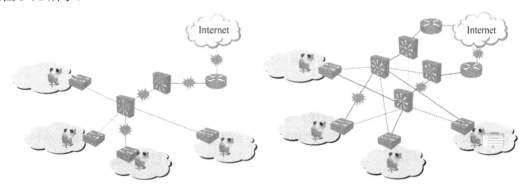

（a）无冗余链路发生单点故障情况　　　　　（b）有冗余链路发生单点故障情况

图 3-52　网络冗余对网络可用性的影响

提示：高冗余网络给用户带来的体验就是在网络设备、链路发生中断或者变化的时候，用户感觉不到。

需要指出的是，冗余设计会增加网络的成本，以及网络设备维护的费用。需要在网络成本、网络可靠性之间进行取舍。可以从设备冗余、链路冗余、负载均衡等几个方面考虑网络结构的冗余设计。

1. 设备级冗余

最理想的情况是对网络中所有的设备都提供备用设备。但是，这样做既不必要又不现实。例如，在接入层就不必将一台用户计算机用两条网线（网卡）接到两台集线器（或交换机）上。

相比较而言，核心层比汇聚层更需要备用设备，汇聚层比接入层更需要备用设备，因为前者的作用更关键。有些厂商为了满足这种冗余设计的需求，设计、制造了具有双背板、双电源、双引擎的设备，这种设备实际上可被看作两台独立的设备。图 3-53 表明，备用的核心路由器 C2 在核心路由器出现故障时，仍能把来自汇聚路由器 D2 的数据接收到核心层。

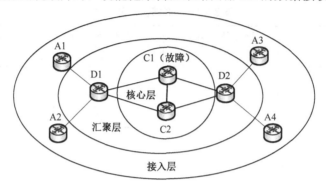

图 3-53　核心层中 C2 是 C1 的备用设备

2. 服务器冗余设计

服务器中常用到的冗余技术有数据冗余、网卡冗余、电源冗余、风扇冗余、服务器冗余。
1）数据冗余：指系统中的任何单一部件损坏都不会造成硬盘数据丢失。
2）网卡冗余：指系统中的任何一块网卡损失都不会造成网络服务被中断。
3）电源冗余：指系统中的任何一个电源故障都不会造成系统停机。
4）风扇冗余：指系统中的任何一个风扇损坏都不会造成系统温度过高而死机。
5）服务器冗余：指双机系统中的任何一台服务器故障都不会造成系统崩溃。

3. 链路级冗余设计

网络链路冗余提供了一条备用路径，是针对主路径上的设备和链路的重复设置，由路由器、交换机及它们之间的独立备用链路构成。为防止路径故障，必须提供一条备用路径。备用路径由独立备用链路构成。一般情况下，备用路径的容量比主路径的容量要小，备用路径在实现时可以采用与主路径不同的技术，如可以分别采用以太网技术和 ADSL 技术。另外，主、备用路径采用的传输链路应尽可能是由不同厂商提供的。如果需要一条与主路径性能完全相同的备用路径，则即使价格高昂也应当这样去设计。

（1）二层链路冗余

在二层链路中实现冗余的方式主要有两种：生成树协议和链路捆绑技术。其中生成树协议是一个纯二层协议，而链路捆绑技术在二层接口和三层接口上都可以使用。

（2）三层链路冗余

三层链路的链路捆绑和二层链路捆绑的本质是一样的，都是通过捆绑多条链路形成一个逻辑端口来增大带宽，保证冗余和负载分担的目的。

（3）网关级冗余

VRRP 是一种被广泛应用于园区主干网的冗余链路解决方案，方法是对以太网终端 IP 设备的默认网关（网络边界路由器的网络接口）进行冗余备份，在其中一台路由设备发生故障时，能向用户提供透明的切换，及时由备份路由设备接管转发工作，VRRP 也可以用于网络流量均衡。

4．备用路由

如果某个网络用户设备到网络另一端的用户设备之间只有一条路由，则只要这条路由上的某一段线路或某一个设备出现故障，都会造成两个设备之间的数据通信中断。

因此，要为数据通信量大或故障率大的通信线路提供备用线路。在不能提供备用线路的情况下，要能提供另外一条路由，这种冗余设计思想如图 3-54 所示。

图 3-54 说明，D2 到 C2 备用的路由（D2→C1→C2）在核心路由器 C2 到汇聚路由器 D2 之间的那条通信线路出现故障时，能够把来自汇聚路由器 D2 的数据汇聚到核心层。

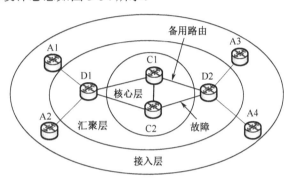

5．常见的路由备用方式

（1）静态路由备份

路由器到达同一目的地的两条静态路由，如果把管理距离设置为相同则为负载分担模式，如果设置为不一致则为备份模式。

图 3-54　C1 与 D2 之间的有备用路由

管理距离数值低的为主路由，管理距离数值高的为备份路由，如图 3-55 所示。

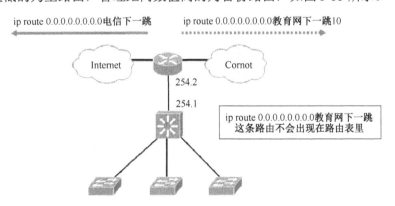

图 3-55　静态路由备份

（2）静态路由备份动态路由

路由器在主链路上配置动态路由协议，同时配置静态路由，且管理距离数值高于动态路由协议，下一跳指向备份链路。由于路由协议的优先级高，所以正常情况下使用主路由，通过主链路转发数据。当主链路发生故障时，主路由的下一跳不可达，路由失效，变为非激活状态。此时静态路由被激活，路由器选择备份路由来转发数据。当主链路恢复时，主路由状态被激活，路由器重新选择主链路转发数据，如图 3-56 所示。

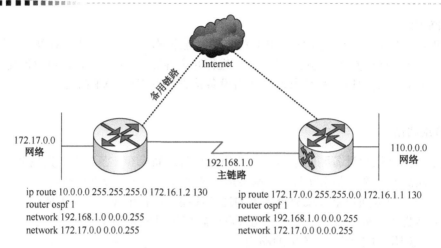

图 3-56 静态路由备份动态路由

（3）动态路由之间相互备份

动态路由协议之间的默认管理距离不同，如 OSPF 协议的默认优先级为 110，而 RIP 的默认管理距离为 120。在同一网络中，同时运行 RIP 和 OSPF 两种路由协议，其中以 OSPF 协议学习到的路由为主路由，而以 RIP 学习到的路由为备份路由，如图 3-57 所示。

在这种情况下，由于同一路由器上要运行两种不同的路由协议，对路由器的 CPU 和内存都有较高的要求，所以一般不推荐使用。

（4）动态路由内部相互备份

动态路由协议内部可以通过度量值（cost 值）来实现路由备份，度量值小的路由为主路由，度量值大的路由为备份路由。

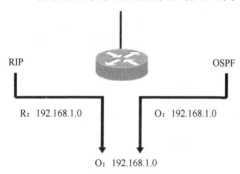

图 3-57 动态路由备份

6．冗余设计案例

如图 3-58 所示，某公司总部与分部之间由 3 条链路相连，DDN 与 FR 之间的路由器配置动态路由协议，并配置策略路由，从而实现负载均衡；通过 PSTN 提供静态路由备份。

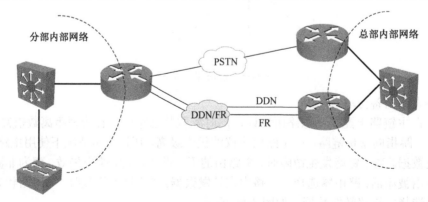

图 3-58 网络冗余设计案例拓扑图

提示：在某些场合，可能会使用到基于接口的链路备份，在这种模式下，一旦主接口的链路断开，就会失去到达目的网络的路由（系统默认不会启用备份接口链路）。若设定了备份启动时间，系统会使用备份接口链路。如果主接口链路恢复正常，系统会自动关闭备份接口，自动切换到主接口链路。

3.8 服务子网设计

服务器系统是网络的"灵魂"，也是网络应用的舞台。服务器在网络中"摆放"位置的好坏直接影响网络应用的效果和网络运行效率。网络服务主要有两类：通用的网络服务，如 DNS 服务、Web 服务、电子邮件服务；内部应用服务，如办公（OA）服务、管理信息系统（MIS）服务等。当网络服务较多时，需要设计一个服务器主机群，也称为服务子网。服务子网设计在哪个层次，对网络性能会产生不同的影响。服务子网设计分为集中式服务设计和分布式服务设计。

1. 集中式服务设计模型

集中式服务设计模型将服务子网设计在核心层，特点是网络结构简单，便于管理。如果将服务器集群集中放置在中心机房内，会增加核心层的负荷，影响可靠性，故对于数据流量不大的网络才采用这种方式。集中式服务设计模型如图 3-59 所示，适用于数据流量不大的网络。

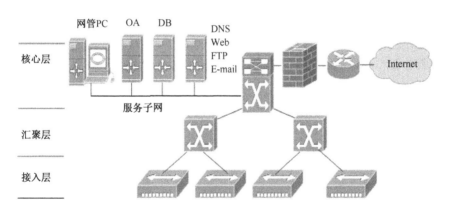

图 3-59 集中式服务设计模型

2. 分布式服务设计模型

分布式服务设计模型的特征是网络服务集中、应用服务分散。采用的设计方法如下：将通用网络服务放置在核心层，通用网络服务器群放置在中心机房。企业内部应用服务分布到各个部门，内部应用服务器分别放置在汇聚层或接入层的机房。分布式服务设计的优点是网络流量分担合理，核心层设备的压力小，应用服务器放置在汇聚层，即使核心层发生故障，应用服务子网仍然可以工作，可靠性好。分布式服务设计的不足是网络管理工作复杂，网络设备利用率不高。分布式服务设计模型适用于企业园区网络。分布式服务设计模型如图 3-60 所示。

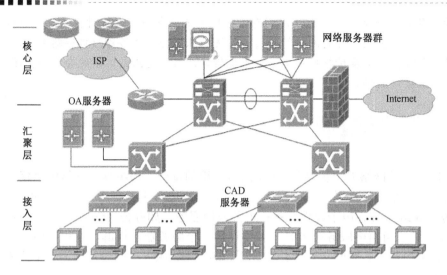

图 3-60　分布式服务设计模型

3. 服务器连接策略

服务器的连接策略如下。

1）服务器应当与中心集线设备连接在一起。
2）将互访频繁的计算机连接至同一台集线设备上。
3）上连至服务器时应使用高速端口。
4）服务器应当连接至性能最高的交换机上。

在连接服务器和其他网络设备时应当注意：网络防火墙是必不可少的，建立远程灾难备份中心网络。

4. 服务器接入方案

服务器是网络中信息流较集中的设备，其磁盘系统数据吞吐量大，传输速率高，要求绝对的高带宽接入。服务器接入方案主要有以下几种。

（1）千兆以太网端口接入

服务器支持 GBE 网卡。GBE 网卡采用 PCI（V2.1）接口，使用多模 SX 连接器接入交换机的多模光端口中。其优点是性能好、数据吞吐量大；缺点是成本高，对服务器硬件有要求。它适用于企业级数据库服务器、流媒体服务器、较密集的应用服务器。

（2）并行快速以太网冗余接入

服务器采用两块以上的 100Mbit/s 专用高速以太网卡分别接入网络中的两台交换机中。通过网络管理系统实现负载均衡或负载分担，当其中一块网卡失效后不影响服务器正常运行，这种方案目前比较流行。

（3）普通接入

采用一块服务器专用网卡接入网络，这是一种经济、简洁的接入方式，但可用性低。当信息流密集时，可能会因主机 CPU 占用（主要是缓存处理占用）而使服务器性能下降。它适用于数据业务量不是太大的服务器（如 E-mail 服务器）使用。

3.9 接入广域网设计

随着 Internet 的兴起，人们对开放式远程网络互连的需求日益强烈。无论是企业网、校园网，还是政府办公网，在网络需求说明中都把接入 Internet 作为网络工程的必选。

3.9.1 接入广域网概述

1. 接入技术的选择

广域网的设计首先要确定广域网的用途，如是用来进行互联网连接，还是用于集团总部、分支公司、合作伙伴、供应商等的局域网互连，或者用来为广大用户提供公共网络服务、内容服务。不同的用途，广域网系统的设计方法、所选择的技术也不同。一般情况下，对于需要 24h 实时连接的网络互连，可以选择租用专线线路；家庭办公用户或移动用户，如果不需要实时连接，可以使用 ADSL 等连接到企业内部局域网；对于大中型的局域网互连，如校园网主校区和分校区的互连等，可以租用光纤线路连接。

2. 接入 ISP 的选择

无论是哪种接入方式，都是通过 ISP 来实现的，它是用户接入 Internet 的服务代理和用户访问 Internet 的入口点。ISP 是为用户提供互联网络接入服务、为用户指定基于互联网信息的发布平台，以及提供基于物理层面上技术支持的服务商。我国具有国际出口线路的 4 大主干网为 CHINANet、CHINAGBN、CERNet、CSTNet，它们在全国各地都设置了自己的 ISP 机构。

3. 接入位置考虑

设计时应了解实际电路情况，选择物理上不同的通信网络。应与广域网供应商讨论有关电路实际设置的问题。需要注意的是，从通信公司到本单位建筑物的本地电缆往往是网络中最薄弱的链路部分，它会受到建筑施工、火灾、冰雪和缆线挖断等其他因素的影响。

4. 接入可靠性考虑

通过在网络内部的各种设计，以及配置多条通向因特网的路径，来满足用户访问 Internet 的可用性和性能目标要求。

3.9.2 接入广域网设计案例

一个企业网络拓扑结构如图 3-61 所示，其中两处需要选择广域网线路连接方式：访问 Internet 的连接和总部与分支的互连。具体选择如下。

1. 访问 Internet 的连接

ISP 给用户连接 Internet 的主要方式有专线、ADSL、无线连接、以太网宽带等。由于企业需要发布 Web 网站，需要实时可靠的连接，因此专线和以太网宽带比较适合。如果用户较少，可以选择 2Mbit/s 的 DDN 专线；如果用户数较多，可以选择带宽为 10Mbit/s 的以太网宽带接入专线。如果选择以太网宽带连接，由于可以直接使用以太网数据帧传输，不需选择封装其他数据链路层协议，因此物理接口使用 RJ45 标准。如果选择 DDN 专线，则需要连接用户路由器的串行接口到 ISP 的路由设备，使用哪种封装协议由 ISP 决定，通常 ISP 会要求用户使用 PPP 协议。物理层使用串行接口连接到 DDN 专线，一般通过 V.35 线缆连接用户路由器到协议转换器，通过协议转换器连接到 ISP 的线路。

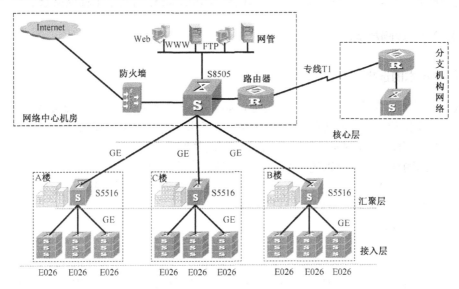

图 3-61　某企业网络拓扑结构图

2. 总部与分支的互连

总部与分支互连的方式主要有专线、包交换等。考虑企业的带宽需求和成本限制，比较适合选择 T1 或 E1 专线。如果总部与分支的互连使用相同厂商的路由器设备，则可以使用默认的 HDLC 协议；如果使用不同厂商的路由器设备，则需要使用 PPP 协议。用户也需要通过协议转换器连接 ISP 线路，一般通过 V.35 线缆连接用户路由器到协议转换器。

3.10　网络安全设计

网络安全是指网络系统的硬件、软件及其系统中的数据受到保护，不因偶然或者恶意的原因而遭受破坏、更改、泄露，系统连续、可靠、正常地运行，网络服务不中断。网络安全从其本质上来讲就是网络上的信息安全。网络系统本身是一个复杂的系统，其连接形式多样，终端设备分布不均匀、网络的开放性和互连性都容易导致网络系统遭受黑客和恶意软件的攻击，因此，网络的安全及防范问题变得非常重要。

3.10.1　网络安全体系框架

虽然在设计网络体系时存在多种安全架构模型，但如图 3-62 所示的安全体系框架中的基本内容是网络安全规划和建设时应考虑的主要内容。

技术体系是全面提供网络系统安全保护的技术保障系统，该体系由物理安全技术和系统安全技术构成。组织体系是网络系统的组织保障系统，由机构、岗位和人事 3 个模块构成。机构分为领导决策层、日常管理层和具体执行层；岗位是网络系统安全管理部门的岗位，对岗位上在职、待职和离职的员工进行素质教育、业绩考核等。管理体系由法律管理、制度管理、培训管理等 3 部分组成。

网络系统安全体系框架							
管理体系	法律	物理安全	环境安全	系统安全	信息安全	安全服务体系规范实施细则安全评估	状态检测	安全策略
							入侵监控	密钥管理
	制度	物理安全		信息安全		ISO标准	审计	策略
		安全技术				技术管理		
		技术体系安全框架						
	培训	机构			岗位		人事	
		组织体系						

图 3-62 网络系统安全体系框架

3.10.2 机房及物理线路安全

通常，计算机网络机房及物理线路安全主要是存放、支持网络设备运行的物理环境设施及物理线路情况。机房的安全措施应符合《计算机场地安全要求》（GB/T 9361—1998）和《电子计算机场地通用规范》（GB/T 2887—1999）等标准要求。

1. 通信线路安全设计要求

计算机通信线路是实现数据传输的物理线路，包括双绞线、光纤等。应符合以下要求。
1）采用铺设或租用专线方式建设。
2）应远离强电磁场辐射源，埋于地下或采用金属管。
3）定期测试信号强度，以确定是否有非法装置接入线路，特别是在线路附近有新的网络架设、电磁企业开工时，应请专业机构负责检测。
4）定期检查接线盒及其他易被人接近的线路部位，防止非法接入或干扰。

2. 骨干冗余线路防护要求

1）骨干线路或重要的结点与网络平台相连，应有冗余线路或环形路由措施。
2）骨干线路的网络设备应用冗余电源配置，保障线路正常运转。
3）重要部门、重要业务系统所属的相关链路、应建立冗余或环形路由措施。
4）大型网络的因特网出口线路应建立冗余线路并以负载均衡的方式运行。计算机通信线路骨干线路和核心设备，应该具备防雷击的措施。

3.10.3 网络安全设计

网络安全主要包括网络安全域划分、边界安全策略、路由交换设备安全策略、防火墙安全配置、网闸的安全配置、入侵检测系统的安全配置、抗 DDoS 的安全配置、VPN 功能的要求、流量管理设备功能要求、网络监控与审计部署功能要求、访问控制网络监控与审计部署功能要求等。

1. 网络安全结构的划分

当前使用的企业网、园区网和校园网等网络的结构一般划分为内网、外网和公共子网 3 个部分，如图 3-63 所示。

图 3-63 网络结构划分图

1）内网是指各种园区网络内部局域网，包括内部服务器和用户。内部服务器只允许内部用户访问。内部网络用户的安全隐患比外网更加令人难防，内部用户的泄密是对系统安全的最大破坏。

2）外网是指不属于部门内部网络的设备和主机。非法用户可以通过各种手段来攻击、窃取内网服务器上的数据和信息资源。

3）公共子网是指网络中的一部分用户提供公共服务的服务器设备单独从内网中隔离出来，并且允许内部用户和外部用户访问。公共子网是内、外部用户都能够访问的唯一网络区域，其安全管理应该是对应服务器进行访问控制，对客户和服务器双方进行身份验证，同时对内外部网络服务器提供代理。

2. 路由与交换设备

（1）路由器安全优化要点

路由器是网络系统的主要设备，也是网络安全的前沿关口。如果路由器自身的安全都无法保障，整个网络也就毫无安全而言。因此，在网络安全管理上，必须对路由器进行合理规划、配置，采取必要的安全保护措施，避免因路由器自身的安全问题而给整个网络系统带来漏洞和风险。以下是路由器安全优化的常见做法。

1）控制交互式访问，并实施分级管理。
2）保护路由器口令，并实现安全登录控制。
3）关闭不使用的服务。
4）管理 HTTP 服务。
5）路由协议交换的认证功能。

（2）交换机网络安全

在系统安全方面，交换机在网络由核心到边缘的整体架构中实现了安全机制，即通过特定技术对网络管理信息进行加密和控制等，下面是在计算机设备上实施的一些常见安全措施。

1）广播风暴控制与端口流量控制。
2）端口阻塞（防 MAC 地址泛洪攻击）、端口保护（端口隔离）、系统保护（防扫描）和安全。
3）ARP 检查、DHCP 监听、动态 ARP 检测。
4）VLAN 安全机制。

5）STP 安全机制（BPDU Guard、BPDU Filter）。

6）802.1X 安全接入网络。

3. 内网与外网边界的安全措施设计

内网和外网之间应进行逻辑隔离，采用的设备主要是防火墙；对进出网络的数据流进行监控分析和审计，采用的主要设备是 IDS。

（1）防火墙部署

防火墙是由软件（如 ISA Server）或硬件（如 Cisco PIX）构成的网络安全系统，用来在两个网络之间实施访问控制策略。硬件防火墙在功能和性能上都优于软件防火墙，但是成本较高。硬件防火墙最少有 3 个接口：内网接口，用于连接内部网络设备；外网接口，相当于主机接口，用于连接边界路由器等外部网关设备；DMZ（非军事化区）接口，用于连接 DMZ 网络设备。

1）设置 DMZ 的目的。将敏感的内部网络和提供外部访问服务的网络分离开，为网络提供深度防御，如图 3-64 所示。

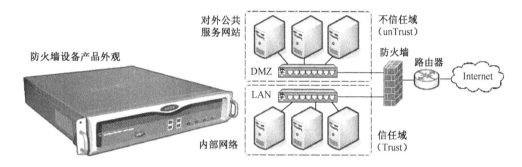

图 3-64　DMZ 网络安全结构

如图 3-64 所示，DMZ 位于企业内部网络和外部网络之间的一个区域内，在 DMZ 内可以放置一些必须公开的服务器设施，如企业 Web 服务器、FTP 服务器等。

2）安全访问策略。防火墙的内网口、DMZ 口和外网口之间的关系，应能满足"外网口可以访问 DMZ 口，不能直接访问内网口；DMZ 口可以访问外网口，不能访问内网口；内网口可以访问外网和 DMZ 口"。若网络中存在安全级别较高的区域，则可以通过网闸等设备实施物理隔离。

3）单防火墙 DMZ 网络结构设计。单防火墙 DMZ 结构将网络划分为 3 个区域，内网（LAN）、外网（Internet）和 DMZ。DMZ 是外网与内网之间附加的一个安全层，这个安全区域也称为屏蔽子网、过滤子网等。这种网络结构构建成本低，多用于小型企业网络设计，如图 3-65 所示。

4）双防火墙 DMZ 网络结构设计。如图 3-66 所示，防火墙通常与边界路由器协同工作，边界路由器是网络安全的第一道屏障。通常的方法是在路由器中设置数据包过滤和 NAT 功能，让防火墙完成特定的端口阻塞和数据包检查，这样在整体上提高了网络性能。

（2）IDS 及 IPS 的部署

IDS 及 IPS 的最大特点：能够发现内部误操作、内部攻击行为等，并在计算机网络和系统受到危害之前进行报警、拦截和响应。

1）IDS 网络安全设计。IDS 一般旁路连接在网络中各个关键位置，如图 3-67 所示。

① IDS 安装在网络边界区域。IDS 非常适合安装在网络边界处，如防火墙的两端及到其他网络连接处。如果 IDS 与路由器并联安装，则可以实时监测进入内部网络的数据包，但是这个位置的带宽很高，IDS 性能必须跟上通信流的速度。

② IDS 系统安装在服务器群区域。对于流量速度不是很高的应用服务器，安装 IDS 是非常好的选择；对于流量速度高，而且特别重要的服务器，可以考虑安装专用 IDS 进行监测。DMZ 往往是遭受攻击最多的区域，在此部署一台 IDS 非常必要。

③ IDS 系统安装在网络主机区域。可以将 IDS 安装在主机区域，从而监测位于同一交换机上的其他主机是否存在攻击现象。例如，IDS 部署在内部各个网段，可以监测来自内部的网络攻击行为。

④ IDS 系统安装在网络核心层。网络核心层带宽非常高，不适宜布置 IDS。

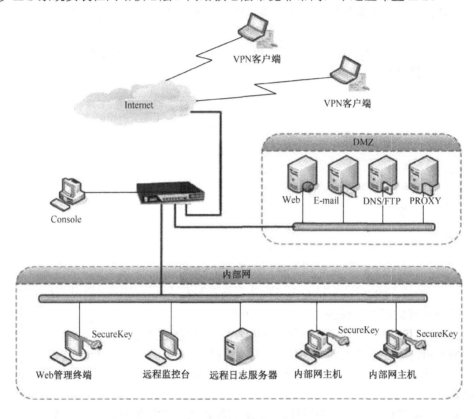

图 3-65 单防火墙 DMZ 网络结构

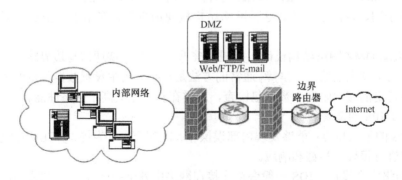

图 3-66 双防火墙 DMZ 网络结构

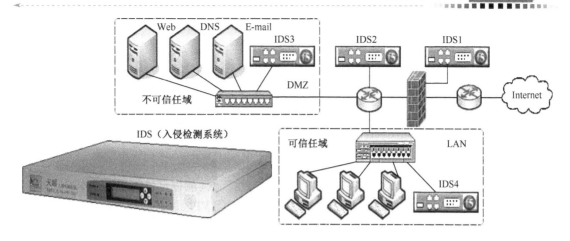

图 3-67 IDS 在网络中的位置

2）IPS 网络安全设计。IPS 不但能检测入侵的发生，而且能实时终止入侵行为。IPS 在网络中采用串接式连接。串接工作模式保证所有网络数据都必须经过 IPS 设备，IPS 检测数据流中的恶意代码，核对策略，在未转发到服务器之前，将信息包或数据流阻截。IPS 是网关型设备，最好串接在网络出口处，IPS 经常部署在网关出口的防火墙和路由器之间，监控和保护内部网络，如图 3-68 所示。

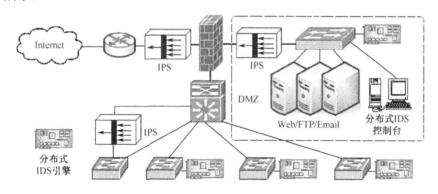

图 3-68 IPS 在网络中的位置

4. 数据传输安全设计

在企业内部网络中，考虑到一些部门可能存在重要数据，为确保数据的安全，传统的方式只能把这些部门同整个企业网络隔离开来，形成孤立的小网络。这样做虽然保护了部门的重要信息，但是物理上的中断会造成通信上的困难。采用 VPN（虚拟专用网络）方案，通过使用一台 VPN 服务器既能够实现与整个企业网络的连接，又可以保证保密数据的安全性。

（1）隧道技术工作原理

隧道是一种数据加密传输技术。数据包通过隧道进行安全传输。被封装的数据包在隧道的两个端点之间通过 Internet 进行路由。被封装的数据包在公共互联网上传递时所经过的逻辑路径称为隧道。数据包一旦到达隧道终点，将被解包并转发到目的主机。

① 数据传输过程。如图 3-69 所示，数据在传输过程中，用户和 VPN 服务器之间可以协商数据加密传输。加密之后，即使是 ISP 也无法了解数据包的内容。

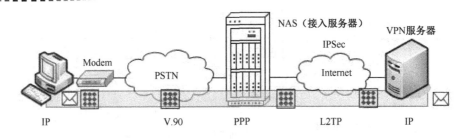

图 3-69 隧道技术工作原理

即使用户不对数据加密,NAS 和 VPN 服务器建立的隧道两侧也可以协商加密传输,这使得 Internet 上的其他用户无法识别隧道中传输的数据信息。因此 VPN 服务的安全性是有保证的。

② 隧道工作协议。VPN 有两种隧道协议:PPTP(点到点隧道协议)和 L2TP(第二层隧道协议)。

PPTP 是 PPP 的扩展,它增加了安全等级,并且可以通过 Internet 进行多协议通信。L2TP 与 PPTP 功能大致相同,不同的是,L2TP 使用 IPSec 机制进行身份验证和数据加密。L2TP 只支持 IP 网络建立的隧道,不支持 X.25、FR 或 ATM 网络的本地隧道。

(2) VPN 网络设计

构建 VPN 只需在资源共享处放置一台 VPN 服务器。

1)自建 VPN 网络。企业可以自建 VPN 网络,如图 3-70 所示,在企业总部和分支机构中安装专用 VPN 设备,或在路由器、防火墙等设备中配置 VPN 协议,就可以将各个外地机构与企业总部安全地连接在一起。自建 VPN 的优势在于可控制性强,可以满足企业的某些特殊业务要求。

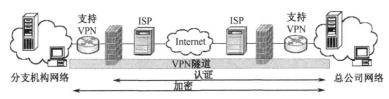

图 3-70 企业自建 VPN 结构

2)外包 VPN 网络。电信企业、ISP 目前都提供 VPN 外包服务。VPN 外包可以简化企业网络部署,但降低了企业对网络的控制权。图 3-71 所示为企业扩展虚拟局域网结构。

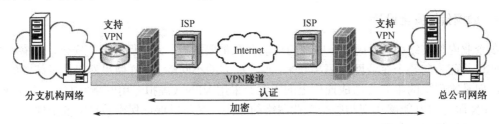

图 3-71 企业扩展虚拟局域网结构

5. 系统安全设计

系统安全主要包括身份认证、账户管理、主机系统配置管理、漏洞与补丁系统、系统备份与恢复等。

（1）系统服务包和安全补丁

操作系统漏洞和缺陷往往给攻击者打开了方便之门，解决这个问题很简单，网络管理员及时查询、下载和安装完全补丁，堵住漏洞。微软公司提供的安全补丁有两类：服务包和热补丁。服务包已经通过回归测试，能够保证安全安装。热补丁的发布更及时，只是没有经过回归测试。

（2）限制操作系统用户权限

1）禁止或删除不必要的用户账户。默认情况下，Guest 账户是被禁止的，如果该账户被启用了，则应该禁止。

2）设置增强的密码策略。密码是黑客攻击的重点，密码一旦被突破也就无任何系统安全可言了，而这往往被不少网络管理忽视。

3）设置账户锁定策略。Windows 系统具有账户锁定的特性。通过设置账户锁定策略，当用户账户若干次登录尝试失败后将被锁定，以防止攻击者使用暴力法破解用户账户和密码。

4）加强管理员账户的安全性。Administrator 账户是 Windows 系统中内置的。对于攻击者来说，它是一个众所周知的目标，应该对域管理员账户和本地管理员账户做必要设置。

5）服务器用户账户尽可能少。服务器用户账户应尽可能少，且尽可能少的登录。因为多一个账户就多一份危险，所以除了用于系统维护的账户外，多余的用户一个也不要。

6）严格控制账户特权。遵循最少特权原则，赋予系统中每个用户账户尽可能少的权力。所有账户权限需严格控制，轻易不要给账户以特殊权限，不要授予一般用户登录权限。可根据用户的使用权限和职责，删除该用户的某些特权。

（3）加固文件系统的安全

1）确保使用 NTFS 文件系统。与传统的 FAT、FAT32 或 FAT32X 文件系统相比，NTFS 文件系统具有更多的安全控制功能，可以对不同的文件夹设置不同的访问权限，提供访问控制及文件保护。

2）设置 NTFS 权限保护文件和目录。默认情况下，NTFS 分区的所有文件对所有人授予完全控制权限，这使攻击者有可能使用一般用户身份对目录和文件进行增加、删除、执行等操作。

（4）删除或禁用不必要的组建和服务

1）禁止或删除不必要的系统服务。在 Windows Server 2003 安装之后，应该及时禁止一些不必要的网络服务。

2）禁止或删除不必要的网络协议。由于 Web 需要的网络协议只有 TCP/IP，而且 NETBEUI 是一个只能用于小型网络的协议，IPX/SPX 是 Netware 采用的协议，一般不用于 Web 服务。所以，Web 服务器系统只保留 TCP/IP，删除 NETUEUI、IPX/SPX 协议。

3）可能减少不必要的应用程序。如果不是绝对需要，就应该避免在服务器上安装应用程序。

4）网络共享控制。默认情况下，Windows 2003 禁止网络共享，这会给网络内部的网络管理和网络通信带来不便，但 Web 服务器系统确实增强了安全性。

（5）日志和审核

服务器运行要启用日志和审核功能，以记录攻击者入侵安全事件，便于管理员审查和跟踪。

（6）文件系统加密

文件系统加密提供了 Windows 2003 文件系统使用的核心文件加密技术，使得管理员能在 NTFS 卷上加密文件和文件夹，EFS 在 Windows 2003 中可通过一个高级文件属性使得对文档加密有效。

6. 应用安全设计

应用安全主要包括数据库安全、电子邮件服务安全、Web 服务安全、DNS 服务的安全要求等。

1）数据库安全：主要包括数据库访问控制、数据库身份认证、数据库安全审计、数据库容灾防护等。

2）电子邮件服务安全：邮件安全系统阻止邮件病毒、邮件炸弹、垃圾邮件进入网络内部等。

3）Web 服务安全：主要包括网页防篡改、Web 日志审计、Web 业务隔离等。网页防篡改机制防止非授权人员篡改 Web 页面，对网页进行实时监控、保护。Web 日志审计是指记录和收集用户登录、浏览页面及其他相关操作的过程，它可以对破坏性的行为提供有力证据。Web 业务隔离提供面向外部和内部的服务业务的独立性，防止出现问题时造成整体服务中断。

大部分 Web 安全依赖于应用。对于小型企业最简单的 Web 设计是将单台 Web 服务器连接到防火墙的 DMZ 接口，并在该接口上配置只允许 TCP 80 流量，而拒绝任何其他流量的访问控制策略。

① 两层 Web 设计。在图 3-72 所示的两层 Web 设计中，Web 服务器负责显示给用户的内容，应用/数据库服务器处理用户输入并产生内容，两个服务器被防火墙隔离，如此设计使得攻击者更难访问到存放敏感信息的应用/数据库服务器。通过防火墙的访问控制功能，能够和应用/数据库服务器通信的唯一设备是 Web 服务器，这意味着攻击者要想访问应用/数据库服务器，必须先控制 Web 服务器并且要两次通过防火墙，攻击难度倍增。

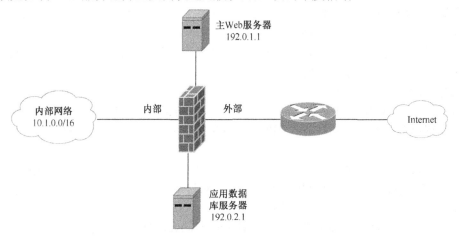

图 3-72　两层 Web 设计

② 三层 Web 设计。图 3-73 所示的三层 Web 设计方式着重考虑敏感数据的安全性，分离了应用服务器和数据库服务器，该设计形式主要应用于大型电子商务机构。

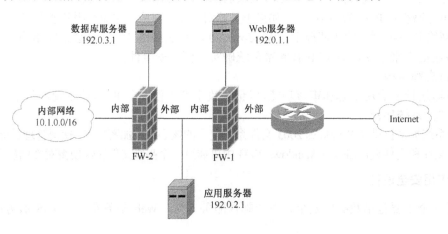

图 3-73　三层 Web 设计

(4) DNS 服务安全

部署 DNS 服务器时,可设置多台权威 DNS 服务器,设置外部 DNS 服务器仅仅是非递归响应者,提供受保护的内部 DNS 服务器,不要将 DNS 服务器放置在同一处;分隔外部和内部 DNS 服务器提供的信息,要限制 DNS 服务器的区域传输。

1)单台本地服务器。在图 3-74 中,DNS 最简单的设计是在内部放置一台主 DNS 服务器,在 ISP 处有一台远程 DNS 服务器。两个服务器任意一个出现故障都会影响通信,如内部主 DNS 服务器停止服务,将影响进入的通信。所以这种设计是最不安全和最不健壮的,该设计的大部分安全控制依赖于应用配置,而不依赖于网络访问控制策略。

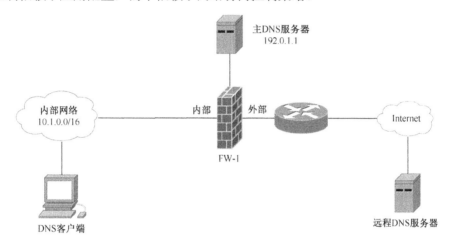

图 3-74 单台本地 DNS 服务器

2)分布式 DNS 设计。如图 3-75 所示的分布式 DNS 设计适用于大中型规模的企业。其与单台 DNS 设计的唯一区别是网络上每个部分的服务器数目不同,该设计具有很好的冗余性。

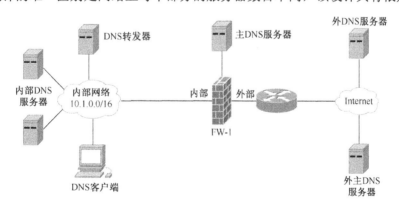

图 3-75 分布式 DNS 设计

3.10.4 网络安全设计过程

网络安全设计过程如下。

1. 确定网络资源

了解网络中的硬件资源配置情况,如路由交换设备、服务器、防火墙、个人计算机的配置情况。了解软件资源的配置情况,如操作系统、网络系统软件、应用软件等情况。了解网络存储介质情况,如光盘、闪存、硬盘、磁带等的存储信息。了解系统涉密的用户群体分类情况及分布情况。

2. 明确网络安全需求

明确网络的可用性、网络运行顺利与否,防止网络受到的攻击与入侵;明确网络系统环境的可用性、网络中的应用服务器系统、数据库系统安全运行情况,防止网络受到非法访问、恶意入侵和人为破坏。此外,分析网络中数据的机密性、访问权限等。

3. 进行网络安全评估、确定安全策略

分别对网络的物理层安全情况、操作系统和应用系统的安全情况、数据库安全情况和网络管理进行安全评估。确定网络安全系统产品的选型和执行标准、系统集成的应用情况、数据的保密性、网络访问控制性和身份认证安全级别等。

4. 网络安全机制设计

网络安全从 3 个层面来进行设计:物理安全、网络系统安全和信息安全。

(1)物理安全机制设计

首先,要保证网络运行环境的安全,网络机房建设要建立防辐射的屏蔽机柜,把存储重要信息数据的存储设备放在屏蔽机柜中。需要保密的网络采用屏蔽双绞线、屏蔽的模块和屏蔽配线架。此外,还需要防雷设备、UPS 的安全配置及防火系统的配置。

(2)网络系统安全机制设计

从外部网络安全保护机制来设计。使用公共子网来隔离内部网络和外部网络,将公共服务器放在公共网上,在内部网络和外部网络之间提供防火墙,设置一定的访问权限,有效保护网络免受攻击和侵袭。在网络出口处安装专用的入侵检测系统,对网络上的数据信息进行审查和监视。对于特别机密的部门网络,使用 VPN 来创立专用的网络连接,保证网络安全和数据的完整安全。

从内部网络安全保护来设计。内部网络安全使用 VLAN 来为网络内部提供最大的安全性。通过对网络进行虚拟分段,让本网段的主机在网络内部自由访问,而跨网段访问必须经过核心交换机和路由器,这样保证了网络内部信息的安全和防止信息泄露。

(3)信息安全保护方面设计

信息安全设计信息的传输安全、信息存储的安全和网络传输信息内容的审计等方面。选择加密技术和身份认证技术来保证网络中的信息数据安全。

3.10.5 网络安全设计案例

某公司网络中信息结点数为 800 左右,其中接入 Internet 的结点有 200 个。整个网络拥有自己的 FTP 服务器、HTTP 服务器及 E-Mail 服务器。公司网络主要存在的问题是安全管理差,几乎处于失控状态,一些保密数据,无法得到安全控制。为此,该公司决定针对现有网络情况设计一个信息安全方案,在保证网络运行性能的同时,提高网络的安全性,达到以下目标:

1)重要数据要有安全控制措施。
2)对上网用户进行控制管理,限时限量。
3)内外网均可以通过公司的 E-mail 服务器收发邮件,自由访问 FTP 和 Web 服务器。

1. 需求分析

为了达到上述目标,应解决以下几个方面的问题:

1)局域网内部安全。
2)连接 Internet 的安全。
3)防止黑客入侵。
4)广域网信息传输的保密性。
5)远程访问的安全性。
6)评估网络的整体安全性。

2. 网络信息安全方案功能

为了解决以上问题,网络信息安全解决方案应具备以下功能。
1)访问控制。
2)安全检测。
3)攻击监控。
4)加密通信。
5)身份认证。
6)隐藏网络内部信息。

经过分析认为,安全方案的核心是要能把被保护的网络从开放的网络中独立出来,使之与开放网络有效隔离,成为可管理、可控制的内部网络,这样就能实现网络安全。因此,决定采用最基本的隔离技术——防火墙。通过选型调研,公司选择锐捷公司 RG-WALL 1600S 防火墙。锐捷公司 RG-WALL 1600S 具有非常好的包过滤功能、代理功能、地址转换功能、地址绑定功能、时间段控制访问功能、防止 IP 地址欺骗功能、DMZ 功能、VPN 功能等,以及高速稳定、安全可靠、兼容性好等特点,完全可以满足网络系统的需求,实现网络系统统一的安全策略,确保网络系统安全有效地运行。

在方案设计中,针对网络系统当前的现状,把网络的安全需求分为两级:第一级是内部网,包括主域控制器、备份域控制器、所有工作站,它们的安全应当放在第一位;第二级是 E-mail、WWW、FTP 服务器,它们向外网提供服务。根据这个思路,重新规划的安全网络结构如图 3-76 所示。

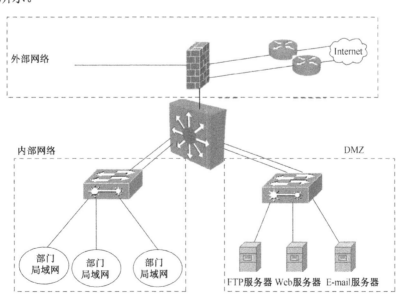

图 3-76 网络安全结构

（1）网络连接

内部网络与 Internet 的连接由专门的接入服务系统负责。接入服务系统包括内部网络链路、外联路由器和用户流量管理控制软件模块。外联路由器有两台，分别通过专线 ADSL 和拨号 ISDN 接入 Internet，其中拨号 ISDN 接入作为备份。

防火墙与中心交换机的连接要根据路由器的 WAN 接口（ADSL/ISDN）类型和数速度，选择中心交换机的 10Mbit/s 或 100Mbit/s 端口。

防火墙的流量管理控制模块针对内网客户机需求，配置流量访问控制功能，达到对客户机访问 Internet 管理和某些异常流量变化情况的监控。例如，可以分别对 IP 地址配置访问流量，达到限定流量后将禁止此 IP 地址对 Internet 的访问；可以对设定的 IP 地址进行流量日志统计，达到监控的目的。

（2）IP 地址的分配

为了实现内部所有工作站访问 Internet，解决可能存在的 IP 地址不足问题，内部网络区和 DMZ 使用 Internet 为企业私有网保留的 A 类地址。

（3）对外服务器接入方案

把所有对外提供服务的服务器，包括 E-mail、Web、FTP 等服务器接在防火墙的 DMZ，进行集中管理，对每台服务器做相应的控制访问策略。例如，只允许访问 HTTP 服务器的 Web 服务，其余访问被禁止；允许 FTP 访问通过防火墙，其余服务禁止等。

（4）客户机接入方案

内部用户在访问 Internet 时，通过防火墙的地址转换技术，将内部网络地址转换成有效的外网地址，达到访问 Internet 的目的。

对 Internet 某些授权的用户访问内部网络，可通过防火墙的地址映射技术，将外部 Internet 用户对防火墙的访问映射到内部网络的固定客户机上。这样就可以实现内、外网用户分别发起的访问。

3.11 逻辑设计文档编写

良好的文档呈现能力，能够统一文档呈现界面、统一文档管理、提高文档可读性和工作效率，更好地体现工作价值及提升团队或公司的专业形象，加快个人、组织的"知识管理"进程。网络工程文档类型主要包括：解决方案类文档（面向内部、面向客户）、工程实施类文档（面向交付）、技术研发类文档（面向内部）、产品展示类文档（面向客户、面向网络）等。这里先讨论一般网络工程文档的编写思路，再讨论网络工程逻辑设计文档的编写过程。

3.11.1 网络工程文档编写思路

网络工程文档编写思路如图 3-77 所示。

1. 明确目的

明确文档编写的目的，将直接影响整个文档撰写过程及交付的成果，因此，务必要清楚交付目的。例如，交付一份关于 S5750 设备的 IPv6 自动 6to4 隧道的功能测试手册，其目的是指导一线工程师工作，那

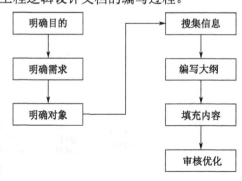

图 3-77 网络工程文档编写思路

么编写这份文档时，就要站在一线工程师的角度去写，理解一线工程师需要什么，或者一线工程师的工作习惯等等。

2. 明确需求

这里的需求，并非简单意义上的概括，例如，"写一个项目实施报告，写出这个项目的实施过程"这个需求太笼统了。需要注意的是，一定要"找对人"确认需求，如果需求不明确，很可能做无用功，浪费人力、物力及时间。例如，一份文档，如果使用对象是客户，但是交付对象是主管，那么这里的需求应该和谁去确认呢？

3. 明确对象

对象的明确，能够使文档呈现的更加准确。例如，若提交一份《实施手册》给内部工程师，则可加强文档的专业度和针对性；若提交给集成商，则需考虑集成商的技术水平，可适当加强文档的易用性和通俗性。

4. 搜集信息

例如，撰写技术文档时，可能需要用到的设备参数、图片素材、网络环境素材等。建议在日常工作或学习过程中，建立自己的知识管理体系。

5. 编写大纲

在文档撰写初期，强烈建议先编写大纲。大纲的编写是文档成型非常关键的一步，明确了大纲，文档的总体架构就出来了。同时，把握好文档大纲，能够使得文档与需求的匹配度更高、文档的返修率降低等。当然，在实际工程中，大纲的层级可能很复杂，应该在明确需求和背景的情况下，保证文档有清晰的逻辑结构。

6. 填充内容

在完成大纲的基础上，填充文档的主题内容，这一步是工作量最大、最耗时的环节，也是最重要的环节。能否给人以专业、规范、准确、简洁、可读性高、使用方便等感觉，取决于对网络方案的理解程度。例如，撰写《××银行×省网点改造计划》文档，需要的不仅仅是对于网络或产品及技术的理解，还需对金融行业背景（银行的组织架构、办事流程、实施规范等）、技术服务行业背景（工程师的服务规范、服务成本及价值传递等）理解。

7. 审核优化

在组织内部，文档需要统一的管理，部分文档的发布有一套审核流程。例如，大项目的实施方案，在正式实施之前，都需要有关部门，如工程管理部、二线或产品部门审批；又如，部分产品手册、升级报告等由于涉及机密，可能会处于受控状态，不得随意发放。

3.11.2 网络工程文档编写注意事项

1）统一的文档格式。
2）图文并茂，避免大量的文字堆积；合理运用表格来呈现内容或数据。
3）文字描述言简意赅，不繁琐。
4）书面化用语，不携带任何情感因素，避免过分主观的描述。
5）合理断句、合理使用标点符号。
6）注意段落结构、善用项目编号式的文字呈现方式。

7）合理控制段落及行间距，增加文档可读性。

例如，一个网络工程项目中对拓扑结构描述如下：网络结构采用接入交换机双链路上连、双核心热备的解决方案。接入层双链路上连使用 MSTP 实现 2 层冗余，双核心之间运行 VRRP 为内网用户提供冗余网关，同时各自上连至透传的防火墙，由防火墙将数据透传至出口设备。该描述存在语句过长，增加阅读困难问题。其改良写法如下。

1）接入交换机双链路上连至两台核心交换机。
2）核心与接入之间使用 MSRP+VRRP 解决方案，使得链路及网关都能实现冗余热备。
3）核心两台三层交换机各自通过 X 链路上连至防火墙，防火墙使用透传模式。
4）防火墙通过 X 链路上连至出口路由器。

3.11.3　网络工程逻辑设计文档的编写

逻辑设计文档的作用是完成制定解决方案。它是所有文档最详细的文档之一。逻辑设计文档对网络设计的特点及配置情况进行了描述，它由下列主要元素组成：主管人员的评价、逻辑网络设计讨论、新的逻辑设计图表、总成本估测、审批部分。

1. 主管人员评价

主管人员需要对项目进行概述，其内容如下。
1）简短的项目描述。
2）列出项目设计过程各个阶段的清单。
3）项目各个阶段前的状态，包括已完成的阶段和正在进行的阶段。

除上述要点之外，还应回顾一下双方已经达成共识的需求说明书和通信规范说明书。

2. 逻辑的网络设计讨论

设计目标讨论的内容应该包括以下方面。
1）具体设计目标：描述设计目标实现的关键数据。
2）解决方案：主要说明是否需要原有设备、购置新设备或者二者都需要。
3）成本估算：尽可能地对每个方法的技术成本做出估测，已确定的设计方案是否超出了预算。

3. 新的逻辑设计图表

图表应该清晰地表示出新网络的构成和现有网络的区别。

4. 总成本估测

如果提出的方案超过了预算，那么要把方案在商业上的所有优点列出来，然后提出一个满足预算的替代方案。如果没超出预算，则不需缩减预算。

5. 审批部分

为使文档生效，需要各个管理者在逻辑设计文档说明书上签名，网络设计组代表也要签名。

6. 修改逻辑网络设计方案

对于每次的修改，需要保存好修改的备份、后继版本号，包括文档开始前概述中版本及修改的注释等信息。

3.12 项目实训——校园网络工程逻辑设计

1. 实训目的

1）了解网络工程逻辑设计的基本原则和目标。

2）熟练掌握网络技术的选择、网络拓扑结构设计、网络地址及 VLAN 的规划、路由优化与设计、接入广域网设计和网络安全设计等。

3）掌握网络逻辑设计说明书的编写方法。

2. 实训内容

根据实训的网络建设要求,进行校园网络的规划设计,并撰写逻辑设计说明书。

3. 实训步骤

1）以 3 或 4 名学生为一组,分工合作,完成校园网工程方案的逻辑设计。

2）根据网络需求分析报告,阐述系统设计的原则、总体目标和具体目标、所遵循的标准等。

3）对所采用的网络技术进行详细说明,给出全面的解决方案。

4）使用 Visio 和 Auto CAD 等专业绘图工具,绘制校园网网络拓扑结构,并详细描述网络结构特点(如从技术、性能、可靠性、可扩展性、安全和投资成本多方面分析和讨论)。

5）根据所设计的网络拓扑图,合理规划 IP 地址和 VLAN。

6）校园网出口设计,合理选择接入 ISP、广域网络接入技术等。

7）选择合适的路由协议,并对路由进行优化设计。

8）对整网的网络安全进行系统设计。

9）参考网络资源,完成逻辑设计方案说明书的撰写。

4. 实训要求

1）本实训综合性较强,内容较多,可根据教学进度分阶段进行。

2）逻辑网络设计文档要求格式正确、图表精当、语言规范、思路清晰、阐述无原理错误等。

3）每组制作答辩 PPT,选派一名人员参加答辩,接受老师点评。

项目小结

网络设计是一项复杂的工作,严格遵循稳定性、可靠性、可用性和可扩展性的要求。逻辑网络设计是网络设计的开始,在这个阶段,网络设计者不需要考虑网络物理组件等细节,而是将重点集中在网络逻辑结构上,以便能更准确地选择技术、容量及设备来支持用户的需求。在逻辑网络设计阶段,通常采用分层结构设计,把一个网络分为核心层、汇聚层和接入层。其设计的主要内容包括网络拓扑结构设计、IP 地址规划、名称空间设计、局域网技术和路由技术的选择等,并形成逻辑网络设计说明书,为物理网络设计做准备。

习 题

1. 简述网络体系结构设计的含义。

2．网络体系结构设计包括（　　）、（　　）、（　　）。

3．网络物理层设计的任务包括（　　）、（　　）两个方面。MAC 子层设计包括（　　）、（　　）两个方面。互连层设计要确定（　　）、（　　）、（　　）3 个方面的协议。

4．简述网络拓扑结构设计的含义。

5．国际上比较通行的拓扑结构设计方法是（　　），三层结构是（　　）、（　　）、（　　）。

6．某学校拟组建一个小型校园网，具体设计如下。

（1）终端用户包括 48 个校园网普通用户，一个有 24 个多媒体用户的电子阅览室，一个有 48 个用户的多媒体教室（性能要求高于电子阅览室）。

（2）服务器提供 Web、DNS、E-mail 服务。

（3）支持远程教学，可以接入 Internet，具有广域网访问的安全机制和网络管理功能。

（4）各楼之间的距离为 500m。

（5）可选设备如表 3-27 所示。

表 3-27　可选设备

设备名称	数量	特性
交换机 Switch1	1 台	具有两个 100BASE-TX 端口和 24 个 10BASE-T 端口
交换机 Switch2	2 台	各具有两个 100Mbit/s 快速以太网端口（其中一个 100BASE-TX、一个 100BASE-FX）和 24 个 10BASE-T 端口
交换机 Switch3	2 台	各配置 2 端口 100BASE-FX 模块、24 个 100 BASE-TX 快速以太网端口
交换机 Switch4	1 台	配置 4 端口 100BASE-FX 模块、24 个 100BASE-TX 快速以太网端口；具有 MIB 管理模块
路由器 Router1	1 台	提供了对内的 10/100Mbit/s 局域网接口，对外的 128kbit/s 的 ISDN 或专线连接，同时具有防火墙功能

（6）可选介质 3 类双绞线、5 类双绞线、多模光纤。

（7）该校网络设计方案如图 3-78 所示。

① 依据给出的可选设备进行选型，将图 3-78（1）～（5）处空缺的设备名称填写在相应位置（每处可选一台或多台设备）。

② 将图 3-78（6）～（8）处空缺的介质填写上（所给介质可重复选择）。

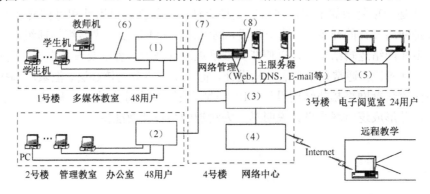

图 3-78　某校网络设计方案

项目 4

物理网络设计

物理网络设计需要的是需求说明书、通信规范说明书和逻辑网络设计说明书。物理网络设计的任务是为设计的逻辑网络选择环境平台,主要包括结构化布线系统设计、为企业网选择局域网和广域网的技术及设备。由于逻辑网络设计是物理网络设计的基础,因此影响逻辑网络设计的商业目标、技术需求和网络通信特征都会影响物理网络设计。物理网络设计成功与否,将会在未来数十年的运行中得到最好的鉴定。

学习目标

- 了解网络布线系统的组件。
- 掌握网络综合布线工程的设计。
- 掌握常见网络设备的选型。
- 掌握网络工程概预算的方法。

工作任务

项目 3 完成了该学院的校园网络的逻辑设计,本项目将根据校园网络的物理布局和用户的需求继续完成以下主要任务:设计网络综合布线系统,预算网络综合布线材料,选择网络设备,编制网络综合布线设计方案。

本项目涉及的任务较多,可以根据实施的具体情况,分期分批次完成。

知识准备

网络综合布线系统是计算机网络良好运行的基础,内容涉及计算机技术、通信技术和建筑技术等,一般由布线系统工程师设计并组织施工队完成,网络工程师很少参与。但是,由于大多数布线系统工程师对网络系统知识了解不足,所设计的布线系统经常存在一些问题。例如,本可以 3 个楼层设置一个配线间,却在每个楼层设置了一个配线间,不利于网络结构优化。这就需要网络工程师为布线系统设计提出适当的建议。同时,网络布线与网络系统设计密不可分,网络工程师也需要根据布线系统的实际情况设计网络系统,因此网络工程师有必要了解布线系统的含义、特点及设计实现的相关知识。

4.1 物理网络设计原则

物理设计在逻辑设计的基础上选择符合性能要求的物理设备，并确定设备的安装方案和结构化布线方案，提供网络施工的依据。在进行物理设计时，必须遵循以下原则。

1）所选设备至少应该满足逻辑设计的基本性能要求，并留有一定的冗余。

2）所选择的设备应该具有较强的互操作性，支持同种协议的设备之间互连时易于安装，出现故障的概率小；出自同一个设备商的产品在基础软件和配置方法上也相同。

3）综合考虑性价比。虽然在进行设备选型时，从节约用户投资的角度去考虑"性价比最优"方案，但从网络设备的可用性、可靠性和冗余性的角度考虑时，有时候价格又是应该放在第二位的因素。

4）在进行结构化布线系统设计时，要考虑到未来 20 年内的增长需求，因为一旦大楼布线竣工，再想改动原有方案将会非常困难。

5）结构化综合布线方案需要受到一些地理环境条件的限制，如楼层之间的距离、设备间的安全性、干扰源的位置等，情况不明朗时一定要进行充分的实地考察。

4.2 综合布线系统结构

1. 综合布线系统基本结构

综合布线系统的国际标准有《商用建筑电信布线标准》（TIA/EIA-568-A）、ISO/IEC 11801 标准等，我国标准有《综合布线系统工程设计规范》（GB 50311—2007）、《综合布线系统工程验收规范》（GB 50312—2007）等。GB 50311—2007 规定了综合布线系统的基本结构，如图 4-1 所示。

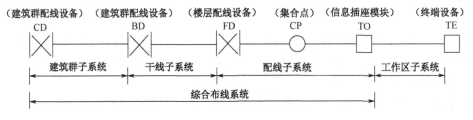

图 4-1 GB 50311—2007 定义的综合布线系统的基本结构

2. 综合布线系统的组成

综合布线系统一般采用开放式星型拓扑结构，在这种结构下，每个子系统都是相对独立的单元，对每个子系统的改动不会影响其他子系统。综合布线系统由建筑群子系统、干线子系统、配线子系统组成，工作区子系统由用户建立，如图 4-2 所示。

1）工作区子系统：由终端设备和连接电缆及适配器组成。

2）水平布线子系统：由工作区信息插座模块、楼层电缆或光缆、配线设备（FD）、设备线缆和跳线等组成。FD 也称为电信间或楼层配线间。

3）垂直干线子系统：由干线光缆和电缆，配线设备（BD）及设备线缆和跳线组成。BD 也称设备间或机房。

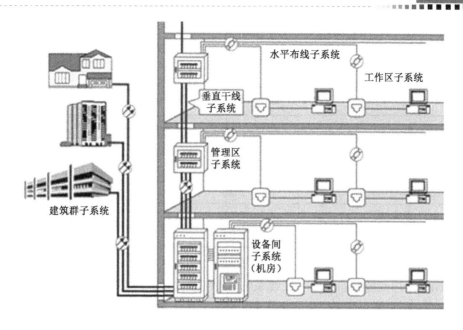

图 4-2 综合布线系统的组成

4）建筑群子系统：由建筑物主干光缆、建筑群配线设备（CD）及设备线缆和跳线组成。CD 也称进线间。

5）设备间子系统：建筑物进行网络管理和信息交换的场地。对于综合布线系统工程设计，设备间主要安装建筑物配线设备。计算机网络设备、通信设备、有线电视设备，以及综合布线入口实施也可以与配线设备安放在一起。

4.3 综合布线系统设计规范

综合布线系统设计时，应充分考虑用户近期与远期的实际需要与发展。一般来说，布线系统的水平布线应以远期需要为主，垂直干线应以近期实用为主。

1. 布线系统的线缆长度划分

布线系统线缆长度定义如图 4-3 所示，建筑物或建筑群配线设备之间（FD-BD、FD-CD、BD-BD、BD-CD）组成的信道，线缆长度应不小于 15m。

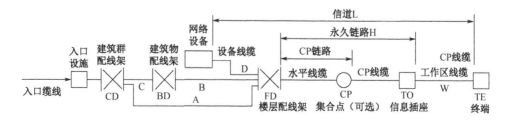

图 4-3 主干系统和配线系统的线缆长度定义

（1）主干线路各个线段长度

ISO/IEC 11801—2002-09 和 TIA/EIA 568B.1 标准，对水平线缆与主干线缆之和的长度进行了规定，如图 4-3 和表 4-1 所示。

表 4-1　主干线路各线段长度划分

线 缆 类 型	各线段长度限值/m		
	A	B	C
100Ω 双绞电缆（语音）	800	300	500
62.5μm 多模光缆	2 000	300	1 700
50μm 多模光缆	2 000	300	1 700
10μm 单模光缆	3 000	300	2 700

（2）配线系统各个线段长度

配线子系统采用双绞线布线时，配线系统信道的最大长度（L）为 100m，最多由 4 个连接器件组成，永久链路（H）由 90m 水平线缆及 3 个连接器件组成。工作区设备线缆（W）、楼层设备线缆（D）、设备跳线之和不应大于 10m。当大于 10m 时，永久链路的线缆长度（90m）应适当减少。楼层设备（FD）线缆和跳线，及工作区线缆各自的长度不应大于 5m。各线段的线缆长度可按表 4-2 选用。

表 4-2　配线子系统各线段长度划分

电缆总长度 L/m	水平布线电缆 H/m	工作区电缆 W/m	电信间跳线与设备电缆 D/m
100	90	5	5
99	85	9	5
98	80	13	5
97	75	17	5
97	70	22	5

（3）光纤线段的选择

楼内宜采用多模光缆；建筑物之间宜采用多模或单模光缆；与电信服务商相连时，应采用单模光缆。

2. 布线系统的电气性能规范

布线系统的电气性能指标应当符合 GB 50311—2007 要求。

1）3 类、5 类布线系统，主要考虑指标为衰减和近端串扰。

2）5e 类、6 类、7 类布线系统，考虑指标为插入损耗、近端串扰、衰减串扰比（ACR）、回波损耗（RL）、时延等。

3）屏蔽布线系统应当考虑非平衡衰减、传输阻抗、耦合衰减及屏蔽衰减等。

3. 布线系统的管理规范

布线系统管理内容包括链路管理、线缆标识、文档管理。

（1）链路管理

布线系统中的电缆、光缆、配线设备、端接点、接地装置、敷设管线等组成部分，均应给它唯一的标识符,并设置标签,如图 4-4 所示。

图 4-4 布线系统链路管理

(2)线路标识

布线系统中采用如图 4-5 所示的信息点编号规则,每个编号唯一地标识一个信息点,与一个插孔对应,也与一条水平电缆对应。其中,层号从 1 到 N(N 为整数);设备类型码有两种,C 表示计算机,P 表示电话;信息点层内序号为每层内的信息点统一顺序编号。例如,3C13 表示三层第 13 台计算机。

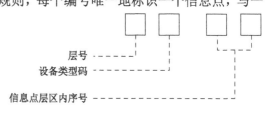

图 4-5 信息点编号规则

(3)文档管理

对中心机房、设备间、进线间和工作区的配线设备、线缆、信息点等实施,应按规定格式进行标识和记录,并采用计算机进行文档记录与保存。

1)布线系统各层平面图:可用于查信息点的分布位置,槽道的路线。

2)布线系统的系统图:用于查各级配线架、水平电缆、垂直电缆的连接关系,水平布线子系统、配线架和主干电缆的器件数量、种类等。

3)信息点房间号表:用于查信息点所在的房间号,可贴在主配线箱上,查找方便。

4)配线架电缆卡接位置图:用于查找配线架各位置上卡接的电缆所对应的信息点编号,此图与配线架标签上的标号是一致的。配线架上卡接的水平电缆一般不会改动,所以此表一般不会改动;但如果信息点有所增加,则此表要更新。

5)信息点跳线路径表:这是布线系统中要经常更新的文档,每次跳线修改活动都要仔细记录在此表上,此表更新不及时必将导致布线系统的混乱。如果已造成了混乱,则要进行全面的测试,重新生成此文档。

6)布线系统维护记录:用来记录所有的维护操作,以备查对,用户应养成忠实详细记录维护活动的习惯,出现问题时此记录将非常有助于查对失误的操作,以追踪和修改错误。

4.4 综合布线材料预算方法

常用的综合布线材料有双绞线、光纤、信息模块、跳线、配线架、机柜、线槽等,在综合布线系统设计的过程中,需要确定其用量,进而对工程造价进行控制。

1. RJ45 头的需求量计算

RJ45 头的需求量一般采用式（4-1）计算。

$$m = n \times 4 + n \times 4 \times 5\% \qquad (4\text{-}1)$$

式中：m——RJ45 的总需求量；

　　　n——信息点的总量；

　　　$n \times 4 \times 5\%$——留有的富余量。

2. 信息模块的需求量计算

信息模块的需求量一般采用式（4-2）计算。

$$m = n + n \times 3\% \qquad (4\text{-}2)$$

式中：m——信息模块的总需求量；

　　　n——信息点的总量；

　　　$n \times 3\%$——富余量。

根据市场报价，目前超 5 类布线大约为 400 元/点，6 类布线大约为 700 元/点。

3. 双绞线的用量计算

1）每个楼层用线量采用式（4-3）计算。

$$C = [0.55(L+S) + 6] \times n \qquad (4\text{-}3)$$

式中：C——每个楼层的用线量；

　　　L——服务区域内信息插座至配线间的最远距离；

　　　S——服务区域内信息插座至配线间的最近距离；

　　　n——每层楼的信息插座的数量。

2）整座楼的用线量：$W = \Sigma MC$（M 为楼层数）。

3）楼层双绞线箱数。每箱双绞线总长度为 305m，布线工程需要的双绞线数量按式（4-4）计算。

$$K = \mathrm{INT}\left[\frac{W}{305}\right] + 1 \qquad (4\text{-}4)$$

式中：K——楼层线缆总数（箱）；

　　　INT——取整函数；

　　　W——整楼线缆（m）；

　　　305 为 1 箱线缆的总长度（m）；

　　　1 为备用线缆箱数。

4. 管道和线槽布放线缆的数量计算

在管道、线槽、桥架中布放线缆时，截面积利用率按式（4-5）计算。

$$截面积利用率 = 管道（或线槽、桥架）截面积 / 线缆截面积 \qquad (4\text{-}5)$$

管道内布放线缆的数量可按式（4-6）计算。

$$n = \text{INT}\left[\frac{管道内截面积}{缆线面积} \times K\right] \tag{4-6}$$

式中：n——管道中布放线缆根数；

   INT——取整函数；

   K——截面积利用率。

GB 50312—2007 规定：在管道类布放大对数电缆或 4 芯以上的光缆时，直线管道的利用率 K=30%～50%，弯曲管道的利用率 K=30%～40%；管道内布放双绞线电缆或 4 芯光缆利用率 K=25%～30%，在线槽内布放线缆时利用率 K=30%～50%，桥架内布放线缆利用率 K=50%。

GB 50312—2007 规定的截面积利用率不应超过 50%，事实上这个数据对于电源电缆是适合的，而对综合布线系统显得小了一点。这一个数值如果直接作为管道、线槽、桥架的设计依据，则在实际工程中容易出现穿线困难的现象。因此，为了保证水平双绞线的高频传输性能，双绞线通常不进行绑扎，而是顺其自然地将双绞线放在管道、线槽、桥架中。大量工程实际证明，截面积利用率为 30%较好，可确保施工效率和提高传输效率。常见线槽和管道容纳双绞线的数量如表 4-3 和表 4-4 所示。

表 4-3 线槽容纳双绞线数量

线槽/mm	5 类线/条	线槽/mm	5 类线/条	线槽/mm	5 类线/条
20×10	2	39×19	9	99×27	32
24×14	4	59×22	16	100×100	48

表 4-4 管道容纳双绞线数量

线缆类型	线缆外径/mm	截面积/mm²	利用率/%	管道外径/管道壁厚/mm					
				ϕ16/1.6	ϕ20/1.6	ϕ25/1.6	ϕ32/1.6	ϕ40/1.6	ϕ50/1.6
5e UTP	5.2	21	30	2	3	5	9	14	24
			25	1	2	4	7	12	20
6UTP	6.1	28	30	1	2	4	6	11	17
			25	1	2	3	5	9	14

5. 配线架的数量计算

（1）设备间语音配线架数量的计算

语音干线多采用大对数电缆，语音干线的所有线对都要短接于配线架上，所以设备间中语音系统的 110 配线架的规模应按式（4-7）计算。

$$V = 2 \times \left(\frac{S_v}{F} + 1\right) \tag{4-7}$$

式中：V——设备间中语音配线架的数量；

   S_v——语音干线的线缆对数之和；

   F——所采用 110 配线架的规格，如果采用 50 对 110 配线架，则取 F=100，其余以此类推。

按照式（4-7）计算的结果，一半用于垂直干线的连接，一半用于建筑群干线的连接。

（2）设备间中双绞配线架数量的计算

在目前的综合布线工程中，系统的配线架大多采用快接式。常用的快接式配线架有 24 口、48 口、96 口等规格。如果采用双绞线作为数据干线，设备间中的配线架相应为快接式配线架。设备间中的快接式配线架用量按照式（4-8）进行计算。

$$D = 2 \times \left(\frac{S_d}{F} + 1 \right) \quad (4\text{-}8)$$

式中：D——设备间中快接式配线架的数量；

S_d——数据干线的 4 对双绞线的根数；

F——所采用快接式配线架的规格，取值方法与式（4-7）中的 F 类似。

按照式（4-8）计算的结果，一半用于垂直干线子系统的连接，一半用于建筑群子系统的连接。

（3）设备间中数据光纤配线架数量的计算

如果数据干线采用光纤，就要采用相应光纤配线架。光纤配线架的规模按照式（4-9）进行计算。

$$D_f = 3 \times \left(\frac{S_f}{F} + 1 \right) \quad (4\text{-}9)$$

式中：D_f——设备间中光纤配线架的数量；

S_f——数据干线的光纤的芯数之和；

F——所采用光纤配线架的规格，取值方法与式（4-7）中的 F 类似。

当计算楼层配线间的配线规模时没有考虑数据干线采用光纤的情况，按照式（4-9）计算的结果中有 1/3 用于楼层配线，1/3 用于设备间中与垂直干线子系统的连接，1/3 用于设备间中与建筑群干线子系统的连接。

由于配线架中不能取半个，因此所得数需要取整。

6. 机柜数量计算

从设备及线缆的放置及短接考虑，将配线架及后期准备购买的交换机等网络设备放置于一个网络机柜。每个机柜最好留一些空间，以便日后网络设备、服务器设备的扩充，在综合布线机柜中有可能除了网络布线外，还布置电话线，所以要在机柜中预留一定空间，这可以根据具体设备进行预算。

7. 跳线数量计算

（1）管理子系统

一般为 1m 的跳线，其数量与线路数量比为 1∶1。

（2）工作区子系统

一般是每个位置都配置一条 2m 的跳线，数量与位置数比为 1∶1，然后适当留有余量。

（3）设备间子系统

数量与线路数量比为 1∶1。

4.5 综合布线系统的设计

在进行综合布线系统设计时，分别设计每个子系统，并说明布线方式和使用的主要布线材料，确保干线能够提供足够的带宽，例如，垂直干线子系统、校园建筑子系统都应该至少铺设一条适合万兆传输的多模或单模光纤，以适应干线带宽扩展到万兆以上的需要。

根据建筑图规划施工方案，包括布线施工。建筑的布线系统图应标明主配线间、分配线间、垂直干线子系统、水平布线子系统及线缆连接的路径、数量、带宽等。例如，标注水平布线电缆使用"UTP*25 100 M"，表示使用 25 条非屏蔽双绞线，带宽为 100Mb/s。布线系统图的绘制可以参考图 4-6，需要分别画出每个建筑以及各个建筑之间连接的系统图。布线系统图的绘制，需要参考建筑施工图，使用 CAD 在建筑施工图中绘制信息点的位置、管线铺设的位置和路径，如图 4-7 所示。

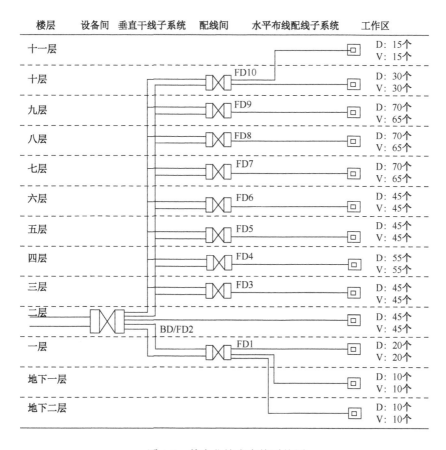

图 4-6 某企业综合布线系统图

4 对 cat6 UTP —设备间/配线间　　　　　　　☒；

100 对 cat3 UTP—单口信息点

6 芯室内多模光缆—D 表示网络，V 表示语音　　▫；

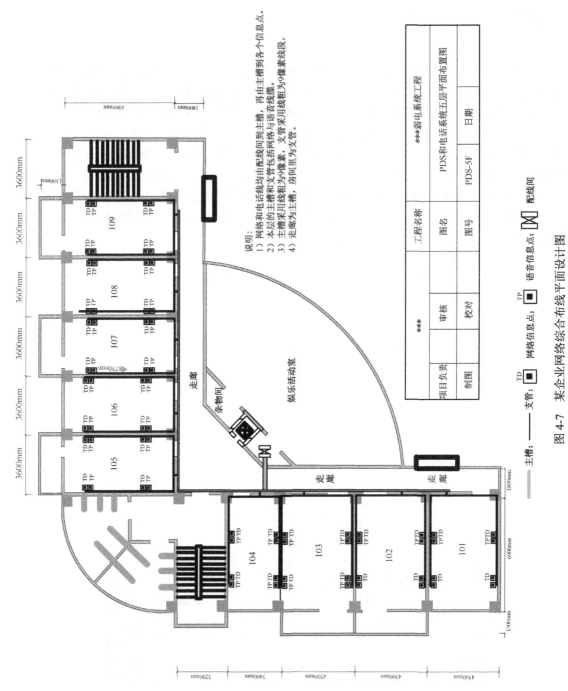

图 4-7 某企业网络综合布线平面设计图

在设计中，应考虑设备间的位置和大小，要确保布线机柜及设备机柜有足够的空间摆放，并且便于安装和管理，同时，尽量减少配线间的数量，方便集中管理和维护。另外，还需考虑布线系统的接地和防雷。完成设计后，还要计算出布线材料的数量及工程造价预算。综合上述设计思想，综合布线系统工程设计实施的具体步骤如下。

1) 分析用户需求。
2) 尽可能全面地获取工程相关的建筑资料。

3）系统结构设计。
4）布线路由设计。
5）绘制综合布线施工图。
6）计算出综合布线用料清单。

综合布线系统设计的详细步骤如图 4-8 所示。

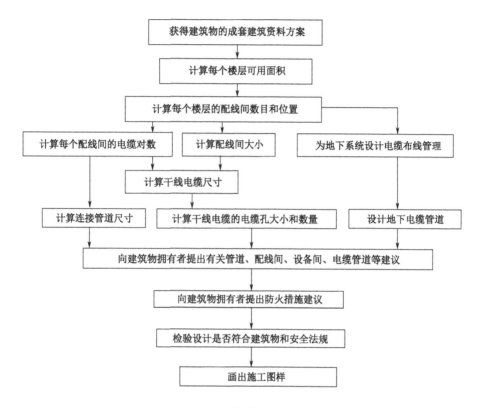

图 4-8　综合布线系统设计详细步骤

4.5.1　项目需求分析

一个用户单位在实施综合布线系统工程项目前都有一些自己的设想，但不是每一位用户单位的负责人都熟悉综合布线设计技术，因此作为项目设计人员必须与用户负责人耐心地沟通，认真、详细地了解工程项目实施的目标和要求，并整理文档。对于某些不清楚的地方，还应多次反复地与用户沟通，一起分析设计。为了更好地完成用户需求分析，建议根据以下要点进行。

1. 确定工程实施的范围

这里主要确定实施综合布线工程的建筑物的数量，各建筑物的各类信息点数量及分布情况。还要注意到现场查看并确定各建筑物电信间和设备间的位置，以及整个建筑群的中心机房的位置。

2. 确定系统的类型

通过与用户的沟通了解，确定本工程是否包括计算机网络通信、电话语音通信、有线电视系统、闭路视频监控等系统，并要求统计各类系统信息点的分布及数量。

3. 确定系统各类信息点接入要求

对于各类系统的信息点接入要求主要掌握以下内容。
1）信息点接入设备类型。
2）未来预计需要扩展的设备数量。
3）信息点接入的服务要求。

4. 查看现场，连接建筑物布局

工程设计人员必须到各建筑物的现场考察，详细了解以下内容。
1）每个房间信息点安装的位置。
2）建筑物预埋的管槽分布情况。
3）楼层内布线走向。
4）建筑物内任何两个信息点之间的最大距离。
5）建筑物垂直走线情况。
6）建筑物之间预埋的管槽情况及布线走向。
7）有什么特殊要求或限制。

5. 项目需求分析案例

（1）项目概述

某大学新建一栋学生公寓楼，共6层，楼层高度为3m，每层36个房间，每个房间入住8名学生。该学生公寓楼土建工程已完成，学校要求在楼房装修之前必须实施网络综合布线工程，以便实现每个学生以100Mb/s速率接入校园网，学生公寓楼则以1000Mb/s速率接入小区核心交换机。学生公寓楼的建筑平面图如图4-9所示。

注意：后面要讨论的综合布线系统详细设计所举案例，都围绕本项目展开。下面按照需求分析的要点，按以下步骤开展项目需求分析工作。

（2）确定设备间及楼层电信间的位置

为了方便系统的维护管理，通过现场考察并与用户沟通后，决定将公寓楼一楼靠近楼梯间的118房间作为设备间，用来安装本楼的配线设备及交换机设备。2~6楼每层设置一个电信间，用来安装该楼层配线设备及交换机设备，一楼电信间与楼宇设备间合并使用，不再单独设置楼宇设备间。

（3）确定每个房间的信息点

每个房间入住8名学生，一般情况每个房间最多需要8个信息点，但考虑工程造价的因素，每个房间决定安装2个信息点，学生可以通过交换机或集线器扩展接入校园网。公寓楼内每个房间的信息点安装数量相同，由此可得到该楼宇的信息点数量及分布情况，及215个房间内（有一个房间预留作为设备间）共计安装430个信息点，如表4-5所示。

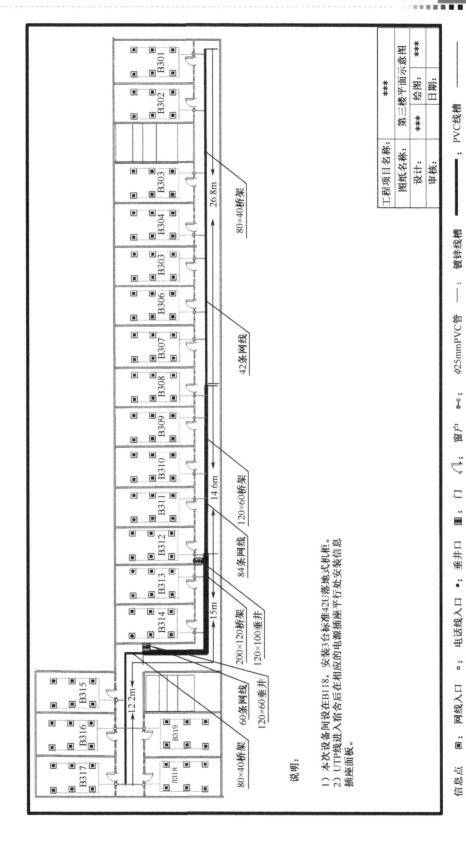

图 4-9 学生公寓楼的建筑平面图

表 4-5 公寓楼网络信息点分布情况一览表

楼层	101	102	103	……	134	135	136	小计
1F	2D	2D	2D	……	2D	2D	2D	70D
2F	2D	2D	2D	……	2D	2D	2D	72D
3F	2D	2D	2D	……	2D	2D	2D	72D
4F	2D	2D	2D	……	2D	2D	2D	72D
合计								430D

注：在综合布线中，"2D"表示 2 个网络信息点，"2V"表示 2 个电话语音点。

（4）确定每个房间信息点的安装位置

学生公寓楼内每个房间两侧各安装有 4 张 80cm 高的一体化计算桌，为了方便学生台式计算及笔记本式计算机的使用，决定在房间两侧各安装一个信息插座，插座安装位置在距地面 120cm。

（5）确定每个房间信息点指楼层电信间的布线路由

通过考察，可以确定从每个房间信息点发出沿墙壁穿出外走廊，再沿走廊水平布设到楼层电信间的布线路由是最佳路由。

（6）以楼层电信间为中心，现场测量最远信息点和最近信息点的距离

为了实现配线子系统设计过程中楼层水平线缆的概预算，需要以楼层电信间为中心，实地估测楼层最远信息点及最近信息点的距离，最远信息点距楼层电信间的距离为 47m，最近信息点距楼层电信间的距离为 16m。

（7）以设备间为中心，确定干线路由及距离

通过现场考察，可以看到公寓楼土建工程已预留了强弱电垂直布线管道，由此可以确定干线路由为从设备间出发，通过垂直管道后，水平布设至每楼层电信间的路由。确定路由后，现场可以使用卷尺进行路由距离的估测。

（8）确定设备间与小区中心机房的布线路由及距离

通过现场考察，发现该学生公寓楼与小区中心机房之间没有预留布线专用的地下管道，因此只能沿着附近楼宇建筑采取架空方式进行光缆布线。确定布线路由后，可使用地测仪沿布线路由进行现场测量，可以得到学生公寓楼与小区中心机房之间光缆布线程度的估测值。

目前，在网络工程中普遍采用有线通信线路和无线通信线路两种方式。设计人员可以根据实际需要进行选择。有线通信利用双绞线、同轴电缆、光纤来充当传输导体，无线通信则利用卫星、微波和红外线来充当传输导体。本项目以多数用户采用的有线通信方式来叙述布线系统使用的线缆、导线槽、线缆架、光纤保护系统、连接器和其他常用材料。

4.5.2 工作区子系统设计

综合布线工作区应由配线子系统的信息插座模块延伸到终端设备处的连接线缆及适配器组成，如图 4-10 所示。工作区的终端设备可以是电话、数据终端、计算机，也可以是检测仪表、传感探测器等，如图 4-11 所示。对工作区子系统的设计要注意以下几点。

1. 工作区面积确定

对工作区面积的划分应根据应用的场合做具体的分析后确定，工作区面积划分可参照表 4-6。

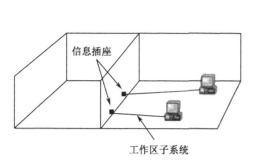 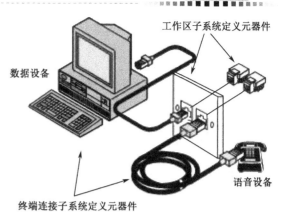

图 4-10 工作区子系统的构成　　　　图 4-11 工作区子系统中的插座连接

表 4-6 工作区面积的划分

建筑物类型及功能	工作区面积/m²
网管中心、呼叫中心、信息中心等终端设备较为密集的场地	3～5
办公区	5～10
会议、会展	10～60
商场、生产机房、娱乐场所	20～60
体育场馆、候机室、公共设施区	20～100
工业生产区	60～200

2. 工作区信息点数量确定

每个工作区信息点数量可按用户的性质、网络构成和需求来确定。表 4-7 做了一些分类，以供参考。

表 4-7 信息点数量配置

建筑物功能区	信息点数量（每一工作区）			备 注
	电话	数据	光纤（双工端口）	
办公区（一般）	1 个	1 个		
办公区（重要）	1 个	2 个	1 个	对数据信息有较大的需求
出租或大客户区域	2 个或 2 个以上	2 个或 2 个以上	1 或 1 个以上	整个区域的配置量
办公区（政务工程）	2～5 个	2～5 个	1 或 1 个以上	涉及内、外网络时

3. 确定信息插座安装方式

工作区的信息插座的安装分为暗埋式和明装式两种，暗埋式的插座底盒嵌入墙面或地面，明装式的插座底盒直接在墙面上安装。用户可根据实际需要选用不同的安装方式以满足不同的需要。通常情况下，新建建筑物采用暗埋式安装信息插座；已有的建筑物增设综合布线系统则采用明装式安装信息插座。

4. 确定信息插座的类型

信息插座必须具有开放性，即能兼容多种系统的设备连接要求。一般而言，工作区应该安装足够的信息插座,以满足计算机、电话机、传真机、电视机等终端设备的安装使用。

5. 置备跳线

连接信息插座盒和计算机的跳线小于5m;当语音链路需从数据配线架跳接到语音干线110配线架时,需要RJ45-110跳线。

6. 用电配置

在综合布线工程中设计工作区子系统时,要同时考虑终端设备的用电需求。每组信息插座附近宜配备220 V电源三孔插座为设备供电,暗装信息插座(RJ45)与其旁边的电源插座应保持200 mm的距离,如图4-12所示。工作区的电源插座应选用带保护接地的单相电源插座,保护接地与零线应严格分开。

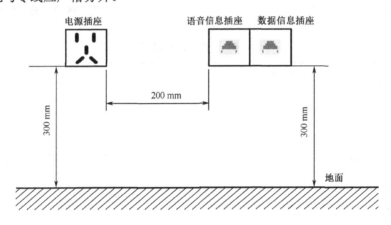

图4-12 工作区电源配置

7. 工作区子系统设计案例

根据前面项目需求分析,我们将每个学生宿舍看成一个独立的工作区来进行设计,一般来说可以分为3个步骤进行。

1)确定工作区信息点数量(参见需求分析描述)。
2)确定信息插座的安装方式及位置(参见需求分析描述)。
3)确定RJ45跳线及适配器数量。

每个房间安装2个信息点,每个信息点要求以100Mb/s速率接入校园网,学生公寓楼总共安装430个信息点,因此学生公寓楼的所有房间需要配备430条RJ45超5类跳线。由于信息插座安装在计算机桌的上方,与计算机终端的距离应在3m内,因此为选用原厂的3m超5类跳线。每个房间最多8个信息点,因此每个房间应配一个8口10/100Mb/s自适应以太网交换机,以方便学生扩展接入校园网,整个学生公寓楼共需配置215个以太网交换机。

4.5.3 水平布线子系统设计

水平布线子系统由工作区的信息插座模块、信息插座模块至电信间配线设备的配线电缆或光缆、电信间的配线设备及设备线缆和跳线组成。因此配线子系统的设计分为3部分,即工作区信息插座及模块设计、信息插座模块与电信间配线设备之间的水平缆线系统设计、电信间的配线系统设计。

1. 组成部分

水平布线子系统包括楼层水平电缆或光缆、桥架、预埋管道、交换机等。水平电缆采用星型结构布线，每个信息点均需连接到楼层配线间。水平布线子系统如图 4-13 所示。

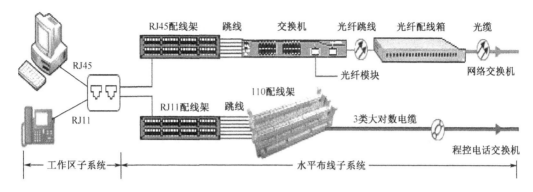

图 4-13 水平布线子系统

2. 水平布线子系统设计要点

主干电缆和光缆所需的容量及配置应符合以下规定：对于语音业务，大对数电缆的对数，应按每个电话模块配置 1 个线对，并预留 10% 备用线对；对于数据业务，每个交换机群配置 1 个主干光缆端口，每个群网络设备配置 1 个备份端口。

3. 水平布线子系统设备连接方式

水平布线子系统的计算机网络设备连接方式有两种：经跳线连接方式和经设备缆线连接方式，如图 4-14 所示。设备连接方式的选择与综合布线系统规模有直接关系。一般来说，经跳线连接方式适用于网络综合布线系统规模较大的场合，线路调整比较灵活，可管理性强。经设备缆线连接方式适用于网络综合布线系统规模较小场合，线缆布设后很少调整，可管理性差。

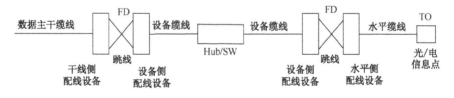

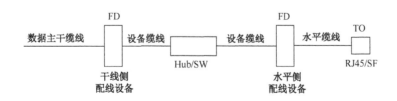

图 4-14 水平布线子系统的连接方式

4. 水平布线子系统水平缆线的布线方案

设计要根据建筑物的结构特点，从路由（线）最短、造价最低、施工方便、布线规范等几个方面考虑。实际施工时，要折中考虑，优选最佳的水平布线方案。根据综合布线工程实施的经验来看，一般可以采用 3 种布线方案，即直接埋管式；先走吊顶内线槽，再走支管到信息出口的方式；适用于大开间及后打隔断的地面线槽方式，如图 4-15 所示。

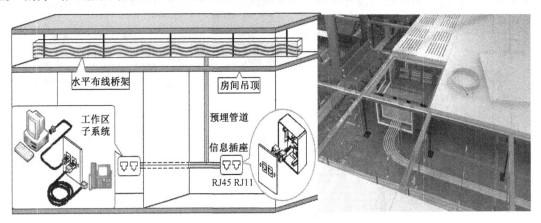

图 4-15 水平布线方式示意图

5. 楼层配线间

楼层配线间的位置应尽量靠近弱电井旁。如图 4-16 所示，楼层配线间主要设备有交换机、光电收发器（交换机带光纤模块时可省略）等；布线器材有楼层配线箱、RJ45 配线架、RJ11 配线架、110 配线架、光纤配线盒、电源分配盒（电源插座）等；线缆材料有光缆、尾纤、双绞线、跳线、大对数电缆等。

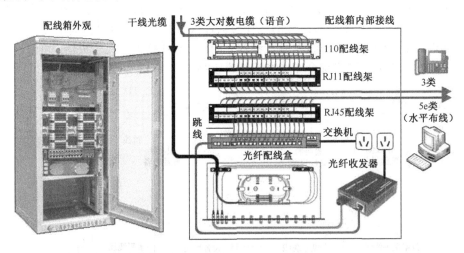

图 4-16 楼层配线间设备连接示意图

楼层配线间在满足场地面积要求的情况下，也可以安装等电位接地体、安防、消防、视频监控、无线信号覆盖设备等系统的功能模块或设备。

6. 配线子系统设计案例

（1）项目相关的资讯

某大学新建一栋学生公寓楼，共 6 层，每层 36 个房间，每个房间入住 8 名学生。该楼每个房间接入 2 个信息点，共计 430 个信息点。每个信息点要求以 100Mb/s 速率接入校园网。实地估测楼层最远信息点及最近信息点的距离，分别为 47m 和 16m。实地查看建筑物，得知房间至电信间没有预埋管道，电信间位于建筑物中间靠楼梯间的位置。

（2）水平布线子系统整体设计

根据项目咨询知道，每个信息点要求以 100Mb/s 接入校园网，因此水平布线子系统应采用超 5 类布线系统。水平布线子系统采用星型拓扑结构，以楼层电信间为中心，通过水平线缆连接到工作区域的各信息插座模块。为了方便线缆的管理与维护，楼层电信间采用经跳线连接方式连接到计算机网络设备。水平布线子系统的布线结构如图 4-17 所示。

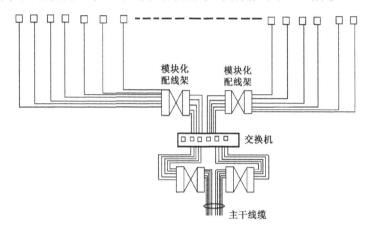

图 4-17 水平布线子系统的布线结构

（3）工作区信息插座模块设计

本项目有 215 个工作区，每个工作区需要安装两个信息点，为了便于用户接入网络，决定工作区每个信息点安装一个单孔信息插座，共计 430 个信息插座。为了实现 100Mb/s 速率接入校园网，工作区应选用 RJ45 插座超 5 类模块。考虑工程损耗及信息点扩充等要素，信息插座及模块预留 3%的富余量，共需要 443 个插座和 443 个模块（430+430×3%）。

（4）水平缆线设计

1）线缆选型：为了实现以 100Mb/s 速率接入校园网，水平缆线选用超 5 类非屏蔽双绞线。

2）确定布线方案：通过现场查看，得知房间至电信间没有预埋管道，所以水平缆线的布线方案采用明敷布线方式。首先从每个房间信息点出发沿着墙壁至外走廊安装 PVC 线槽，然后沿着走廊水平安装 PVC 线槽至楼层电信间。从房间内信息插座出发，沿着 PVC 线槽将双绞线电缆布放至外走廊，再沿着走廊的水平 PVC 线槽布放线缆至楼层电信间。

3）线缆用量概预算：本项目 2～6 楼的每层信息点数量为 72 个，最远信息点距离为 47m，最近信息点距离为 16m，因此可以计算出每个楼层水平线缆用量为 $C=[0.55×（47+16）+6]×72=2926.8m$。

一楼电信间与设备间合并使用，信息点数量为 70 个，最远信息点距离为 47m，最近信息点距离为 16m，因此可以计算出楼层水平线缆用量为 $C=[0.55×（47+16）+6]×70=2845.5m$。

直接汇总各楼层水平缆线用量就可以直接得到整幢楼的用线量，即
$$W = \sum MC = 5×2926.8+2845.5 = 17479.5（m）$$

因此需订购电缆的箱数为
$$K = \text{INT}\left[\frac{W}{305}\right]+1 = \text{INT}\left[\frac{17479.5}{305}\right]+1 = 58（箱）$$

（5）电信间的配线设计

本项目楼层电信间采用经跳线连接计算机网络设备，因此在楼层电信间内配置两部分配线设备，一部分用来连接管理各房间的水平缆线，另一部分用来连接管理主干。

2～6楼各楼层信息点总数为72个，1楼信息点为70个，因此楼层电信间中连接管理水平缆线的配线设备应选用6个超5类、24口模块化配线架。这些配线架分为2组，一组连接水平缆线，另一组通过跳线连接交换机。为了使配线美观，还应该配6个理线架，用来整理两组配线架之间及配线架与交换机之间的跳线。在电信间中，与主干缆线连接的配线管理设备的数量与水平缆线连接的配线管理设备数量一致，根据以上设计可以得到本栋楼各楼层电信间的配线设备数量，如表4-8所示。

表4-8 各楼层配线设备数量一览表

楼　层	信息点数量	配线架/个	理线架/个	2m跳线/根
1F	70	12	12	140
2F	72	12	12	144
3F	72	12	12	144
4F	72	12	12	144
5F	72	12	12	144
6F	72	12	12	144
总计	72	72	72	860

由表4-8可以知道，每个楼层电信间需要12个配线架，每个配线架在机柜内占1U高度，每个楼层电信间需要12个理线架，每个理线架在机柜内占1U高度。每个楼层电信间需要3个24口交换机，每个交换机在机柜内占1U高度。机柜内设备总共需要占用至少27U的高度，因此本项目每个楼层电信间应配置1个32U的机柜，以便安装配线设备和交换机。

4.5.4 垂直干线子系统设计

垂直干线子系统是建筑物内部的主干传输电缆，如图4-18所示，它传送来自各个电信间和设备间信号，并与外部网络相连。垂直干线线缆直接连接着几十或几百个用户，因此一旦干线电缆发生故障，则影响巨大。为此，必须重视干线子系统的设计工作。

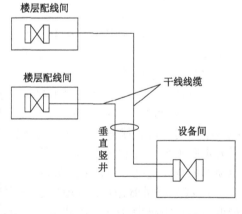

图4-18 垂直干线子系统组成

1. 垂直干线线缆类型

垂直干线线缆主要有铜缆和光缆两种类型，具体选择要根据布线环境的限制和用户对综合布线系统设计等级的考虑。垂直干线子系统设计常用以下5种线缆。

1）4对双绞线电缆（UTP或STP）。

2）100Ω大对数双绞电缆。

3）62.5/125μm多模光缆。

4）8.3/125μm单模光缆。

5）75Ω有线电视同轴电缆。

目前，对于电话语音传输一般采用3类大对数电缆（25对、50对、100对等规格）。对于数据和图像传输，采用光缆或5类以上4对双绞线电缆，对于有线电视信号的传输采用75Ω

同轴电缆。在选择主干线缆时,还要考虑主干线缆的长度限制,如 5 类以上 4 对双绞线电缆在应用于 100Mb/s 的高速网络系统时,电缆长度不超过 90m,否则宜选用单模或多模光缆。

2. 垂直干线线缆容量要求

主干电缆的线对要根据水平布线线缆对数及应用系统类型来确定,应满足工程的实际需求,并留有适当的备份容量。主干电缆和光缆所需的容量要求及配置应符合以下规定。

1)对语音业务,大对数主干电缆的对数应按每一个电话 8 位模块通用插座配置 1 对线,并在总需求线对的基础上至少预留约 10% 的备用线对。

2)对于数据业务应以集线器(Hub)或交换机(SW)群(按 4 个 Hub 或 SW 组成 1 群);或以每个 Hub 或 SW 设备设置 1 个主干端口配置。每 1 群网络设备或每 4 个网络设备宜考虑 1 个备份端口。主干端口为电端口时,应按 4 对线容量,为光端口时则按 2 芯光纤容量配置。

3)当工作区至电信间的水平光缆延伸至设备间的光配线设备(BD/CD)时,主干光缆的容量应包括所延伸的水平光缆光纤的容量在内。

3. 垂直干线路由的确定

通常理解的垂直干线子系统是指逻辑意义的垂直子系统。事实上,垂直干线子系统有垂直型的,也有水平型的。由于大多数楼宇都是向高空发展的,垂直干线子系统则是垂直型的;但是某些建筑物也有呈水平主干型的(不要与水平布线子系统相混),这意味在一个楼层里,可以有几个楼层配线架。应该把楼层配线架理解为逻辑上的楼层配线架,而不要理解为物理上的楼层配线架。故主干线缆路由既可能是垂直型通道,也可能是水平型通道,或者两者综合。

从电信间到设备间的干线路由,通常有如下 4 种方法,即垂直干线的电缆孔方法,垂直干线的电缆井方法,水平干线的金属管道方法,水平干线的电缆托架方法,如图 4-19 所示。

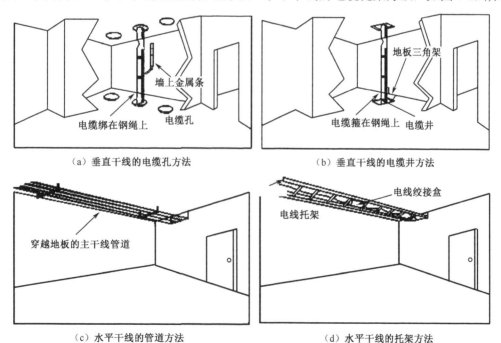

图 4-19 干线路由方法

4. 确定垂直干线子系统通道规模

从所服务的可用楼层来确定干线通道和配线间的数目。如果在给定楼层所要服务的所有终端设备在配线间的 75m 之内，则采用单干线接线系统。凡不符合这一要求的，要采用双通道垂直干线子系统，或者采用经分支电缆与楼层配线间相连的二级交接间。

5. 垂直干线子系统设计案例

（1）项目相关的资讯

某大学新建一栋学生公寓楼，共 6 层，楼层高度为 3m，每层 36 个房间，每个房间接入 2 个信息点，1 楼接入 70 个信息点，其余楼层各接入 72 个信息点，共计 430 个信息点。各楼层电信间内的交换机以 1000Mb/s 速率接入设备间的核心交换机。通过现场考察，看到公寓楼在土建工程已预留了布线干线线缆的垂直管道，各楼层电信间均可通过预埋管道布设线缆至楼梯间的垂直管道。通过现场使用卷尺测量，得到距楼层电信间最远的信息点距离为 47m。

（2）确定垂直干线子系统线缆类型

根据项目相关资讯，得知要求各楼层电信间内的交换机以 1000Mb/s 速率接入设备间的核心交换机，因此干线线缆只能选择 6 类非屏蔽双绞线或多模光缆。考虑项目造价及易管理性，本项目选择 6 类非屏蔽双绞线作为干线线缆。

（3）确定垂直干线子系统线缆容量

根据各楼层接入信息点数量，可以知道各楼层电信间应配备 3 个 24 口的以太网交换机，每个交换机通过 1000Mb/s 链路接入设备间内核心交换机的吉比特每秒端口。因此，除了 1 楼以外，2～6 楼的电信间应布设至少 3 根电缆。考虑设计标准冗余量要求以及以后网络扩容的需求，每个交换机多预留 1 根主干电缆，以备扩展之需。所以，每个电信间总计需要铺设 6 根主干电缆。

（4）确定干线路由

通过现场查看，得到距楼层电信间最远的信息点距离为 47m，小于 75m，所以本项目应采用单干线路由。根据各楼层电信间预埋管道及垂直管道的布设路由，可以选择一条从楼层电信间至一楼设备间的最佳干线路由。在确定干线路由后，采用卷尺进行路由长度的估测，得到各楼层电信间干线路由的长度，如表 4-9 所示。

表 4-9 各楼层电信间干线路由的长度

楼　层	干线路由长度/m	备　注
2F	61	测量长度已包含电信间至垂直管道之间的管线、垂直管道、设备间至垂直管道之间的管线
3F	64	
4F	68	
5F	72	
6F	76	

（5）确定布线方案

由于建筑物预留了垂直电缆管道，因此本项目的干线电缆布设将采用电缆孔布线方案。干线电缆先从电信间预埋管道布设至垂直电缆管道，再从垂直电缆管道垂直布放至一楼，最后从一楼垂直管道出口沿预埋管道布设至设备间。

（6）主干电缆概预算

根据以上设计，可以得出各楼层电信间的干线电缆的线对数量和布线路由长度。再考虑工程实施过程中的短接容差量，即可以计算出各楼层干线线缆的用线量。

2F：(61+6)×6=402（m）
3F：(64+6)×6=420（m）
4F：(68+6)×6=444（m）
5F：(72+6)×6=468（m）
6F：(76+6)×6=492（m）

本项目干线电缆总用线量=402+420+444+468+492=2226m，需订购电缆的箱数为8箱。

（7）安装在设备间内的建筑物配线管理设备概预算

从以上设计得知，2~6楼引至设备间的干线电缆总计为30根，一楼接入设备间的信息点为70个。由于干线系统采用6类线缆，一楼信息点采用超5类线缆接入，所以根据配线子系统的设计经验，采用经跳线连接计算机网络设备的方式，这样就可以计算出设备间需要配备4个6类24口配线架，6个超5类24口配线架，5个理线架，30根6类2m跳线，70根超5类2m跳线。

4.5.5 设备间子系统设计

设备间是在每一座建筑物的适当地点设置进线设备，进行网络管理及管理人员值班的场所。设备间子系统应由综合布线的建筑物配线设备，电话、数据、计算机等各种主机设备及其保安配线设备等组成。当信息通信设施与配线设备分别设置时考虑到设备电缆有长度限制的要求，安装总配线架的设备间与安装电话交换机及计算机主机的设备间的距离不宜太远。图4-20为典型设备间的内部结构。

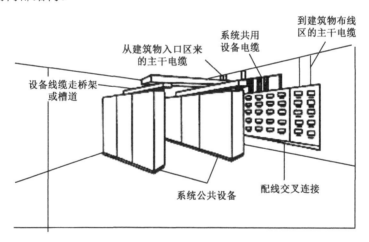

图4-20 典型的设备间内部结构

设备间子系统的设计主要考虑设备间的位置、面积、环境、电源等要求。具体设计要求参考如下。

1. 设备间的位置

设备间的位置应根据建筑物的结构、综合布线系统的规模、管理方式及应用系统设备的数量等方面进行综合考虑，确定设备间的位置可以参考以下设计规范。

1）应尽量建在建筑物平面及其综合布线干线综合体的中间位置。
2）应尽量靠近服务电梯，以便装运笨重设备。

3)应尽量避免设在建筑物的高层或地下室及用水设备的下层。
4)应尽量远离强振动源和强噪声源。
5)应尽量避开强电磁场的干扰。
6)应尽量远离有害气体源及易腐蚀、易燃、易爆物。

一般而言,设备间应尽量建在建筑平面及其综合布线干线综合体的中间位置,在高层建筑物类,设备间也可以设置在2层或3层。

2. 设备间的使用面积

设备间的使用面积要考虑所有设备的安装面积,还要考虑预留工作人员操作设备的地方。设备间的使用面积可按照下述两种方法之一确定。

方法一:已知 S_b 为与综合布线有关的安装设备间内的设备所占面积,S 为设备间的使用总面积,则

$$S=(5\sim7)\sum S_b$$

方法二:当设备尚未选型时,则设备间的使用面积 S 为

$$S=KA$$

式中:A——所有设备的总数;

K——系数,取 $4.5\sim5.5m^2$/台(架)。

注意:设备间最小使用面积不得小于 $20m^2$。

3. 设备间的环境条件

(1)温湿度

正常温度为 10~30℃ ,湿度为 20%~80%。

南方机房要选择降温和去湿的空调机,北方机房要选择降温、去湿,加温、加湿的空调机。

(2)尘埃

设备间的防尘要求分为 A、B 二级。

(3)照明

设备间内距地面 0.8m 处,照度不应低于 200lx。事故照明,在距地面 0.8m 处,照度不应低于 5lx。

(4)噪声

噪声应小于 70dB。

(5)电磁场干扰

无线电干扰场强,频率为 0.15~1000MHz,噪声不大于 120dB。

4. 设备间的设备管理

1)在设备间内安装的建筑物配线设备干线侧容量应与主干线缆的容量相一致。设备侧的容量应与设备端口容量相一致或干线侧配线设备容量相同。

2)建筑物配线设备与电话交换机及计算机网络设备的连接方式也采用经跳线连接和经设备缆线连接两种方式。

3)设备间的设备种类繁多,而且线缆布设复杂。为了管理好各种设备及线缆,设备间内的设备应分类分区安装,设备间内所有进出线装置或设备采用不同设备,以区别各类用途的配线区,方便线路的维护和管理。

5. 设备间设计案例

（1）设备间的位置

考虑到学生公寓楼的建筑特点,选择一楼靠近楼梯间的 118 号房间作为设备间是比较合适的。首先,设备间位于建筑物平面中线,与垂直管道相近,方便干线电缆的布设与连接。另外,设备间设在一楼可以减少对学生学习、生活的干扰,方便网络管理员维护,同时也方便建筑物入口电缆的接入。

（2）设备间的使用面积

根据学生公寓楼网络设计要求,设备间主要放置建筑物配线管理设备、接入层交换机、核心交换机、建筑物出口配线管理设备等,所需面积至少 $20m^2$。本项目的设备间面积达 $45m^2$,符合设计标准要求。

（3）设备间的环境设计

为了给设备间内的设备提供良好的温度和湿度,达到防尘、防静电、防火等要求,使用铝合金隔板及玻璃在设备间内隔出一个 4m×6m 区域,用来安装学生公寓楼的配线设备及网络设备。在隔出的区域内铺设了防静电地板并做好良好的接地处理,安装一台 3 匹柜式空调用于温度和湿度控制。在设备间内配备 3 个手提式二氧化碳灭火器,用于设备间的消防灭火。

设备间的供电系统采用三相五线制,一相线路用于照明供电,一相线路用于设备供电,一相线路用于空调供电。设备供电采用不间断供电系统,其余供电采用普通供电。设备间内主要安装 1 台核心交换机及 3 台接入层交换机,用电量较少,配备 1 台 2kVA 的 UPS 设备及相关电池组就可以满足不间断供电要求。

（4）设备间的设备管理

设备间内有入口水平布线设备、垂直干线配线设备、一楼水平布线设备、核心交换机及接入层交换机等。为了方便管理,应分区域安装使用。入口水平布线设备安装在相对独立的区域。核心交换机与干线电缆配线设备安装在同一区域,以方便跳线连接管理。接入层交换机及水平线缆布线设备安装在同一区域,以方便跳线连接管理。以上所有设备均采用 19in 标准机柜安装。

4.5.6 建筑群子系统设计

1. 建筑群子系统设计范围

当一个单位或机构在相隔不远的范围内,有两个或两个以上的建筑物需要连接网络设备时,需要建立建筑群子系统。建筑群子系统由各建筑物之间连接的室外线缆、建筑楼总设备间入户的配线设备组成。建筑群子系统实际上也是网络干线,连接网络拓扑使用星型拓扑,由于改动铺设的线缆十分困难,在铺设时尽量考虑连接的富余量。

2. 建筑群子系统线缆选型

电信网络使用大对数 UTP 电缆（规格为 25 对、50 对、100 对等规格）；选择计算机网络的介质时,当楼与楼之间的距离在 500m 以内时,可以选用室外 6 芯多模光纤,规格为 $50/125\mu m$；当楼与楼之间的距离超过 500m 时,选用室外 6 芯单模光纤,规格为 $9/125\mu m$ 或 $10/125\mu m$。

3. 建筑群子系统布线方案

室外线缆的铺设可以采用架空、直埋、地下管道等方式,如图 4-21 所示。铺设时,需要避开动力电源线,并注意避免过度弯曲或拉伸光纤。随着万兆网络技术的发展,在铺设网络干线时,应当考虑铺设适合万兆传输的光纤,根据新的可传输万兆的标准,在传输距离小于 300m 时,可使用 OM3 标准的 50/125μm 规格的多模光纤;当传输距离大于 300m 时,则需要铺设单模光纤。使用多模光纤的主要原因是节省光纤连接的设备端口成本,多模光纤连接的端口成本远远低于单模光纤的端口成本。

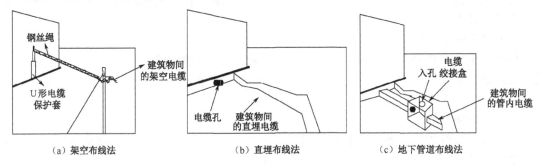

图 4-21 建筑群子系统布线方法

4. 建筑群子系统设计案例

(1) 确定布线线缆的路由及布线方案

因为该学生公寓楼与小区中心机房之间没有预留布线专用的地下管道,所以建筑群子系统的布设线缆应采用架空布线方案。通过现场考察,还发现学生公寓楼一楼原来已经架设了中国电信的电话线路,而且从学生公寓楼至小区中心机房之间也布设了一批中国电信的架空电缆,因此从美观角度考虑,建筑群子系统的布线路由与中国电信电缆架空的路由一致。

(2) 确定线缆类型

建筑群子系统的布线路由确定后,可使用手持式地测仪现场估测布线路由的长度,实地测量后得到的数据为 210m。

从以上项目相关咨询,连接到建筑群子系统的线缆主要解决学生公寓楼核心交换机与小区中心机房核心交换机之间的连接问题,同时考虑室外布设的需求,因此推荐使用 50/125μm 规格的光缆。为了保障网络的稳定性,核心交换机之间使用光纤链路进行聚合连接,因此布设的光缆芯数至少在 4 芯以上。为了后续的校园一卡通消费系统、视频监控系统等预留链路,建筑群子系统布线光缆芯数应为 12 芯。

(3) 确定学生公寓楼设备间内建筑群配线设备管理

为了实现 12 芯光缆的配线管理,根据配线子系统相关知识,可以知道设备间内应配 1 个 12 口的光纤配线架,12 个 ST 耦合器、12 根光纤跳线,同时还应该配 6 根 ST-ST 光纤跳线以制成 12 根 ST 型尾纤。

(4) 确定小区中心机房内建筑群配线管理设备 12 口的光纤配线架,12 个 ST 耦合器、12 根光纤跳线、12 根 ST 型尾纤。

4.5.7 进线间子系统设计

进线间是建筑物外部通信和信息管线的入口部位,并可作为入口设施和建筑群配线设备的安装场地。进线间一般提供给多家电信业务经营者使用,通常设于地下一层。进线间主要作为室外电缆和光缆引入楼内的分支,以及光缆的空间位置。因为光缆至大楼(FTTB)、光缆至用户（FFTH）和光缆至桌面（FFTO）的应用及容量容易增，进线间就显得尤为重要。一般情况下，进线间宜单独设置场地，以便功能区分。对于电信专用入口设备比较少的布线场合，也可以将进线间与设备间合并使用。下面对本项目进线间设计案例进行分析。

（1）进线间设置

由于学生公寓楼没有地下层，也没用专门的房间用于设置进线间，因此从使用的角度，本项目的进线间和设备间合并使用。为了更好地进行功能区分，在设备间内划分了 4m×6m 的隔断区域作为楼内计算机网络设备的管理专用区，另在设备间内划分出 5m^2 隔断区作为进线间使用。

本楼的进线间主要提供给中国电信业务部门，作为电话语音线路的入口管理，而计算机网络系统的入口光缆仍然直接接入设备间的专用管理区域。本项目中国电信的电话语音线路通过架空方式接入楼内，再经过一楼走廊管槽布设，接入进线间。

（2）进线间的系统配置

本项目进线间专用于楼内电话语音系统的管理，因此需要根据楼内接入语音信息点容量确定具体的配线管理设备。根据水平布线子系统设计知识，知道进线间可以使用 110 配线设备或 BIX 配线设备进行跳线管理。考虑进线间的场地空间及语音信息点接入规模，选择 BIX 配线系统，并且系统连接采用经跳线连接方式。

本楼共计接入 215 个语音信息点，因此连接主干侧的配线设备应选择 1 个 300 对的 BIX 安装架，9 条 25 线对的 BIX 条和 54 根 4 线对的 BIX 交叉跳线。连接建筑群侧的配线设备容量与主干侧的一致，即配备 1 个 300 对的 BIX 安装架，9 条 25 线对的 BIX 条和 54 根 4 线对的 BIX 交叉跳线。

4.6 网络设备选型

选择网络设备指根据网络结构、用户数量、采用的网络技术、要求的性能指标等选择满足网络需求的网络设备。除了满足需要的功能、性能指标、端口数量等客观条件之外，对网络设备的其他选择都是主观的。

需要选择的设备包括核心交换机、汇聚交换机、接入交换机、路由器、防火墙、服务器等，同时包括必要的网络连接跳线。设备选型完成后，还要与公司的销售人员沟通，确定产品销售的报价，包括产品价格和系统集成费用。

设备的选择需要综合考虑，不仅要考虑满足用户网络的目前需求，还要考虑用户将来网络应用的发展需求，既能满足网络数据传输的需要，又不至于浪费用户的投入资金，同时，还要从产品的品牌、性能、质量、价格、服务等方面，选择性价比高、售后服务较好的产品。另外，注意建成网络的设备管理、交换机和路由器应尽量选择同一厂商。

选择设备是网络设计的最后一个环节，需要完成一张设备材料清单和报价。这张清单几乎凝聚了所有网络设计思想，甲乙双方的负责人都会关心它，评定专家也会仔细查看每个细节，因此设计者必须认真对待。

4.6.1 了解网络设备产品的方法

网络工程技术人员应当了解各种网络产品，熟悉产品的型号、性能、报价和应用，以便在网络工程设计中选择性价比较高的产品。目前，网络设备产品的厂家很多，尽量多地了解这些产品,对设计网络很有帮助。然而,了解所有设备厂商的所有产品型号、功能、报价等并不现实,所以应该了解获得这些产品信息的途径。以下为工程师常用的查询方法。

1. 了解设备产品的功能

可通过厂商的网站查询或电话咨询产品销售人员。为了宣传产品,一般厂商都有自己的网站,通过网站可以比较全面地了解产品性能、技术参数及应用等。例如,思科厂商的网址为http://www.cisco.com/web/CN,华为-3COM 的网址为 http://www.h3c.com.cn,锐捷星网的网址为 http://www.star-net.cn 等。这些网站介绍了厂商网络产品线及产品应用解决方案等,可用于学习或设计参考。建议经常查询厂商网站,以便了解最新资讯。

2. 了解设备的报价

厂商除非通过网站直销,一般不会在网站上提供产品价格。厂商通过产品代理商、经销商等方式销售产品,产品的准确报价需要咨询销售商的销售代表。一般的价格查询可通过一些网站查询,这些网站上有大部分网络产品的参考价格、性能参数,如中关村在线(http://www.zol.com.cn)、太平洋电脑(http://www.pconline.com.cn)等。但是,准确的技术参数和价格还要以厂商提供的为准。

4.6.2 选择产品厂商

为了更好地为用户选择网络设备产品厂商,设计者应该熟悉各种网络设备的基本原理,了解最新网络技术、并能够将不同厂商的产品进行比较,丰富自己的产品知识。目前,在网络设备产品市场上的网络设备产品种类繁多、厂家繁杂。国外知名的厂商有美国的 Cisco、NETGEAR(网件)、LinkSYS、加拿大的 Nortel Networks(北电)等,国内知名的厂商有 TP-LINK(联普)、D-LINL、H3C、锐捷、中兴(ZTE)、联想、神州数码等。各厂商的网络产品介绍,包括产品特性和应用等,可以到厂商的网站查询。

选择设备厂商的关键因素是产品的性能、价格、服务,选择哪个厂商的产品很大程度上取决于设计者的经验。如果设计者熟悉很多家厂商的网络产品、包括产品的各种功能、型号、端口配置、性能差异、主要应用、价格等,就很容易为满足用户的不同需求提供良好的建议。如果经验不足,则应多向有经验的工程师请教。

另一个好的方法是寻求厂商帮助,包括技术支持和产品支持。可以与多个厂商的销售代表沟通,描述对用户需求的分析和网络结构设计的想法,寻求厂商的支持。对于大中型的网络工程项目,厂商通常会热情地帮助,并提供参考的设备型号、报价,然后查询所提供的产品性能,并进行综合分析和比较,从中决定选择哪家厂商的产品。

一般来说,国际上的知名品牌厂商,如 Cisco 等,其产品的质量、性能和服务等都比较好,但是价格相对较贵,如果资金宽裕,选择这类厂商为佳。如果资金投入不多,可以选择国内一些知名品牌厂商,如华为等。如果用户提出选择厂商的建议,则应尽量满足用户的要求。

4.6.3 选择产品型号

产品型号是厂商标识某种分类的产品名称形式,用来区分不同的产品。这些型号的命名由厂商自己确定,不同厂商的产品型号没有统一的标准。这些产品的型号有一定的规律,代表不同的类别、功能、特性等。例如,Cisco 3620 代表路由器,Catalyst 2950 代表交换机,2950

交换机用于接入层，6509 交换机用于核心层。

目前，最具代表性的是 Cisco 产品型号，其他厂商的产品型号参考 Cisco 的产品型号设定，这样便于用户识别和选择，但要注意，不同厂商的相同型号的产品，性能可能不同。厂商经常会将一组功能相似，性能不同的产品称为某系列产品。例如，Cisco 的 2800 系列路由器，包括 2810、2811、2812 等多款路由器。该系列设备的性能、价格等有很大的区别，在选择某系列设备的具体型号时，应仔细查看产品的详细参数说明，并注明选择产品的具体型号。

由于网络设备的种类和型号繁多，并且每个型号产品的具体技术参数也很多，很难详细说明如何选择。4.6.4 小节主要以交换机的选择为例，描述设备选择的基本方法。

4.6.4 交换机的选择

网络交换机是高性能网络设计中考虑最多的物理设备，不仅在于其重要地位，还在于其种类繁多，性能各异。高档的多层交换机具有网络管理和路由功能，可完成复杂的局域网寻址工作。低档的交换机不过是端口独立，具有高速交换能力的集线器而已。

1. 交换机产品的种类

（1）根据交换机使用的网络传输介质及传输速度分类

这种分类的交换机类型及特点如表 4-10 所示。

表 4-10 根据交换机使用的网络传输介质及传输速度分类及其特点

交换机类型	特 点
以太网交换机	用于带宽在 100Mb/s 以下的以太网
快速以太网交换机	用于 100Mb/s 快速以太网，传输介质可以是双绞线或光纤
千兆以太网交换机	带宽可以达到 1 000Mb/s，传输介质有光纤、双绞线两种
10 千兆以太网交换机	用于骨干网段上，传输介质为光纤
ATM 交换机	用于 ATM 网络的交换机
FDDI 交换机	可达到 100Mb/s，接口形式都为光纤接口

（2）根据交换机应用的网络层次进行分类

根据交换机应用的网络层次，可以将网络交换机划分为企业级交换机、校园网交换机、部门级交换机和工作组交换机、桌面型交换机 5 种，其特点如表 4-11 所示。

表 4-11 根据交换机所应用的网络层次分类及其特点

交换机类型	特 点
企业级交换机	采用模块化的结构，可作为企业网络骨干构建高速局域网
校园网交换机	主要应用于较大型网络，且一般作为网络的骨干交换机
部门级交换机	面向部门级网络使用，采用固定配置或模块配置
工作组交换机	一般为固定配置
桌面型交换机	低档交换机，只具备最基本的交换机特性，价格低

（3）根据 OSI 的分层结构分类

根据 OSI 的分层结构，交换机可分为二层交换机、三层交换机、四层交换机等。其特点如表 4-12 所示。

表 4-12 根据 OSI 分层结构分类

交换机类型	特　点
二层交换机	工作在 OSI 参考模型的第 2 层（数据链路层）上，主要功能包括物理寻址、错误校验、帧序列及流控制，是最便宜的方案。它在划分子网和广播限制等方面提供的控制最少
三层交换机	工作在 OSI 参考模型的网络层，具有路由功能，它将 IP 地址信息提供给网络路径选择，并实现不同网段间数据的线速交换。在大中型网络中，三层交换机已经成为基本配置设备
四层交换机	它工作于 OSI 参考模型的第四层，即传输层，直接面对具体应用。目前由于这种交换技术尚未真正成熟且价格昂贵，所以，四层交换机在实际应用中目前还较少见

2．交换机的重要性能指标

（1）端口类型

双绞线端口主要有 100Mb/s 和 1000Mb/s 两种，百兆端口连接工作站，千兆端口一般用于级联。

1）光纤端口：SC 端口是一种光纤端口，可提供千兆位的数据传输速率，通常用于连接服务器的光纤端口。这种端口以"100 b FX"标注，如图 4-22 所示。交换机的光端口有两个，一般是一发一收，光纤跳线也必须有两根，否则端口间无法进行通信。

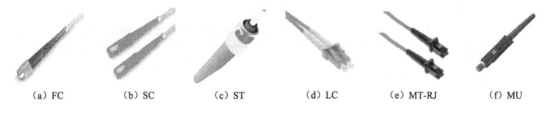

（a）FC　　　（b）SC　　　（c）ST　　　（d）LC　　　（e）MT-RJ　　　（f）MU

图 4-22　常见光纤连接器

2）GBIC 端口：交换机端口上的 GBIC 插槽用于安装吉比特端口转换器（Giga Bit-rate Interface Converter，GBIC）。GBIC 模块是将千兆位电信号转换为光信号的热插拔器件，分为用于级联的 GBIC 模块和堆叠的 GBIC 模块，如图 4-23 所示。用于级联的模块又分为适用于多模光纤或单模光纤的不同类型。

（a）级联 GBIC　　　　　　　　　　　（b）堆叠 GBIC

图 4-23　GBIC 模块

3）SFP 端口：小型机架可插拔设备（Small Form-factor Pluggable，SFP）是 GBIC 的升级版本，如图 4-24 所示，其功能基本和 GBIC 一致，但体积减少一半，可以在相同的面板上配置更多的端口。

(a) 1000BASE-T SFP　　　　　　　　　　(b) 1000BASE-SX LC SFP

图 4-24　SFP 模块

（2）MAC 地址表

交换机可以识别网络结点的 MAC 地址，并把它放到 MAC 地址表中。MAC 地址表存放在交换机的缓存中，当需要向目的地址发送数据时，交换机就在 MAC 地址表中查找对应 MAC 地址的结点位置，然后直接向这个位置的结点转发。不同档次的交换机端口所能支持的 MAC 地址数量不同。在交换机的每个端口，都需要有足够的内存来记忆这些 MAC 地址，所以缓存容量的大小决定了交换机所能记忆的 MAC 地址数。

（3）包转发速率

包转发速率也称端口吞吐率，指交换机进行数据包转发的能力，单位为 pps。包转发速率是以单位时间内发送 64B 数据包的个数作为计算标准的。对千兆交换机来说，计算方法如下。

$$1000 \div 8 \div (64+8+12) = 1\,488\,095\,(\text{pps})$$

当以太网帧为 64B 时，需要考虑 8B 的帧头和 12B 的帧间开销。据此，包转发速率的计算方法如下。

包转发速率=千兆端口数量×1.488+百兆端口数量×0.1488+其余端口数量×相应的计算方法

（4）背板带宽

交换机的背板带宽是指交换机端口处理器和数据总线之间单位时间内所能传输的最大数据量。背板带宽标志了交换机总的交换能力，单位为 Gb/s，一般交换机的背板带宽从几兆位/秒到上百兆位/秒。交换机所有端口能提供的总带宽计算公式如下。

总带宽=端口数×端口速率×2（全双工模式）

如果总带宽小于标称背板带宽，那么可认为背板带宽是线速的。

3. 交换机性能比较

这里以常见的 3 款交换机：3Com Superstack Ⅱ 3300: 12-Port N-Way Switch、Baystack 350T 16-Port N-Way Switch、Cisco 2924:24-Port N-Way Switch 作为比较对象。

（1）处理包的能力

在理论上，3 种交换机的性能如下。

1）12 口的 N-Way 交换机每秒能接收 148 809×12=1.8Mb/s 的数据包。
2）16 口的 N-Way 交换机每秒能接收 148 809×16=2.4Mb/s 的数据包。
3）24 口的 N-Way 交换机每秒能接收 148 809×24=3.6Mb/s 的数据包。

以上仅仅是理论值，实际上，由于设备的一些原因，这些品牌的交换机的实际处理能力如下。

1）Superstack Ⅱ 3300 每秒处理 0.5MB 数据包，所以只达到理论值的 0.5/1.8=28%。
2）Baystack 350 每秒处理 1.6MB 数据包，所以只达到理论值的 1.6/2.4=67%。
3）Cisco 2924 每秒处理 3MB 的数据包，所以只达到理论值的 3/3.6=83%。

由 3 个数据得知，Superstack Ⅱ 3300 为不合格产品，Baystack 350 勉强合格，Cisco 2924 算是不错的产品。

（2）交换宽带

理论上每秒能交换数据如下。

1）12 口：2000×12=2400Mb/s。

2）16 口：2000×16=3200Mb/s。

3）24 口：2000×24=4800Mb/s。

实际上每秒能交换数据如下。

1）Superstack Ⅱ 3300：800/2400=33%。

2）Baystack 350T：1200/3200=37.5%。

3）Cisco 2924：3200/4800=67%。

通过表 4-13 可以比较各产品的性能。

表 4-13 各种交换机的性能

	3Com SSII	Baystack350T	Cisco2924	D-Link5016	D-Link5024
PortCount	12	16	24	16	24
带宽	800Mb/s	1.2Gb/s	3.2Gb/s	3.2Gb/s	4.8Gb/s
带宽使用率	33%	37.5%	67%	100%	100%
处理封包数	1.5×10^6	1.6×10^6	3×10^6	2.38×10^6	3.2×10^6
处理封包百分比	28%	67%	84%	100%	90%

4．交换机产品的选择

在网络设计建议方案中需要明确使用的设备产品型号及报价。选择能够适合该工程使用的产品并不难，但是在众多的厂商、产品型号、性能参数中挑选出最佳产品却不是一件简单的事。基本的方法是"经验+厂商推荐"，即通过工程经验选择产品，如果经验不足，可咨询产品厂商的技术支持或销售代表，他们更了解自己的产品。

由于需求不同，交换机产品的选择也有很大的差异。基本选择原则是满足功能和价位需求，主要考虑以下几个方面。

1）功能需求。这些功能需求包括端口数量、端口带宽、背板带宽及可网管、VLAN、堆叠等。

2）扩展能力和先进性。例如，可能增加的用户数量、核心交换机的可扩展能力、IPv6 的支持等。因为网络产品的更新换代很快，很少会有三、五年后不淘汰的产品。所以扩展功能和先进性不必要求过高，以避免浪费投资成本，但仍要满足未来 3 年能够预测的需求。

3）价位。如果能满足功能需要的产品很多，合理的价位选择将是决定能否成功销售的必要条件，首先应该考虑用户接受的能力，如投资预算、用户的经济状况等。其次要考虑该价位的产品是否具有竞争力，即性价比是否较高。

4）品牌。尽量选择服务好、质量可靠的品牌产品，并选择同一厂商的产品。这样便于将来对网络的统一管理和维护，也能减少因不同厂商设备的兼容性带来的麻烦。

4.6.5 确认网络布线系统结构

选择交换机不仅需要参照网络拓扑结构图，还需要参照网络布线系统图，这样才能准确地计算出交换机的数量和需要配置的端口数量。下面举两个例子来说明布线系统不同对交换机选择的影响。

1. 一个配线间的布线系统

如图 4-25 所示，建筑 A 只有一个配线间，该建筑的所有用户都连接到这个配线间，并通过光纤连接到网络中心的建筑。用户的信息点数量共计 45 个（10+15+20=45）。图中交换机的选择方法有多种。

1）选择一台 48 口 10/100BASE-T 的交换机，并配置一个 1000BASE-SX 光纤端口。

2）也可以选择两台 24 口 10/100BASE-T 的交换机进行堆叠，需要配置两个 1000BASE-T 的堆叠端口和一个 1000BASE-SX 光纤端口。

3）还可以选择两台 24 口 10/100BASE-T 交换机分别上连，配置两个 1000BASE-SX 光纤端口。

如果布线系统已经完成，则问题很简单，只要仔细查阅布线系统图即可。如果还没有设计布线系统，那么只能按照设计的网络拓扑结构图选择设备，否则不能准确地确定端口数量。

图 4-25 建筑物 A 只有一个配线间的布线系统

2. 两个配线间的布线系统

依然以上述建筑为例，由于这栋建筑狭长，按照一个设备间的结构设计，建筑物内的 3 层上的一些用户的信息点到配线间的距离超过 90m，布线系统必须设置两个配线间，如图 4-26 所示。

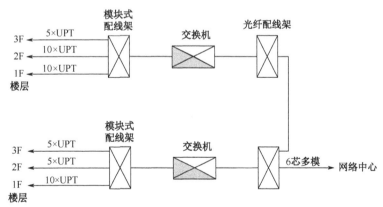

图 4-26 建筑物 A 有两个配线间的布线系统

虽然用户的总数量仍然为 45 个，但是交换机的数量发生了变化，上行连接到网络中心的线路也有两种选择。可以试着算一下，有几种可能的交换机设备选择和端口配置。

通常，在设计网络系统之前，建筑物的网络布线系统已经安装好，在选择网络设备时，只需要确认网络布线系统的设计和安装位置。如果建筑物没有安装布线系统，需要改造，则需要同时设计布线系统和网络系统。这时，最好在布线系统设计之后再进行网络设备的选择。

4.6.6 接入层设备的选择

局域网的接入设备是指用户接入网络使用的交换机。在大中型广域网中的接入层设备是指局域网接入网络使用的路由器。下面重点讨论接入交换机的选择。

对于分散用户的接入，通常使用固定端口的交换机，一般配置 24 或 48 口 10/100Mbit/s BASE-T，如 Cisco 的 2900 系列；对于集中用户的连接，可以使用能够提供密集端口的交换机，可提供上百个端口，如 Cisco 的 4500 系列，为了节约成本，也可以使用多台固定端口的可堆叠交换机。选择接入交换机比较容易，主要考虑以下几点。

1. 端口数量

提供足够的用户连接端口。端口数量及交换机数量的计算需要结合布线系统，根据配线间的用户端口需求计算交换机数量。

2. 支持网络管理

某些小型网络为了降低成本，可选用不含操作系统的交换机，如一台 24 口交换机仅几百元。大中型的局域网通常需要支持网络管理，交换机必须支持 SNMP。

3. 支持 VLAN

大中型局域网通常需要划分 VLAN，选择的交换机必须支持 VLAN 技术。

4. 支持堆叠

在一些配线间，如果用户接入比较集中，为了减少上行链路的成本，可选择支持堆叠技术的交换机。

5. 千兆上连

如果需要上连到汇聚层，还需要通过千兆的光纤和铜缆上行端口。

6. 接入层交换机选择案例

假定 A 楼 3、5、8 层分别有一个配线间，其中 3 层配线间负责连通 1、2、3 层用户，共有信息点 110 个，计划使用点数为 81；5 层配线间负责连通 4、5、6 层用户，共有信息点 132 个，计划使用点数 104；8 层配线间负责连通 7、8、9、10 层用户，共 154 个信息点，计划使用点数 123。

为满足计划使用信息点的要求，现对各配线间进行具体配置。

1）3 层配线间配置两台 2950-48（48 个 10/100Mb/s 端口，两个 GBIC 插槽），配置一块 SC 接口多模 GBIC（WS-G5484）用于上连核心交换机。配置两块堆叠模块（WS-X3500-XL）用于两台 2950 交换机堆叠。3 层配线间对外提供接入能力是 96 个 10/100Mb/s 端口。

2）5 层配线间配置两台 2950-48 和一台 2950-24（24 个 10/100Mb/s 端口，两个 GBIC 插槽），配置一块 SC 接口多模 GBIC（WS-G5484）用于上连核心交换机。配置 3 块堆叠模块（WS-X3500-XL）用于 3 台 2950 交换机堆叠。5 层配线间对外提供接入能力是 120 个 10/100Mb/s

端口。在 5 层的配置中，选择了 2950-24 而没有选择 12 口 10/100Mb/s 的 2950-12，这是因为 2950-24 的价格比 2950-12 的价格高得很少，却提供了 24 个端口，这样单个端口价格较低，为将来接入新的信息点留出了余量。另外，也没用配置 3 台 2950-48，这是因为配线的设计信息点数为 132 个，如果选用 3 台 2950-48 将会造成 12 个端口的浪费。

3）8 层配线间配置 3 台 2950-48，配置一块 SC 接口多模 GBIC（WS-G5484）用于上连核心交换机。配置 3 块堆叠模块（WS-X3500-XL）用于 3 台 2950 交换机堆叠。8 层配线间对外提供接入能力是 144 个 10/100Mb/s 端口。

从以上的配置情况反映出：费用是相当重要的因素，在可扩展性和费用之间平衡考虑是方案设计的一个要点。

4.6.7 汇聚层设备的选择

大型网络需要设计汇聚层。局域网的汇聚层设备是指接入交换机与核心交换机之间的汇聚交换机，而广域网的汇聚层设备是指接入路由器与核心路由器之间的路由器。这里重点讨论汇聚交换机的选择。

汇聚交换机的接入端口用于连接接入交换机，需要提供千兆的光纤或铜缆端口，端口数量通过接入交换机的上行线路确定。在大型局域网中一般都会使用 VLAN 技术而且需要支持网络管理，汇聚层交换机必须支持 VLAN 技术和三层交换功能，能够实现 VLAN 之间的通信和访问控制。汇聚交换机上行连接到核心交换机，需要提供千兆以上端口，最好是万兆端口。当然，万兆交换机的成本较高，同时，核心交换机也必须支持万兆交换。汇聚交换机也需要适当考虑网络可扩展性问题。

4.6.8 核心层设备的选择

核心层设备是指网络结构中的核心层设备，在星型和树型网络结构中，"核心"可理解为中心。在某些网络结构中没有核心，如环型、交织型等。局域网的核心设备是指核心交换机，广域网的核心设备是指核心路由器。核心交换机提供局域网的高速交换，一般采用性能较高的中、高档交换机。核心路由器提供互联网络的高速交换和路由，一般采用性能较高的中、高端路由器。这里重点讨论核心交换机的选择，主要考虑以下几个方面。

1. 端口数量

首先应确认网络基本需求的核心交换机端口数量，需要根据设计的网络结构和布线系统连接来判断。例如，从图 3-61 某企业网络拓扑结构图中可以看出核心交换机端口的最低要求，如表 4-14 所示。

表 4-14 核心设备端口的最低要求

端口描述	规格	数量	连接	备注
千兆光纤端口	1000BASE-SX	3	接入层交换机	
千兆铜缆端口	100/1000BASE-TX，RJ45	4	服务器	
百兆铜缆端口	10/100BASE-TX，RJ45	3	管理、防火墙、路由器	

2. 交换能力

交换机的交换能力一般是通过交换容量和吞吐量来衡量的。交换容量也称背板带宽，是指交换机的 CPU 和数据总线能够处理的最大数据，用速度单位表示，一般为 Gb/s。交换容量越大，交换能力就越强，成本也越高。吞吐量是指使用 64B 的数据包测试所达到的转发速度，单位为 Mpps，吞吐量的值越大，交换能力越强。所有端口的线速转发是指交换机的每个端口能够同时达到端口标称带宽的数据转发速率。厂商的设备说明一般都会标注这些性能指标。

我们可以对用户需求的交换机容量进行估算。核心交换机的交换容量需求为其接入带宽的总和，这个数值是满足需求的最低要求。如表 4-14 列出了接入端口，交换容量需求如下。

交换容量需求=（3×1000+4×1000+3×100）×2/1000=14.6（Gb/s）

按照这个交换容量，可以计算出理论的吞吐量需求如下。

理论吞吐量需求=14.6×1000/（64×8）≈28.5（Mpps）

需要注意的是，由于实际的网络数据传输不可能都是 64B 的数据包，实际的数据流量与网络结构、服务器位置、用户的数据需求等多种因素相关，需要做流量分析和实验才能比较准确地估算出来。因此，上述的吞吐量只能用于在选择交换机时衡量交换能力的一个参考。

3. 扩展能力

网络的扩展能力是指在基本结构和性能基本保持不变的情况下，现有规模的网络可增加连接用户的端口数量。扩展能力主要体现在网络的核心层，包括带宽容量和端口容量的富余。网络的可扩展能力可使网络能够适应用户单位一段时间内的应用需求变化，具体需要保留多少富余的端口应视用户单位未来的发展情况而定。然而，未来的发展很难预测，扩展余量的度是很难把握的。这需要设计者根据客户的发展规划、案例经验和设备产品的生命周期来选择。建议选择较强的扩展性，以支持用户不可预测的发展。

例如，企业现有 115 个客户，未来 3～5 年可能增加到 300 个用户。交换机的生命周期为 5 年，选择核心交换机的交换容量能满足 300 个用户的需求即可。但是，仍建议采用支持 500 个用户以上交换容量的交换机。厂商为了加强设备的可扩展性，设计了很多模块化设备，用户还可以根据需要配置或增加连接端口的数量。

4. 确定设备型号和配置模块

通过上面的分析，查询厂商网站或咨询厂商服务人员，确定设备的具体型号以及需要配置的模块。

4.7 综合布线工程设计文档编制

在网络工程项目中，网络工程的方案设计是最重要的技术工作之一。对于系统集成商来说，方案设计工作可能十分繁琐，因为每次投标都必须提供设计方案，尽管中标的可能性只有约 10%，但每个设计方案都应认真完成。

1. 方案内容

综合布线的设计文档主要由设计方案和施工图样两部分组成。设计方案是设计人员经过与用户多次反复协商得到的深入设计材料，它体现了用户单位的需求及设计人员的详细设计思路。设计方案主要包括用户需求分析、设计标准与依据、产品选型、各子系统的详细设计、施工组织、工程验收与测试、系统报价清单等内容。施工图样主要包括系统图和平面图两部分。

2. 方案编写方法

如果能够顺利完成上述网络设计的步骤，则编写设计方案只不过是编辑、整理电子文档的过程。网络设计方案是给用户及专家评委看的，应注重公司形象及技术人员能力的体现。通常使用微软的 Word 编写，注意内容的完整、美观、无错别字，装订也要尽量精美，以便给用户留下好印象。

编写方案也是网络工程师的一种基本能力，要求设计者有一定的写作能力。但是，无论写作能力有多好，对于一个初学网络设计的人来说，总是无从下手的。一个经历多年考验的系统集成公司，积累了各种类型网络的成功设计方案，可用于公司新人的设计参考，有的公司甚至设计了多个类型的方案编写模板，经过简单的替换修改，很快就能完成。因此，初学者应注意收集各种类型的设计方案。但是，设计人员必须清楚撰写方案的一般方法和思路。

3. 方案格式说明

编写设计方案的格式没有统一的要求，形式有多种，内容安排也不完全相同。但主要内容基本一致。以下给出一种常见的方案格式说明。

（1）封面

注明标题，如《××××网络系统设计方案书》等，在封底注明公司名称、设计日期。

（2）目录

方案设计内容的详细目录，包括条目和页号。

（3）引言

开场白，介绍当前的网络互连发展形势、用户网络现状和组建网络的必要性等。

（4）设计方案

1）用户需求分析：简要介绍网络工程概况，描述用户的网络需求，分析对应用户需求所采用的组网策略及将实现的功能，并分析可行性等。

2）总体设计：简单描述设计原则（可用性、可靠性、可扩展性、可管理性、安全性、先进性等）、设计目标（将实现的主要功能）和设计标准（采用的标准及类似成功案例）。

3）产品选型：首先，介绍厂商并说明选择该厂商的原因；然后，介绍选择的各种型号设备，包括主要功能和端口配置，并说明选择该型号产品的理由；最后，列出产品清单。

4）详细方案设计：这部分是设计方案的核心，它体现了设计人员根据用户需求，使用推荐的综合布线产品进行各个子系统设计的思路。详细方案设计主要包括 7 个子系统的设计，即工作区子系统、水平布线子系统、垂直干线子系统、设备间子系统、进线间子系统、建筑群子系统等。还要考虑建筑物的防雷和接地的设计内容。

5）施工组织：描述技术施工队伍、施工进度、施工管理等。

6）工程测试仪验收：主要包含测试标准、测试内容、铜缆测试方案、光缆测试方案、工程验收程序等内容。

7）售后服务承诺：一般综合布线厂商都可以提供 15 年的产品质量保证，施工单位除了向用户提供综合布线产品质量保证外，还应该与用户协商提供周到的系统维护服务。

8）工程设备清单及报价：根据方案设计内容，对 7 个子系统所用设备及施工辅助材料进行统计汇总，得到整个工程项目所需的设备及材料清单，并根据市场价格预算整个系统的工程预算。

（5）施工图纸

1）系统图：综合布线系统图是所有配线架和电缆线路全面通信空间的立面详图，在图中应包括以下几个主要内容。
① 工作区：各层的信息插座型号和数量。
② 配线子系统：各层水平电缆型号和根数。
③ 垂直干线和建筑群子系统：从 BD 到 FD 的干线线缆型号和根数、线缆敷设路由；从 CD 到 BD 的线缆型号和根数、线缆敷设路由；以及各管理配线架的设备类型、数量等。
④ 电信间和设备间的位置及主要设备；进线间的位置及电信和网络进线的位置。
⑤ 设计说明：包括简单的工程概况、设计依据、主要施工方法和注意事项等。

以一个简单楼宇为例，图 4-27 所示为一张典型的综合布线图。

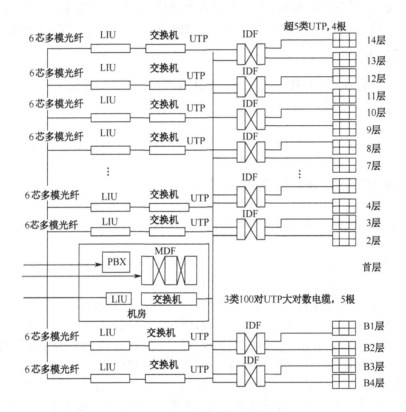

图 4-27 综合布线系统的系统图

2）平面图：综合布线平面图是表示工程项目总体布局、建筑物的外部形状、内部布置、结构构造、内外装修、材料做法、施工等要求的图样。综合布线系统的平面图是进行工程施工的依据，也是进行技术管理的重要技术文件，要求表达准确和具体。综合布线系统的平面图是反映整个布线路由走向的一个直观表示，是设计意图的表现。图 4-28 为图 4-17 中 3 楼的施工平面图。

从图 4-28 中可以看出，平面图应包含如下内容。
① 电信间进线的具体位置、高度、进线方向、过线管道数量及管径。
② 每层信息点的分布和数量，信息插座的规格及安装位置。
③ 水平线缆路由，水平线缆布设的规格及安装方式。
④ 弱电竖井的数量、位置和大小，主干电缆布设所有线槽的规格及安装方式。

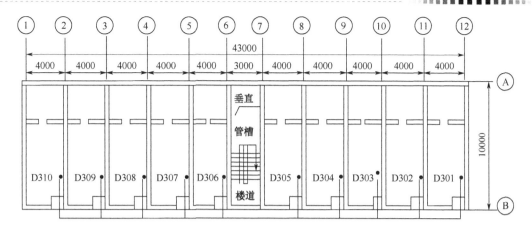

图 4-28 综合布线系统平面图

4.8 网络工程预算

预算本身就是对企业未来经营中可能出现的各种状况、结果等因素的充分的预计,是控制企业经营活动的依据,是保证实现企业目标的重要手段。网络工程预算是通过货币形式来评价和反映网络工程的经济效果的,是建设单位进行计算机网络工程项目投资、工程拨款、甲乙双方结算的主要依据;是银行贷款的依据;是加强企业管理、实行经济核算、考核工程成本、编制施工计划的依据;也是工程招投标报价和确定工程造价的主要依据。因此,如何快速地编制工程预算,对合理确定工程造价、提高投资经济效益起着重要作用。

4.8.1 IT 行业预算方式

由于网络布线的内容涉及计算机与建筑两个行业,网络布线的预算也有两种不同的预算方式:IT 行业的预算方式和建筑行业的预算方式。

IT 行业的预算一般由材料费、施工费、设计费、测试费、税金等组成。若按实际工程中包含的各项费用制作预算表,主要包括建设项目名称、建设单位名称、设计负责人、审核人、编制日期、布线材料总费用、施工费(人工费用、机械费用、赔补费用等)、网络设备费和集成费(含合理的利润)等。一个计算机系统预算有且仅有一个主表,主表中每一项数值都是由不同的附加表的合计而来的。表 4-15 就是一个主表的例子。

表 4-15 工厂行业预算样表

预算表总表						
建设项目名称:	×××综合布线系统工程					
建设单位:	××××网络工程公司			项目编号:		
计算机、网络设备和软件报价 单位:元						
序号	设备名称	单位	数量	单价	合价	备注
1	交换机	台	3	8700	26100	RG-3760
2	路由器	台	2	12000	24000	RG-2008
—						

续表

预算表总表					
	小计				
网络布线材料报价　单位：元					
序号	材料名称	单位	数量	单价	合价	备注
11	超5类非屏蔽双绞线	箱	4	850	3400	AMP
12	信息插座（超5类）	套	200	20	4000	AMP
—	—	—	—	—	—	
	小计					
网络工程施工费　单位：元						
序号	分项目工程名称	单位	数量	单价	合价	备注
21	PVC线缆敷设	m	1020	1.5	1530	
22	跳线制作	条	150	2	300	
—	—	—	—	—	—	
	小计					
工程费						
序号	项目	计算方法			小计	
31	设计费	（施工费+材料费）×5%				
32	督导费	（施工费+材料费）×7%				
33	测试费	（施工费+材料费）×4%				
34	税金	（施工费+材料费）×3.41%				
35	系统集成费	（计算机、网络设备和软件报价）×2%				
	总计					
设计负责人：		审核人：		编制日期		

4.8.2 建筑行业预算方式

建筑行业的预算是按国家的建筑预算定额标准来核算的，一般由材料费、人工费、直接费、企业管理费、利润税金、工程造价和设计费等组成，如表4-16所示。

表4-16 建筑行业预算样表

1. 材料费与工程费							
序号	定额编号	分项工程名单	单位	数量	材料费	人工费	备注
					单价	合计	
1							
2	2-145	管槽内穿8芯线	m			0.80	
3	主材	超5类双绞线	m				
4		配线架安装24口	个			80.00	
5	9-82	信息插座安装	个			6.00	
6	主材	信息面板	个			3.00	
7	主材	信息模块	个			3.00	
8		机柜安装大	台			150.00	
9		机柜安装中	台			100.00	
10		机柜安装小	台			50.00	
11	主材	RJ-45头	个			0.20	
12		跳线制作	条			1.00	

续表

序号	定额编号	分项工程名单	单位	数量	材料费	人工费		备注
13		工作间连线	条			1.00		
14		链路测试	条			8.00		
15	主材	打线工具	把					
16	主材	压线工具	把					
17	主材	转刀	把					
18	6-126	PVC 槽敷设 15×15	m			2.00		
19	6-126	PVC 槽敷设 50×50	m			3.00		
20	6-126	PVC 槽敷设 100×200	m			6.00		
21		竖井钻洞	个			50.00		
22	主材	金属软管	m			2.00		
23	主材	光缆敷设	m			2.00		
24	主材	19in 光配线面板	个			200.00		
25	主材	19in 光配线架	个			500.00		
26	主材	6 孔光配线面板	个					
27		ST 接头	个			80.00		
28		ST 耦合器	个			9.00		
29		光跳线	条			20.00		
30		ST-MIC 光跳线	条			20.00		
31		MIC-MIC 光跳线	条			20.00		
32		光收发器	台			40.00		
33		光纤接续消耗品	袋					
34		19in 冗线器	台			20.00		
35		小件消耗品		涨塞、螺钉、双面胶、压线卡、捆线带等				
小计								
2. 直接费								
36	12-5	其他直接费		人工费×28.9%				
37	13-1	临时设施费		（人工费+其他直接费）×14.7%				
38	13-7	现场经费		（人工费+其他直接费）×18.8%				
3. 各项规定取费								
1		直接费						
2		企业管理费		人工费×10%				
3		利润		人工费×46%				
4		税金		［（1）+（2）+（3）］×3.4%				
5		小计		1+2+3+4				

4.9 项目实训——校园网综合布线系统设计

1. 实训目的

1) 掌握综合布线总体方案和各子系统的设计方法。
2) 熟悉一种施工图的绘制方法（AutoCAD 或 Visio）。
3) 掌握设备材料预算方法、工程费用计算方法。

4）理解综合布线系统的设计过程及要点。

5）掌握综合布线工程方案编制的技巧。

2. 实训内容

通过网上查阅布线技术、布线的方法、布线的产品等内容，查询最新的综合布线系统标准。根据实训的网络建设要求，进行校园网络的物理网络设计，并撰写综合布线设计说明书。

3. 实训步骤

1）以3或4名学生为一组，分工合作，完成校园网工程方案的物理设计。

2）用户需求调研、分析。

① 确定具体网络类型。

② 确定数据、语音等信息点的具体数目。

3）画出建筑物平面图。

① 确定信息点的具体位置。

② 确定楼层最长距离。

③ 确定线缆布线路由。

④ 确定线缆布线方式。

⑤ 确定水平线槽、桥架的尺寸。

4）画出综合布线系统示意图。

① 确定主配线架位置。

② 确定楼层配线架位置及数量。

③ 确定主干路由。

④ 确定弱电井内竖井桥架的尺寸。

5）画出网络配置系统示意图。

① 确定网络硬件设备类型。

② 确定网络连接类型。

③ 确定网络硬件设备数量。

6）确定主体方案。

① 工作区。

② 水平布线。

③ 垂直干线布线。

④ 设备间。

⑤ 管理间。

7）产品选型。根据主体方案和用户需求，选择合适的布线及网络产品。

8）画出详细的系统设计图。

① 系统框图。

② 平面图。

9）列出材料、设备清单。

① 订货编号。

② 具体描述。

③ 订货单位。

④ 数量。

⑤ 单价。
⑥ 总价。
10）根据 4.7 节综合布线系统方案编制要求来编制综合布线系统设计方案。

4．实训要求

1）本实训项目综合性较强，内容较多，可根据教学进度分阶段进行。
2）物理网络设计文档要求格式正确、图表精当、语言规范、思路清晰、阐述无原理错误等。
3）每组制作答辩 PPT，选派一名人员参加答辩，接受老师点评。

项目小结

通过项目内容的学习，我们应在用户需求分析的基础上，完成对综合布线工程的整体设计和各个子系统的设计，同时了解了网络设备选型的方法和技巧。此时，学生应能基本完成对综合布线工程各个环节的设计，能够为用户提供一个切实可行的整体解决方案，接下来就可以编写提交给用户的投标文件。

习 题

1．工作区安装在墙面上的信息插座，一般要求距离地面（　　）cm 以上。
　　A．20　　　　　B．30　　　　　C．40　　　　　D．50
2．已知某一楼层需要接入 100 个电话语音点，则端接该楼层电话系统的干线电缆的规格和数量是（　　）。
　　A．1 根 100 对大对数非屏蔽双绞线　　B．2 根 100 对大对数非屏蔽双绞线
　　C．1 根 50 对大对数非屏蔽双绞线　　　D．1 根 300 对大对数非屏蔽双绞线
3．已知两栋建筑物之间的布线路由长度为 2300m，则应选择（　　）来连接两栋楼的以太网络交换机。
　　A．3 类大对数非屏蔽双绞线电缆　　　B．单模室外光缆
　　C．多模室外光缆　　　　　　　　　　D．6 类 4 对非屏蔽双绞线
4．工作区子系统的信息插座应与计算机设备的距离保持在（　　）以内。
　　A．10m　　　　B．8m　　　　　C．5m　　　　　D．3m
5．工作区子系统的信息插座应与计算机设备的距离保持在（　　）范围以内。
6．水平子系统布设的双绞线电缆应在（　　）m 以内。
7．干线子系统中，计算机网络系统使用（　　）电缆或光缆，电话语音系统使用（　　）电缆，有线电视系统使用（　　）电缆。
8．设备间的位置一般应选定在建筑物综合布线干线综合体的（　　）位置。
9．管理子系统的交接方案主要有（　　）和（　　）两类。
10．建筑群子系统采用的 3 种布线方案是（　　）、（　　）、（　　）。
11．某办公大楼高 12 层（层高 3.5m），计算机中心设在 6 层，电话主机房设在 6 层，但不在同一位置。要求每层 50 个信息点，50 个语音点（最近 20m、最远 80m），总计数据点 600

个,语音点 600 个。数据、语音配线子系统均使用 6 类非屏蔽双绞线电缆;数据垂直干线电缆采用室内 6 芯多模光纤;语音垂直干线系统采用 5 类 25 对大对数电缆。请计算:

(1)跳线数量、信息模块数量、信息插座底盒和面板数量。

(2)水平布线子系统线缆数量。

(3)垂直干线子系统线缆数量。

(4)数据配线架需求数量。

(5)光纤配线架需求数量。

项目 5

网络工程招标

网络工程招标是指委托方对网络工程项目的建设施工（有些包括施工材料）进行招标，目的是使网络工程建设更加公正、透明，防止经济犯罪。网络工程的招标包含两个方面的意义：一是使工程建设方能够获得工程建设相对优良的技术与工程方案；二是让工程设计施工单位获得公平竞争的机会，有助于提高工程设计实施单位的设计和施工能力，提高市场竞争力。

学习目标

- 了解招标方式和投标过程。
- 掌握网络工程标书的编制。
- 掌握投标文档的编制。
- 掌握网络工程评标的方法。

工作任务

根据项目 1～项目 4 获取的相关信息，编写校园网络工程项目招标文件和投标文件（含商务部分和技术部分）。

知识准备

网络工程是按照有关国家和国际标准进行计算机网络系统建设的全过程和综合性工作。网络工程项目的建设必须通过招标投标的方式，按照公开、公平、公正的原则，从众多有合格资质的系统集成商和供应商确定中标单位，承担网络工程项目的建设和设备、材料的供应。本项目介绍招标投标的方式、流程、内容及招标文件的书写、发布和投标文件的编写。

5.1 网络工程的招标投标

招标是指招标方（买方）发出招标通知，说明采购的商品名称、规格、数量及其他条件，邀请投标方（卖方）在规定时间、地点按照一定的程序进行投标的行为。

投标是与招标相对应的概念，它是指投标方应招标方的邀请或投标方满足招标方最低资质要求的主动申请，按照招标的要求和条件，在规定的时间内向招标方递交投标方案，争取招标的行为。

5.1.1 投标前的准备工作

1. 用户交流

反复与用户交流，有助于建立相互了解和信任，使用户愿意更进一步提供需求信息，愿意其作为投标方加入。

2. 需求分析

分析设计人员应先倾听用户的需求，因大多数用户仅能够说明网络功能上的需求，分析设计人员必须主动了解用户的实际需求，为后面的工作打下良好基础。

3. 现场勘察

设计人员必须到现场去了解情况，对环境进行认真细致的分析，然后才能设计出切实可行的网络工程设计方案。

4. 初步的投标方案设计

初步的投标方案设计，是根据用户需求分析和现场勘查结果，给出网络系统技术方案和应用系统方案。其中，网络系统技术方案包括：网络专题要求、网络基本要求、网络体系结构要求、网络管理要求、网络安全要求、网络设备选型、网络系统设计说明及操作系统、数据库和服务器等各种平台。

5. 写投标书

按需求分析完成的初步设计方案与系统集成商的经济、经验、技术和人员等资料结合在一起，形成一份完整的标书。

5.1.2 招标方式

1. 公开招标

招标单位通过国家指定的报刊、信息网站或其他媒介发布招标公告，邀请不特定的法人或其他组织投标。一般要求公示20天，必须要求至少3家入围才有效。

2. 邀请招标

邀请招标方式属于有限竞争选择招标，由招标单位向有承担能力、资信良好的设计单位直接发出的投标邀请书的招标。根据工程的大小，一般邀请5～10家参加投标，但不能少于3个以上单位投标，有条件的项目，应邀请不同地区、不同部门的设计单位参加。

3. 竞争性谈判

竞争性谈判是指招标方或代理机构通过与多家系统集成商（不少于3家）进行谈判，最后从中确定最优系统集成商的一种招标方式。这种招标方式要求招标方可就有关工程项目事项，如价格、技术规格、设计方案、服务要求等在不少于3家系统集成商中进行谈判，最后按照预先规定的成交标准，确定成交系统集成商。对于比较复杂的工程项目，采用竞争性谈判方式有利于招标单位选择价格、技术方案、服务等方面最优的集成商。

4. 询价采购

询价采购是指对几个系统集成商（通常至少 3 家）的报价进行比较以确保价格具有竞争性的一种招标方式。询价采购的特点如下。

1）邀请报价的数量至少为3个。

2）只允许系统集成商或承包商提供1个报价，而且不许改变其报价。报价的提交形式，可以采用电传或传真形式。

3）报价的评审应按照招标方公共或私营部门的良好惯例进行。询价采购方式一般适用于金额较小、集成难度较低的工程项目。参与询价采购的集成商原则上也是通过政府采购管理部门通过合法程序认定的供应商。

5. 单一来源采购

单一来源采购是没有竞争的谈判采购方式，是指达到竞争性招标采购的金额标准，但在适当条件下招标方向单一的系统集成商或承包商征求建议或报价来采购货物、工程或服务。通常是所购产品的来源渠道单一或属专利、秘密咨询、属原形态或首次制造、合同追加、后续扩充等特殊的采购。除发生不可预见的紧急情况外，招标方应当尽量避免采用单一来源采购方式。

5.1.3 网络工程招标投标过程

在网络工程的整个招标和投标的工程中，主要包括招标、投标、评标、定标和签订合同几个环节。每个环节都有严格的程序和规则。

1. 发布招标公告或投标邀请书

招标人或招标代理机构在招标公告或投标邀请书中，不得以不合理的条件限制或者排斥潜在投标人，不得对潜在投标人实行歧视待遇。

2. 开标

开标应当在招标文件预先确定的时间和地点公开进行，由招标人主持，邀请所有投标人参加。开标时，检查投标文件的密封情况，当众拆封，宣读投标人名称、投标价格和投标文件的其他主要内容。开标过程应当记录，并存档备查。

3. 评标

评标由招标人依法组建的评标委员会在严格保密的情况下进行，评标委员会按照招标文件确定的评标标准和方法，对投标文件进行评审和比较，确定中标人。

4. 定标

中标人确定后，招标人应当向中标人发出中标通知书，并同时将中标结果通知所有未中标的投标人。中标通知书对招标人和中标人具有法律效力。中标通知书发出后，招标人改变中标结果的，或者中标人放弃中标项目的，应当依法承担法律责任。

5. 签订合同

招标人和中标人应当自中标通知书发出之日起30日内，按照招标文件和中标人的投标文件订立书面合同。同时，招标人应当自确定中标人之日起 15 日内，向有关行政监督部门提交招标投标情况的书面报告。中标人应当按照合同约定履行义务，完成中标项目。不得向他人转让中标项目，也不得将中标项目肢解后分别向他人转让。

5.2 网络工程标书的书写

招标标书是由建设单位编写的用于招标的文档，编制施工招标书必须做到系统、完整、准确、明了。

1. 工程施工招标文件的编制原则

按照国家《工程建设施工招标投标管理办法》有关规定，建设单位施工招标应具备下列条件。

1）依法成立的法人单位。
2）有与招标工程相适应的经济。
3）有组织编制招标文件的能力。
4）有审查投标单位资质的能力。
5）有组织开标、评标、定标的能力。

招标文件必须符合《中华人民共和国合同法》、《中华人民共和国经济法》、《中华人民共和国招标投标法》等多项有关法规；招标文件应准确、详细地反映项目的客观真实情况，减少签约和履约过程中的争议；招标文件涉及投标者须知、合同条件、规范、工程量表等多项内容，力求统一和规范用语；坚持公正原则，不受部门、行业、地区限制，招标单位不得有亲有疏，特别是对于外部门、外地区的投标单位应提供方便，不得借故阻碍；在编制招标技术文件的部分，综合布线系统应作为一个单项子系统分列。

2. 工程施工招标书内容

标书是指招标人向投标人提供的为进行投标工作而告知和要求性的书面性材料，是阐明需要采购货物或工程的性质，通报招标程序将依据的规则和程序，告知订立合同的条件。招标文件应至少包括下列内容：招标公告（或投标邀请函）、投标人须知；招标项目的名称、数量、技术参数、性能（配置）和售后服务要求；投标报价的方式及计算方法；评标的标准和评标的办法；交货、竣工或者提供服务的时间，投标人应当提供的有关资格和资信证明文件；投标保证金的要求；提交投标文件的方式、地点和截止时间，开标、评标、定标的日程安排，采购合同的基本条款及订立方式等。

按照 2003 年 5 月 1 日开始施行的《工程建设项目施工招标投标办法》第 24 条之规定：招标人根据施工招标项目的特点和需要编制招标文件，包括：投标邀请书；投标人须知；合同主要条款；投标文件格式；采用工程量清单招标的，应当提供工程量清单；技术条款；设计图样；评标标准和方法；投标辅助材料。招标人应当在招标文件中规定实质性要求和条件，并用醒目的方式标明。

3. 工程施工招标原则

（1）程序规范

在招标投标活动中，从招标、投标、评标、定标到订立合同，每个环节都有严格的程序、规则，具有法律约束力，当事人不能随意更改。

（2）编制招标、投标文件

在招标投标活动中，招标人必须编制招标文件，投标人必须编制投标文件，招标人组织评标委员会对投标文件进行评审和比较，从中选出中标人。

（3）公开性

招标投标的基本原则是公开、公平、公正，将采购行为置于透明环境中，防止腐败行为的发生。

（4）一次成交

投标人只能一次报价，不能与招标人讨价还价，并以此作为签订合同的基础。

5.3 网络工程投标书的书写

投标人应认真阅读和理解招标文件中对投标文件的要求，以招标文件为依据，编制相应的投标文件。投标人对招标文件的要求如有异议，应及时以书面形式明确说明，在争得招标人同意后，可对其中某些条件进行修改。投标文件一般包括商务部分与技术方案部分，投标人必须对招标文件中的技术要求逐项答复，特别需注重技术方案的描述。若有任何技术偏离，应在投标书中加以说明。

1. 投标文件的商务内容

投标文件商务部分包括以下内容：

1）投标申请书。

2）投标书及其附录。投标书提供投标总价、总工期进度实施表等；附录应包括设备及缆线的到货时间、安装、调试及保修期限，提供有偿或免费培训人数和时间。

3）投标报价书。报价书以人民币为单位报价。工程建设承包商在报价时可以提供1个以上方案，对《报价一览表》中的全部货物和服务的报价应包括劳务、运输、管理、安装、维护、保险、利润、税金、政策性文件规定及合同包含的所有风险（投标保证金）、责任等各项应有费用，备品备件价格单独计列。

4）投标资格证明文件。文件包括营业执照复印件、税务营业证复印件、法人代表证书复印件、建设部和信息产业部有关 DCS 资质、主要技术和管理人员资质、产品厂商授权书和投标者近几年工程业绩。

5）投标产品合格证明。证明包括相关产品的生产许可证复印件、原产地证明、产品性能指标。

6）设计、施工组织计划书。按照招标文件要求写出系统设计方案、施工组织设计、工程施工保证措施和工程测试和验收办法。

2. 投标文件的技术方案内容

技术方案应根据招标文件提出的建筑物平面图及功能划分、信息点的分布情况、布线系统应达到的等级标准、推荐产品的型号、规格和遵循的标准与规范、安装及测试要求等方面应充分理解和思考并做出较完整的论述。技术方案应具有一定的深度，可以体现布线系统的配置方案和安装设计方案，也可提出建议性的技术方案，以供建设单位和评标小组评议。切记避免过多地对厂家产品进行烦琐的全文照搬。对布线系统的图样基本上满足施工图设计的要求即可，应反映出实际的内容，系统设计应遵循下列原则。

1）先进性、成熟性和实用性。
2）服务性和便利性。
3）经济合理性。
4）标准化。
5）灵活性和开放性。
6）集成与可扩展性。

投标文件是承包商参与投标竞争的重要凭证，也是评标、定标和订立合同的依据，投标文件还是投标人素质的综合反映和能否获得经济效益的重要因素。因此，投标人对投标文件的编制应引起足够的重视。

3. 投标书的注意事项

（1）投标书的密封和标记

标明正本、副本字样，注明投标资料表字样。

（2）投标截止日期

不得迟于招标文件规定的日期，但招标人可以修改招标文件中的投标截止日期。

（3）迟交的投标书

买方将拒绝并原封不动退回其规定截止期后收到的任何投标书。

（4）投标书的修改和撤回

只能在截止期前才可以修改和撤回投标书。

4. 影响投标人中标的因素

投标是一个商务过程，系统集成商是否能够中标，主要取决于以下因素。

1）公司实力。
2）技术人员配备情况。
3）是否有同类项目及项目完成情况。
4）提供设备的先进性。
5）与设备供应商的关系。
6）投标总金额。
7）提供的服务和培训情况。
8）维护维修的响应速度。
9）项目进度。

5.4 评标

5.4.1 项目评标组织

评标工作是招投标中重要环节，由招标办、业主、建设单位的上级主管部门、建设单位的财务、审计部门及有关技术专家共同参加，一般由采购部门在预先建立的专家库中抽取5~7名行业专家。评标组织按评标方法对投标文件进行严格的审查，按评分排列次序，将性价比最高的投标单位推荐为中标候选者，以供领导最后选择。为此，评标组织应在评审前编制评标办法，按招标文件中所规定的各项标准确定商务标准和技术标准。

商务标准是指技术标准以外的全部招标要素，如招标人须知、合同条款所要求的格式，特别是招标文件要求的投标保证金、资格文件、报价、交货期等。

技术指标是指招标文件中技术部分所规定的技术要求、设备或材料的名称、型号，主要技术参数、数量和单位，以及质量保证、技术服务等。

5.4.2 项目评标方法

评标的方法目前主要有两种：综合评价法和最低评标价法。

1. 综合评价法

综合评价法能够最大限度地满足招标文件中规定的各项综合评价标准，具体有两种操作方式。

1）专家评议法：主要根据标书中报价、资质、方案的设计和性能、施工组织计划、工程质量保证和安全措施等进行综合评议，专家经过讨论或投票，集中大多数人的意见，选择各项条件较为优良者，推荐为中标单位。

2）打分法：按投标书及答辩中的商务和技术的各项内容采用无记名的方式填表打分，一般采用百分制，统计获取最高的评分单位，即为中标者。评标结束后，评标小组提出评标报告，评委均应签字确认，并将文件归档。

2. 最低评标价法

最低评标价法能够满足招标文件的实质性要求，并且经评审的投标价格最低，但是投标价格低于成本的除外。在严格预审各项条件均符合投标书要求的前提下，选择最低报价单位作为中标者。

3. 项目评标标准

评标的具体标准多种多样，每个项目都有其特点，标准也不尽相同，表5-1和表5-2提供了两种评分标准供参考。

表5-1 评分表（一）

序号	投标单位	技术方案	产品			报价	施工		资质	业绩	培训	售后服务	总分
			指标	可靠性	品牌		措施	计划					
		25	5	5	5	30	5	5	5	5	5	5	100

表5-2 评分表（二）

评标项目	评标细则	得分
投标报价（45）	报价（40）	
	产品品牌、性能、质量（5）	
方案设计（15）	方案的先进性、合理性、扩展性（5）	
	图样的合理性（3）	
	系统设计的合理性、科学性（4）	
	设备选型合理性（3）	

续表

评标项目	评标细则	得 分
施工组织计划（10）	施工技术措施（2）	
	先进技术应用（2）	
	现场管理（2）	
	施工计划优化及可行性（4）	
工程业绩和项目经理（15）	近3年完成重大工程（3）	
	管理能力和水平（3）	
	近3年工程获奖情况（2）	
	项目经理技术答辩（5）	
	项目经理业绩（2）	
质量工期保障措施（5）	工期满足标书要求（2）	
	质量工期保证措施（3）	
履行合同能力（5）	注册资本（1）	
	ISO 9000\14000 等认证（2）	
	重合同、守信用及银行资信证明（2）	
优惠条件（2）	有实质性优惠条件（2）	
售后服务承诺（3）	本地有服务部门（2）	
	客户评价良好（1）	
总分		

目前，一般采用公开评议与无记名打分相结合的方式，打分为 10 分制或 100 分制，具体内容包括技术方案、施工实施措施与施工组织、工程进度、售后服务与承诺、企业资质、评优工程与业绩、建议方案、工程造价、产品推荐、图样及技术资料、文件、答辩、优惠条件、建设单位对投标企业及工程项目考察情况等方面。上述各项内容的分数中，建设单位公开唱分的一般为硬分，评委无记名打分的为活分。其中技术方案、施工组织措施、工程报价所占比例较大。

5.4.3 项目评标注意事项

项目评标中应注意如下内容。

1）投标人假借他人名义投标。一些不具备整体能力和资质的队伍假借他人名义进行投标，一旦它们中标，势必会给工程质量留下隐患。

2）低价招标。低价招标一般出现在建设资金不是很充足的项目中。招标人在这种情况下，必然会制定低标底，或将最佳报价控制在一个低价位置，出现投标人低于成本的报价，而不利于合同的履行和工程质量。

3）恶意投标。恶意投标容易出现在由于某种因素影响将投标人限制在较小的范围内，且采用复合标底的中小工程招标投标中，几家投标人串通后抬高报价，使最终合同价偏高。

4）伪造资料。如果在招标文件中将评标标准阐述得过于具体，一些投标人会在很短的时间内，有针对性地将所欠缺的资料和设备，采用伪造、租赁等手段补齐，难辨其真伪，不能反映该投标人的真正实力。

5.5 项目实训——模拟校园网网络工程建设项目的工作场景

1. 实训目的

理解校园网网络工程项目的工作环境、人员职责、招标过程。

2. 实训内容

根据实训的网络建设要求，提前将学生分组，学生需按照自己的工作角色构思自己的工作，并准备好必要的相关信息、文件、方案等，最后要求每名学生按照自己的角色写出工作过程总结。

3. 实训步骤

1）分组，分别模拟不同角色。以下为具体设置的最少人数，至少 25 人，多者编入网络工程师或技术专家组，具体人员安排如下。

① 用户 2 人：主管 1 人，联系人 1 人。

② A 系统集成公司 5 人：集成部经理 1 人，项目经理 1 人，销售人员 1 人，工程师 1 人，商务人员 1 人。

③ B 系统集成公司 5 人：集成部经理 1 人，项目经理 1 人，销售人员 1 人，工程师 1 人，商务人员 1 人。

④ C 系统集成公司 5 人：集成部经理 1 人，项目经理 1 人，销售人员 1 人，工程师 1 人，商务人员 1 人。

⑤ 招标代理公司 2 人：经理 1 人，工程师或业务员 1 人。

⑥ 专家评委小组 4 人：技术专家 2 人，监督 1 人，用户代表 1 人。

⑦ X 设备厂商销售代表 1 人。

⑧ Y 设备厂商销售代表 1 人。

2）用户提出网络工程建设需求，并与一家系统集成公司沟通。

3）系统集成公司为用户提出初步设计方案建议。

4）用户与招标代理公司联系。

5）招标代理公司组织招标，售卖招标文件。

6）3 家系统集成公司购买标书后，组织人员完成包括设计方案在内的投标文件，并按规定时间投标。期间可向厂商寻求支持。

7）厂商销售代表给系统集成公司提供设备价格及销售授权书，如有必要可向用户宣传产品性能，但不透露价格。

8）招标代理公司组织专家评委小组评标，并推荐招标单位。

9）招标代理公司宣布中标结果，并与招标单位订立合同。

3. 实训要求

每组制作答辩 PPt，选派一名人员参加答辩，接受老师点评。

项目小结

工程施工招标文件编制质量的高低，不仅是投标者进行投标的依据，也是招标工作成败的关键。编制施工招标文件更需系统、完整、准确、明了。投标单位要想在投标竞争中取胜，除了满足招标文件的所有要求、性价比高外，投标书应充分体现投标单位自身的特点，包括工程施工的有效控制，实现质量、进度和造价的保证。投标文件是承包商参与投标竞争的重要凭证，是评标、定标和订立合同的依据，是投标人素质的综合反映和能否获得经济效益的重要因素。投标人对投标文件的编制应引起足够的重视。

习题

1．无论哪一种招标方式，业主都必须按照规定的程序进行招标，要制定统一的（   ），投标也必须按照（   ）的规定进行投标。

2．投标文件一般包括（   ）部分与（   ）部分，特别需要注意（   ）的描述。

3．（   ）是承包商与投标竞争的重要凭证，是评标、定标和订立合同的依据，是投标人素质的综合反映和能否获得经济效益的重要因素。

4．招标文件是投标的主要依据，研究招标文件重点应考虑（   ）。

  A．投标人须知 B．合同条件   C．设计图样 D．工程量

5．查找相关资料，了解网络工程招标投标过程及招标投标书的撰写格式。以某大学为例，为其编写校园网建设招标书，并以某公司的身份编写一份投标书。

6．在投标过程中，有一种情况叫做围标。请查阅资料并回答，什么是围标？它有哪些表现形式？产生围标的原因和后果是什么？

7．《中华人民共和国招标投标法》第 4 条规定：任何单位和个人不得将依法必须进行招标的项目化整为零或者以其他方式规避招标。但有些招标人却以各种手段和方法，达到逃避招标的目的。请问规避招标有哪些危害？一般哪些项目比较容易发生规避招标？

项目 6

网络工程实施

网络工程实施是在网络设计的基础上进行的工作,主要包括软硬件设施的采购,网络软硬件设施和测试系统的安装、配置、调试和培训等。应该保证按系统设计要求,实现网络系统的连接,直至正常运行,并负责网络技术的培训和维护。

由于计算机网络工程必须按照国家或国际标准和相关规范进行施工和验收,因此网络工程的施工方必须组成专门的项目班子,对工程进度和工程质量进行严格的控制和管理。

学习目标

- 了解网络工程实施的组织。
- 掌握网络工程实施步骤。
- 掌握网络设备的调试方法。

工作任务

根据项目 3 规划的校园网网络工程建设方案,制定具体实施方案,完成路由器、交换机等网络设备的安装与调试工作。

知识准备

网络工程建设是一项综合性和专业性均较强的系统工程,涵盖了计算机技术、通信技术和项目管理等多个领域。因此,在进行网络工程建设的过程中,必须严格按照网络工程施工计划的施工进度和施工质量要求有组织地完成整个网络系统的整体建设。网络工程施工的主要工作除了项目 4 介绍的综合布线系统施工以外,还包括网络设备的安装与调试、各种网络服务器的安装与配置,以及应用系统的安装与调试等内容。

6.1 网络工程项目组织

网络工程的施工方为了确保工程项目顺利实施,应该设立一个项目经理,在项目经理下可分设设备材料组、布线施工组、网络系统组、培训组和项目管理组等机构,负责相关的工作,每个小组应设立一名组长。

网络工程的建设方,要设立项目负责人,负责与施工方的协调。

6.1.1 项目班子

1．项目经理

项目经理负责全面的组织协调工作，包括编制总体实施计划、各分项工程的实施计划；负责工程实施前的专项调研工作；负责工程质量、工程进度的监督检查工作；负责对用户的培训计划的实施；负责项目组内各工程小组之间的配合协调；负责组织设备订货和到货验收工作；负责与用户的各种交流活动；负责组织阶段验收和总体项目的验收等。

2．设备材料组

设备材料组负责设备、材料的订购、运输和到货验收等工作。

3．布线施工组

布线施工组负责编制该分项工程的详细实施计划；网络结构化布线的实施；该分项工程的施工质量、进度控制；布线测试，提交阶段总结报告等。

4．网络系统组

网络系统组负责网络设备的验收与安装调试；编制该分项工程的详细实施计划；负责该分项工程的施工质量、进度控制；提交阶段总结报告等。

此外，还需负责网络设备的安装调试；安装调试操作系统、网管系统、计费系统、远程访问和网络应用软件系统；编制该分项工程的详细实施计划；控制该分项工程的施工质量、进度；测试网络系统的单项和整体；提交阶段总结报告等。

5．培训组

培训组负责编制详细的培训计划；负责培训教材的编写或订购及培训计划的实施；负责培训效果反馈意见的收集、分析整理、解决办法；提交培训总结报告等。

6．项目管理组

项目管理组负责管理这项工程的管理数据库；全部文档的整理入库工作；整个项目的质量、进度统计报表和分析报告；项目中所用材料、设备的订购管理；协助项目经理完成协调组织工作和其他工作。

对上述项目班子的人员构成，不同投资规模的系统集成项目，要求由不同的人员构成。

6.1.2 施工进度

计算机网络工程施工主要包括布线施工、设备安装调试、Internet 接入、建立网络服务等内容。它要求有高素质的施工管理人员，有施工计划、施工和装修的安排协调、施工中的规范要求、施工测试验收规范要求等。施工现场指挥人员必须要有较高素质，其临场决断能力往往取决于对设计的理解及布线技术规范的掌握。

在网络安装前，需准备一个工程实施计划，对施工进度进行控制和协调，以便控制投资，按进度要求完成安装任务。对工程项目要科学地进行计划、安排、管理和控制，以使项目按时完工。表 6-1 所示为一个典型的工程实施计划表。

表 6-1 一个典型的工程实施计划

完 成 日 期	主要阶段性成果
××年×日	设计完成,将设计文档的 Beta 版分发送给主管领导、部门经理、网络管理员和最终用户
××年×日	讨论设计文档
××年×日	最终分发设计文档
××年×日	广域网服务供应商在所有建筑物之间完成专用线的安装
××年×日	培训新系统的网络管理员
××年×日	培训新系统的最终用户
××年×日	完成建筑物 1 中的试验系统
××年×日	从网络管理员和最终用户那里收集试验系统反馈信息
××年×日	完成建筑物 2、3、4、5 的网络实施
××年×日	从网络管理员和最终用户那里收集建筑物 2、3、4、5 网络系统的反馈信息
××年×日	完成其余建筑物内的网络实施
××年×日	监控新系统,熊佳庆其是否满足目标

一般来讲,目标、成本、进度三者是互相制约的,其关系如图 6-1 所示。其中,目标可以分为任务范围和质量两个方面。项目管理的目的是谋求(任务)多、(进度)快、(质量)好、(成本)省的有机统一。

通常,对于一个确定的合同项目,其任务的范围是确定的,此时项目管理就演变为在一定的任务范围下如何处理好质量、进度、成本三者的关系。

质量管理的关键是严格按照国家或国际标准进行施工。计算机网络工程施工应该按 ISO 9000 或软件过程能力成熟度模型(CMM)等标准和规范建立完备的质量保证体系,并能有效地实施。网络工

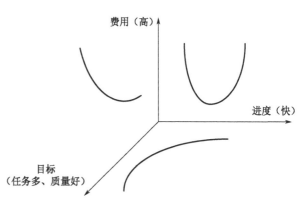

图 6-1 目标、成本、进度三者之间的关系

程施工方应该具有较强的综合实力,有先进、完整的软件及系统开发环境和设备,具有较强的技术开发能力,具有完备的客户服务体系,并设立专门的机构,应该有对员工进行系统的新知识、新技术培训的计划,并能有效地组织实施。

6.2 网络实施前的准备工作

网络系统的实施是指按照网络系统的设计进行网络系统的安装、调试。这些工作是在与客户签订订货和服务合同之后进行的,由售后工程师完成。基本步骤包括准备工作、测试和安装调试、验收、客户培训和售后服务。内容包括网络布线系统的安装与测试,网络设备的安装、配置和调试,服务器、PC 等的安装,操作系统、网络服务的安装和配置,以及一些信息系统软件的安装,其中,最关键的工作是网络互连设备的配置和调试。本项目通过具体案例,介绍如何实施网络互连设备的安装、配置、调试过程。

在实施网络前,做好充分的准备工作和实施规划,对照有序的步骤进行安装调试。

6.2.1 采购设备

首先认真阅读签订的合同，确认付款方式、订货方式和供货时间，通常，在合同签订后，甲方（用户方）预付给乙方（供货方）30%的首付款，乙方收到首付款后开始订货。确认收到首付款后，应立即订购合同约定的所供货物，避免因供货问题影响工程进度。订货后，需要确定厂商设备的到货日期。在订货过程中，如果遇到设备缺货或停产等情况，应及时与用户沟通，商议延期或设备变更方案，并确定合同的补充协议。

例如，某大厦网络合同签订的供货清单如表 6-2 所示。

表 6-2 某大厦网络设备清单

序号	设备名称及型号	规格描述	单位	数量	产地	备注
××× 大厦网络系统设备清单						
核心交换机						
1	WS-6509	Catalyst 6509 chassis 主机	台	1	Cisco/USA	
2	WS-CAC-1300W	Catalyst 6000 1300W AC Power Supply 电源	个	2	Cisco/USA	
3	Supervisor Engine 1A-PFC/MSF2	15Mpps, 32Gb/s, Centralized Layer 2-4 fowarding, Enhanced security and QoS 主板	个	2	Cisco/USA	
4	WS-X6516-GE-TX	16 口 10/100/1000, RJ45, 100m, Category 5 cable 5 类双绞线端口插板	个	1	Cisco/USA	
5	WS-X6416-GBIC	Catalyst 6000 16 口 Gig-Ethernet SFP mod 光纤模块插板	个	1	Cisco/USA	
6	WS-G5484	1000BASE-SX Short Wavelengh GBIC（Multimode only）光纤模块	个	15	Cisco/USA	
7	ST-SC	光纤跳线，10m	对	15	中国台湾	增加
楼层交换机						
1	Cisco Catalyst 2960-48TC-L	48 个以太网 10/100Mbit/s 端口，2 个用上行端口（一个 10/100/1000Mbit/s 和一个 SFP 插槽）	台	15	Cisco/USA	
2	WS-G5484	1000BASE-SX Short Wavelengh GBIC（Multimode only）光纤模块	个	15	Cisco/USA	
3	ST-SC	光纤跳线，2m	对	15	中国台湾	增加
防火墙						
1	PIX 525	PIX Firewall 525 chassis, 2 个 10/100Mbit/s 以太网端口	台	1	Cisco/USA	
2	PIX-1FE	1 个 10/100Mbit/s 以太网端口，RJ45	台	1	Cisco/USA	
3	PIX-CONN-UR	PIX 无限制许可	台	1	Cisco/USA	
4	软件	PIX 软件包	套	1	Cisco/USA	

具有一定规模的公司，通常设有商务部，可直接将订货单交给商务人员，并由它们负责订货。有些公司由主管经理或者项目经理负责订货，极少数情况下由工程师直接订货。无论是哪一种订货情况，网络工程师都应该了解订货情况。

6.2.2 熟悉设计方案

仔细阅读网络设计方案，根据网络拓扑结构图，充分了解设备清单中的每个设备或模块，以及配置网络需要使用的网络技术。在设计方案中一般会对这些设备和技术进行说明。如有不清楚之处，应及时查阅相关资料，并与设计网络的工程师沟通，弄清楚用户的需求和设计方案的思路。

某大厦网络拓扑结构如图 6-2 所示。

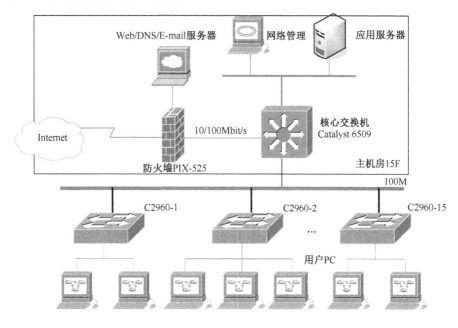

图 6-2 某大厦网络拓扑结构图

网络设计的简单描述：核心交换机位于 15 层的机房设备间，核心交换机通过千兆以太网光纤模块连接到其他楼层交换机（Cisco 2960）；防火墙（PIX-525）安装 3 块网卡，一个连接内网，一个连接外网，另一个用于连接 DMZ 的 Web 服务器等；应用服务器及网络管理 PC 通过以太网端口连接到核心交换机；PC 用户通过以太网端口连接到楼层交换机。使用快速以太网和千兆以太网连接技术连接到网络设备和用户；在所有的交换机上需要使用 VLAN 技术隔离大厦的不同用户单位的网络；在核心交换机上需要使用三层交换机技术实现不同 VLAN 用户间的通信，并通过防火墙配置 NAT 技术实现 Internet 的共享访问；在核心交换机中还需配置 ACL，隔离不同用户之间的访问，但不能影响用户对 Internet 的访问。

网络工程师应对照设备清单（表 6-2），仔细了解这些设备和技术，如果不熟悉这些设备和技术，要认真查阅相关资料，做好充分准备

6.2.3 熟悉布线系统

虽然在设计网络时已经分析了网络布线系统，但是在实施之前还需要进一步考察用户的布线施工现场，结合网络布线系统图，确认设备间位置、环境，以及网络设备的安装位置和连接跳线的长度和数量。

在某大厦的布线系统图中，48 层大楼共设置了 15 个配线间，网络主机房设置在 15 层。以 15 层和 18 层配线间为例，如图 6-3 所示。18 层配线间位于弱电井，安装 1 台 48 口的交换机，通过布线系统连接到 15 层楼的配线间。其中，位于机房的核心交换机与光纤配线架之间的距离约为 8m，可使用 10m 的光纤跳线；位于楼层配线间的交换机与光纤配线架之间的距离

为 1m，可以使用 2m 的光纤跳线。经与用户确认，楼层交换机与模块式配线架之间的 UTP 跳线由布线施工单位负责制作或购买，而光纤跳线则需要网络系统集成公司在购买网络设备时一起购买，所以需要在网络设备清单中增加订购光缆跳线的任务。一条光纤跳线称为 1 对，由 2 根光纤组成，最好订购 2 对备用。

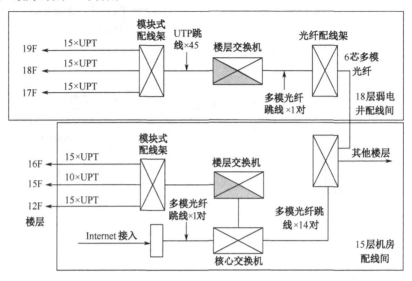

图 6-3　某大厦与楼层机房配线间网络布线连接示意图

6.2.4　规划具体实施方案

在设计方案中已经规划了总体的实施方案，包括项目小组成员及任务分工、施工规划、施工进度表、IP 地址规划表、路由协议选择、工程测试等。但是，设计方案中的规划通常对某些具体内容描述得不够细致。因此，在施工前还应当参照设计方案中的实施规划，进一步列出每个阶段具体需要完成的工作细节。例如，在设计方案中对大厦的总体实施方案规划如下。

1. 项目实现目标

1）实现大厦的计算机网络的主要功能。
2）实现大厦用户共享 ISP 提供的线路访问 Internet。
3）实现 Internet 的计费管理功能。
4）通过配置防火墙，划分 VLAN、设置 ACL 等手段实现网络的安全性。

2. 准备工作

1）勘察设备放置环境（位置、安全、电源、接地）。
2）准备连接电缆和配置工具。
3）布置现场临时办公室。
4）办理现场施工通行证。
5）了解协调人员的联系方式。
6）了解 ISP 的联系方式及提供的服务。

3. 设备清点及测试

1）设备进入现场的管理。
2）甲乙双方同时对设备清点、贴标签、测试，并记录设备清单及测试报告，甲方签字验收。

4. 服务器及 PC 的安装配置

1）安装服务器，安装 Windows Server 2003，设置网络管理员的临时密码。
2）其他应用程序的安装。
3）PC 的安装。

5. 网络设备的安装与配置

1）VLAN 的规划。
2）IP 地址的规划与分配，包括设备管理 IP 地址。
3）确定所有设备的临时密码。
4）Cisco Catalyst 6509 的安装与配置。
5）Cisco Catalyst 2960 的安装与配置。
6）PIX-525 防火墙的安装与配置（包括与 ISP 的连接）。

6. 应用软件的安装调试

1）Cisco Works 网络管理软件的安装。
2）Internet 计费软件的安装与调试。
3）其他应用软件的安装与调试。

7. 联调及综合调试

1）完成最终配置及连接，并启动所有设备。
2）按照实施目标逐一测试，记录报告，由甲方验收。
3）打印设备最终配置清单。

8. 项目完成后工作

项目完成后，整理竣工文档，交接及账款清算，并提供客户培训及售后服务。

对实施方案规划中的一些技术细节补充如下。

（1）VLAN 划分

为了将大厦的每个用户单位所在网络隔离，按照接入大厦网络的用户单位数量设置 VLAN 的数量，将每个用户单位的接入端口分配到一个 VLAN 中。预设 256 个 VLAN 号，能够满足大厦用户的用户数量需求。

（2）IP 地址规划

大厦的内部网络使用私有 IP 地址段 172.16.0.0/16，划分 256 个子网，可提供给每个用户一个子网地址段。172.16.1.0/24 用于大厦的网络管理员使用，其中部分 IP 地址用于网络设备管理 IP 地址。

（3）设备标签

由于楼层交换机型号相同，数量较多，为了便于管理，应按照设备管理 IP 地址规划表制作设备标签。最好使用不干胶粘贴，标签内容包括设备名称标号、管理 IP 地址、配线间楼层和连接光纤配线架端口号。

（4）网络设备配置规划

首先，测试网络设备，并查看设备的 OS 版本号，根据需要可对系统进行升级。然后，搭建设备互连模拟环境，并配置每台设备。最后，将设备上架安装，并进行测试。各设备的配置内容如下。

1）核心交换机：按照 IP 地址规划，设置管理 IP 地址；划分 VLAN；设置与楼层交换机连接的光纤端口为 Trunk；设置交换机 VTP 模式为服务器模式，以便能够向其他交换机传递 VLAN 信息；为了减轻用户配置管理工作组的负担，设置每个端口的 IP 地址；设置每个网段到防火墙的默认路由；设置特权用户临时密码。

2）楼层交换机：按照 IP 地址规划，设置管理 IP 地址；设置交换机 VTP 模式为客户模式，以便能够通过核心交换机自动获得 VLAN 信息；设置与核心交换机连接的光纤端口为 Trunk；设置特权用户临时密码。

3）防火墙：设置内网和外网端口的 IP 地址；设置内网和外网端口的安全级别；设置 NAT 地址转换；设置访问外网的默认路由；设置特权用户临时密码为 Cisco。由于防火墙与外网连接，配置的公网 IP 地址需要从提供 Internet 接入的 ISP 处获得。

6.3 网络设备的配置与调试方法

在订货期间，如果对设备的配置和调试方法不熟悉，应仔细查阅设备厂商的相关技术资料，做好准备。设备到货后，再仔细查看设备厂商的安装说明书和配置指南，熟悉设备的安装方法和配置命令等。设备的基本配置方法如下。

6.3.1 网络设备的配置方法和途径

非网管交换机没有内置操作系统，不需要配置，可以直接使用。可网管交换机或路由器内置了专用的操作系统，需要进行配置，设置必要参数，才能充分运用网络技术实现其强大的网络功能。

1. 配置方法

尽管不同厂商或不同型号的产品可能会采用不同配置方法或命令，但它们总有一些共同之处，包括交换机在内的网络设备常见的配置方法有：开机对话方式配置、基于 Web 的配置、网络管理软件配置和命令行方式配置等。设备产品可能会全部支持或部分支持这些配置方法，详细的配置方法或命令需要参考厂商提供的产品安装配置指南。

通过命令行方式配置实际上就是直接操作网络设备中内置的 OS，这种方法与其他方法相比，由于需要记住一些操作命令，对于初学者而言比较困难，但是一旦掌握之后，配置时简单、方便、灵活，调试时准确、稳定。

2. 配置途径

配置网络设备的途径主要分为两大类：一类是使用终端通过串行通信方式连接到网络设备，然后通过命令行方式配置，例如，连接网络设备的 Console 端口，或者 AUX 端口；另一类是通过 IP 网络连接，例如，通过网络设备的以太网端口将设备连接到 IP 网络，然后使用 PC 通过 Web、Telnet 等方式连接到网络设备，使用 Web 或命令行等方式配置。

3. 使用超级终端连接到网络设备

由于新购的网络设备在默认情况下只能通过连接设备的 Console 口连接，利用超级终端进行配置，因此通过 Console 口配置网络设备显得尤其重要。一般使用 Windows 系统的超级终端，通过计算机的 RS232 串行口建立与网络设备的通信。注意：不同网络设备的通信参数值可能不同，配置时可以参考设备厂商公布的配置说明书进行具体设置。

6.3.2 基本配置命令

大部分厂商的网络设备提供了命令行方式的配置方法，通过命令操作设置网络设备的参数，是操作网络设备中的操作系统的最直接最有效的方法。由于各厂商设备的操作系统都具有自有的知识产权，虽然这些操作系统有相似之处，但不能通用。当配置和操作某个厂商的网络设备时，需要了解该厂商设备的操作系统命令。要想掌握所有厂商设备的操作系统命令是很困难的，也没有必要，因为这些配置命令很相似，只需掌握一两种常用设备的操作命令，并能够深入理解，就会很容易学会其他设备操作系统的命令。

著名的 Cisco 厂商特有的 IOS 是一种技术较为成熟的网络设备操作系统，很多厂商设备的操作系统学习和借鉴了 Cisco 的 IOS。例如，国内的锐捷网络设备厂商使用的设备操作系统 RGNOS 的绝大部分命令与 Cisco 的 IOS 命令相同，华为-3COM 厂商的设备配置命令也有很多与 Cisco 的 IOS 命令相似。掌握并理解了 Cisco 的 IOS 命令行的配置，其他厂商的命令行配置也就不难理解和使用了。下面以 Cisco 的 IOS 为例，介绍命令行配置的基本配置命令，详细的配置命令解释，请参考厂商的设备软件配置使用说明。

在命令行配置中，为了限定操作权限或参数的作用范围，在网络设备的操作系统中设置了不同级别的配置模式，用户必须在适当的配置模式下才能使用相应的配置命令。cisco 设备有 4 种主要配置模式如表 6-3 所示。在输入命令时，应注意不同配置模式的提示符。

表 6-3 配置模式

配 置 模 式	提 示 符	接入下一级需要使用的命令	返回上一级
普通用户模式	>	enable	exit
特权用户模式	#	config t	exit
全局配置模式	（config）#	interface	exit
端口配置模式	（config-if）#		exit

6.3.3 基本调试命令

完成配置后，如果配置正确，则会得到满意的结果。但是，偶尔也会正确，尤其是初学者，经常会出现各种配置错误，如输入命令的字符错误、命令输入的配置模式错误、参数设置错误等，如果这些错误能及时发现并改正，不会影响配置结果，否则，最后就要详细检查每一步的操作，并纠正错误。因此，用户必须掌握一些基本的网络调试命令和故障排除方法，这些命令和方法能够帮助用户轻松解决绝大多数的网络配置问题。

由于网络故障排除所涉及的知识和技能面较广，因此不仅需要学习专门的课程，还需要不断在工程实践中积累经验。这里仅介绍一些基本的调试命令及简单的故障排除知识，通过这些方法，能解决大部分网络故障问题，如果还不能排除故障，则需要请教经验丰富的网络工程师。

1. show run

当完成一些配置命令的输入后,这些配置立即生效,并记录在当前运行的配置文件中,实际上是保存在内存中,通过命令 show run 可以查看这个配置文件。

通过仔细检查配置文件的每一行,能够判断这些参数设置是否正确和合理。如果发现需要设置的参数没有进行配置,可以通过命令行方式进行配置;如果存在错误配置,则使用命令重新配置;如果存在多余配置,可在原配置命令前加上 no,删除该配置。

2. Ping

Ping 命令用于测试网络的连通性,是最常用的网络调试命令。Ping 可以用在网络设备中,测试网络设备端口之间、设备与网络主机之间的网络连通性;Ping 也可以用在网络主机系统中,测试网络主机之间、网络主机与网络设备端口之间的网络连通性。

在 Windows 系统中,需要发送连续的 Ping 数据包来测试网络的性能,需在 Ping 命令的后面加上参数"-t",如果要停止 Ping,需键入组合键 Ctrl+C。

在网络设备中利用 Ping 命令的扩展功能,可以测试网络连通的稳定性,在工程中,经常设定一次发送一万个数据包,测定网络的数据传输稳定性。

3. show interface

查看端口状态信息,确认端口是否开启、IP 地址配置是否正确等,有助于分析绝大部分的网络故障问题。

6.3.4 基本的故障排除方法

网络故障排除,关键在于找到故障位置。网络故障排除通常采用结构化法,故障排除的结构化顺序如图 6-4 所示。物理层是网络中最低、最基本的层,多数网络故障发生在这里,经验表明,35%的故障出现在物理层。遇到网络不通时,首先要检查物理层,很多网络工程人员往往忽视这一点,用大量时间调试上层,结果浪费了太多的时间和精力,确保物理层的正常工作是实现网络连通的首要任务。

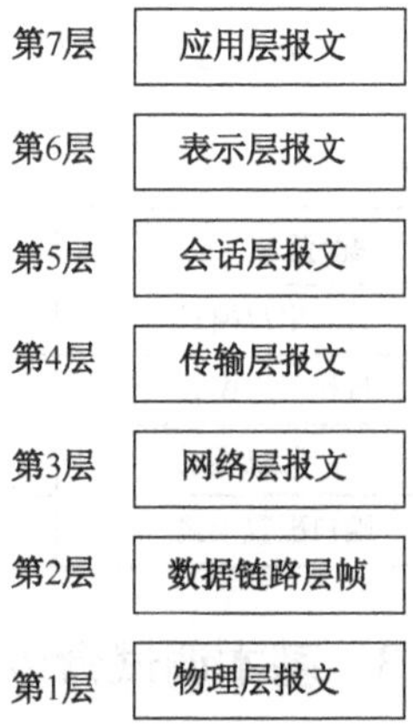

物理层主要检查电缆、电源、连接端口、连接设备的硬件故障。观察开关、指示灯、接口状态等,物理层的问题很容易判断,只是经常被很多人忽略。关于线缆的问题,我们能够自行解决,设备硬件故障则需要专门维修。

如果物理层没有发现问题,则检查网络的第 2 层、第 3 层。这需要进入网络设备的系统,通过软件配置命令检查。检查的内容包括端口 IP 地址设置、封装协议、带宽设置、路由协议的配置、路由表的建立等。

第7层	应用层报文
第6层	表示层报文
第5层	会话层报文
第4层	传输层报文
第3层	网络层报文
第2层	数据链路层帧
第1层	物理层报文

图 6-4 故障排除的结构化顺序

6.4 配置网络设备

安装前,需要对所有网络设备进行加电测试,然后搭建设备运行的模拟环境,并预先配置好每台设备,完成基本的功能调试。上架安装后,再进行全部设备的联调和功能测试。配置和调试时，应及时记录必要的数据，并整理好文档，做好验收准备。

6.4.1 测试设备

设备到货后，应及时运送到用户的工作场地，由用户签收并统一保管。公司技术人员应在用户认可的情况下开箱检查和测试设备。如果甲方允许，设备的开箱测试工作也可在送货前进行。测试时，如果发现设备故障，应及时与厂商联系更换。设备测试的基本步骤如下。

1. 外观检查

检查设备的外观，确认有无破损。

2. 加电检查

接通电源，检查每台设备的开机状态，确认能够正常开机。

3. 检查插板和模块

在断电情况下，安装设备的端口模块，然后依次开机检查，确认插板、模块端口等工作是否正常。例如，检查插板和模块，交换机 Catalyst 6509 具有 9 个插板插槽，购买了两块引擎主板，一块是 16 端口光纤模块插板，另一块是 16 端口 10/100/1000Mbit/s RJ45 双绞线连接插板。将两块插板安装到主机的插板插槽内，然后加电测试。

4. 通过终端方式检查

分别连接每台设备的 Console 口，通过终端方式查看启动过程、模块和端口情况，并检查设备的 OS 版本号。新购置的厂商设备的 OS 版本号通常较新，如果版本较低，则需要进行升级。

5. 记录设备序列号并粘贴标签

在测试每台设备时，记录设备的出厂序列号（S/N），并按照实施方案的规划，粘贴标签，标签中标注设备编号和管理 IP 地址。这样，不仅在安装时容易区分，在安装后也易于管理和维护。

6.4.2 配置每台设备

首先集中摆放安装的设备，按照设计的网络连接拓扑图，通过网络跳线或光纤跳线将设备连接起来，并连接必要的测试 PC 和服务器，搭建设备的模拟实际运行环境。然后，在这个模拟环境中进行配置和调试。

配置过程中的注意事项如下。

1）按照网络拓扑图连接设备，确保设备连接端口准确无误。
2）正确配置接口 IP 地址，使用 Ping 命令进行相邻结点之间的连通性测试。
3）在配置 VLAN 时，不要将端口错误地划分到其他 VLAN 中；在删除 VLAN 时，一定要先将端口移至其他 VLAN 中，再执行删除操作。
4）若涉及 STP 的配置，则应首先将构成环路的端口关闭，配置正确后再将端口启用。
5）配置路由协议，确保全网互连互通。

6）在网络连通的基础上，在安全设备、路由交换设备上完成安全策略的配置。

7）若遇到相同设备配置类似的情况，则可以先建立脚本文件（.txt），然后粘贴到主机中，提高配置效率。

6.5 项目实训——校园网网络工程设备配置与调试

1. 实训目的

掌握网络实施的步骤，提高网络设备的调试能力。

2. 实训内容

根据实训的网络建设要求，参照逻辑网络设计说明书和物理网络设计说明书，完成本项目网络工程设备的安装与调试。

3. 实训步骤

1）分组，分别模拟不同角色，并承担相应的配置任务。

2）按照网络拓扑图连接设备，确保设备连接准确无误。

3）配置接口 IP 地址，测试网络连通性。

4）配置 VLAN，并检查 VLAN 是否配置正确。

5）配置 STP。

6）配置路由协议，检查设备路由是否正确。

7）在安全设备、路由交换设备上配置安全策略。

4. 实训要求

1）保存并整理每个设备的最终配置文件。

2）能够实现用户需求功能的测试结果（截图）。

3）每组制作答辩 PPT，选派一名人员参加答辩，接受老师点评。

项目小结

本项目详细描述了一个网络工程项目实施的基本条件和网络工程项目实施的保障形式，从工程应用的角度探讨了一个网络工程项目的实施步骤和调试技巧。

习 题

根据图 6-5，完成相应的配置。某知名外企 ABC 公司步入中国，在北京建设了自己的国内总部。为满足公司经营、管理的需要，现在建立公司信息化网络。总部办公区设有市场部、财务部等 4 个部门，并在异地设立了两个分部，为了业务的开展需要安全访问公司总部的内部服务器。

网络工程实施 项目 6

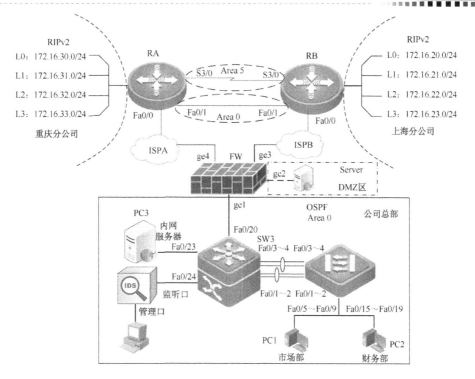

图 6-5 某企业的网络

根据这个企业的建网的需求，某系统集成公司进行网络规划和部署。为了确保部署成功，前期进行仿真测试。测试环境包括了 1 台防火墙、1 台 IDS、2 台路由器、1 台三层交换机、1 台二层交换机、1 台服务器及 2 台测试主机。

请根据以下要求在网络设备上进行实际操作，完成网络物理连接、IP 地址规划、VLAN 规划与配置、VPN 配置、路由协议、网络安全与可靠性等配置任务。

1. 网络物理连接。

（1）制作双绞线：按 568B 的标准，制作适当长度的 14 条网线（含一条交叉线），并验证无误。

（2）拓扑连接：根据网络拓扑图，用自行制作的网线和串口连接线，将所有网络设备与主机连接起来。

2. VLAN 基本配置及用户 IP 地址分配。

（1）根据表 6-4，配置接口 IP 地址，并严格按照拓扑图所示的设备名进行命名。

表 6-4 IP 地址及 VLAN 分配列表

设 备	名 称	接 口	IP 地址	备 注
二层交换机	SW2	VLAN10（市场部）		Fa0/5~9 为 VLAN10 的 Access 口
		VLAN20（财务部）		Fa0/15~19 为 VLAN20 的 Access 口
三层交换机	SW3	VLAN10	192.168.11.254/24	用作 VLAN10 用户的网关
		VLAN20	192.168.21.254/24	用作 VLAN20 用户的网关
		Fa0/20	192.168.1.2/30	
		Fa0/23	192.168.30.254/24	

171

续表

设备	名称	接口	IP地址	备注
路由器	RA	Fa0/0	19.1.1.1/30	
		Fa0/1	19.1.1.9/30	
		S3/0	19.1.1.13/30	
		tunnel1	172.16.1.1/30	对应 RA 的 Fa0/1 以太网链路
		tunnel2	172.16.1.5/30	对应 RA 的 S3/0 串行链路
路由器	RB	Fa0/0	19.1.1.5/30	
		Fa0/1	19.1.1.10/30	
		S3/0	19.1.1.14/30	
		tunnel1	172.16.1.2/30	对应 RB 的 Fa0/1 以太网链路
		tunnel2	172.16.1.6/30	对应 RB 的 S3/0 串行链路
防火墙	FW	ge1	192.168.1.1/30	
		ge2	19.1.1.17/30	
		ge3	19.1.1.6/30	
		ge4	19.1.1.2/30	
入侵监测系统	IDS	管理口	192.168.1.5/30	
服务器	PC3	NIC	192.168.30.2/24	网关 192.168.30.254/24
	Server	NIC	19.1.1.18/30	网关 19.1.1.17/30
计算机	PC1	NIC	自动获取	分配 VLAN10 网段地址
	PC2	NIC	自动获取	分配 VLAN20 网段地址

（2）为了做到公司总部各部门的二层隔离，需要在交换机 SW2 上创建两个 VLAN，根据 IP 地址及 VLAN 分配列表完成 VLAN 配置和端口分配；为了便于管理，每个 VLAN 按照部门名称的汉语拼音全拼进行命名。

（3）为了降低成本和手工配置主机 IP 地址的工作量，公司总部的网络管理员将 SW3 作为 DHCP 服务器，为 VLAN10、VLAN20 所在的客户端动态分配 IP 地址，地址池为 192.168.x.1～192.168.x.199，网关地址为 192.168.x.254，192.168.x.200～192.168.x.254（本题中的 x 为 10、20）不允许分配给客户端。

3. 链路的冗余和负载均衡配置。

（1）为了保障 SW3 和 SW2 网络链路带宽和实现负载均衡，配置 SW3 和 SW2 相连的端口 Fa0/1~2、Fa0/3~4 为聚合端口 1 和聚合端口 2；并使用合适的负载均衡算法，配置通过 SW3 和 SW2 之间聚合链路 1 和聚合链路 2 上的流量具备负载均衡功能。

（2）为了保障二层链路的冗余和环路避免，需要在 SW2、SW3 上通过调整 STP 相关参数，确保 SW3 为根交换机，SW2 的聚合端口 1 为根端口。在 SW3 上调整 STP 的覆盖直径为 2，在 SW2 上起用 BPDU Filter，以防止 BPDU 被发送到其他交换机；设置所有连接 PC 的端口为边缘端口，并开启 BPDU Guard，防止下联普通交换机发生环路问题。

4. 路由功能配置。

（1）公司总部使用 OSPF 协议，SW3 的 Router ID 设置为 0.0.0.3，用于建立通往内部网络中各个子网的传输路径的路由项。

（2）重庆分公司和上海分公司的内部运行 RIPv2，重庆分公司和上海分公司之间的公网部分运行 OSPF 协议，路由器 RA 的 Router ID 配置为 2.2.2.2，RB 的 Router ID 配置为 3.3.3.3。

（3）总公司出口防火器上采用 ISP A 和 ISP B 的双线路，要求符合 ISP A 路由表（59.16.0.0/13）的使用 ISP A 线路，其余的使用 ISP B 线路。当 ISP A 或 ISP B 中的任何一条链路不可用时，能够自动切换至可用链路上。

（4）在防火墙上配置 OSPF 协议，区域 ID 为 0，Router ID 为 0.0.0.4，宣告网段为 192.168.1.0/30，并且启用基于接口 ge1 的 MD5 认证功能，在 SW3 上配置基于接口 Fa0/20 的 MD5 认证功能，认证密码为 123456。

5. **安全管理功能配置。**

（1）为保障接入层安全，需在接入层交换机 SW2 上配置端口安全，限制主机的最大连接数为 1，并要求 SW2 的 Fa0/10 端口只允许 PC2 接入，否则关闭端口，对于违例关闭的端口，应有自动恢复的措施。

（2）由于已在 SW3 上部署了 DHCP 服务器，考虑到网络中会存在 DOS 攻击，需要在 SW2 上配置 DHCP Snooping，并要求 DHCP Snooping 每隔 15min 自动写入绑定信息。

（3）重庆分公司和上海分公司使用 NAT 技术，实现内部用户使用 RA 和 RB 的外部接口（Fa0/1）的 IP 地址访问互联网资源，并且为了保障网络资源的合理利用，需要内部用户在工作日的上班时间才能访问互联网。）

（4）由于重庆分公司和上海分公司之间需要传输机密数据，为了保障业务数据在互联网传输的安全，使用 GRE over IPSec 技术对数据进行加密。其中，指定加密算法为 3DES，Hash 算法为 MD5，DH 组标识为 2，预共享密钥为 123456，变换集采用 ESP-3DES、ESP-MD5-HMAC 方式，GRE 隧道能够运行 RIPv2。

（5）为保障网络路由协议更新数据的安全，在 RA 和 RB 的 Area 0 内运行 OSPF 协议时，采用基于接口的 MD5 认证方式，口令为 cqtxds。

（6）在 FW 上实现总公司内网用户必须经过 Web 认证成功后才能访问 Internet；内网用户访问外网的 URL 日志和会话日志均被记录在日志服务器（PC3）中；并能使外地出差的同事能够通过 PC 拨入总公司的 L2TP VPN 来访问内网服务器（PC3）上的资源。

（7）网络黑客在 RA 的内网 172.16.30.0/22 网段内使用 IP 地址 19.1.1.18/30 来冒充服务器的 IP 地址 19.1.1.18/30（服务器位于防火器 FW 的 DMZ，该服务器可由测试主机 PC2 来模拟）向外发送报文，这样源 IP 报文的回应报文最终会路由到位于防火器 FW 的 DMZ 的服务器 Server 上，对 Server 形成攻击。如果在 RA 应用 URPF，提取源 IP 地址 19.1.1.18/30 进行选路判断，这样的攻击报文将会被丢弃。请在 RA 的 Fa0/0 上配置严格 URPF，不匹配默认路由，并对反向查找失败的数据匹配 ACL。

（8）在 IDS 上配置管理口的 IP 地址为 192.168.1.5/30，在 SW3 上配置 Fa0/24 接口为目的镜像端口，其余接口为镜像源端口，在 IDS 上能够实现对 PC1 发送数据包大小为 30000 字节 ping 包至 PC2 的实时监控功能。

6. **路由优化配置。**

（1）RA 作为重庆分公司的接入路由器，当 Fa0/1 接口工作时，需要对以下流分类采用 LLQ 机制进行带宽保障，并对相应的流量进行标记，由于路由信息和控制信息的传输，对于生产网段（172.16.31.0）流量要保障 45%带宽，设置 IP 优先级为 4；对于办公网段（172.16.33.0）流量，保障 50%带宽，设置 IP 优先级为 2。

（2）在 RA、RB 上做路由过滤，使得在 RA 上没有 172.16.x.0（x 为 20、22）的路由条目，在 RB 上没有 172.16.x.0（x 为 31、33）的路由条目。

（3）为了防止线路出现问题而导致用户业务中断，采用主备工作方式，在 RA 和 RB 之间的以太网线路提供了备份的串行线路，在主线路正常的情况下，备份线路的端口处于 down 状态；当主线路出现故障时，备份线路在 3s 后进行自动切换为 up 状态，并且在主线路恢复正常 3s 后自动切换为 down 状态。

项目 7

网络工程测试与验收

网络工程测试与验收是网络工程建设的最后一环，是全面考核工程的建设工作、检验工程设计和工程质量的重要手段，它关系到这个网络工程的质量能否达到预期设计的指标。网络工程测试主要分为布线系统测试、网络系统测试、应用服务系统测试、网络安全系统测试、网络管理系统测试等，其中，布线系统测试一般在系统集成测试之前就已完成，网络工程验收是对网络工程施工工作的认可，检查工程施工是否符合设计要求和符合有关施工规范。

学习目标

- 了解网络工程测试规范和标准。
- 掌握网络工程测试的方法。
- 掌握网络工程验收流程及其验收内容。

工作任务

本项目在项目 6 的基础上，进一步完成网络底层架构测试、网络系统测试和应用系统测试等工作任务。

知识准备

在完成项目6后，进入测试阶段，为项目的最后验收做准备。项目必须通过严格的测试后，各项技术指标符合项目设计要求，才能申请项目验收，验收合格后方可竣工。为了讨论方便，这里将本项目的测试分为网络系统测试和应用系统测试，不涉及所有设备的物理测试内容。

7.1 网络工程测试概述

网络工程测试是依据相关的规定和规范，采用相应的技术手段，利用专用的网络测试工具，对网络设备及系统集成等部分的各项性能指标进行检测的过程，是网络系统验收工作的基础。在网络工程实施的过程中，要严格执行分段测试计划，以国际规范为标准，在一个阶段的施工完成以后，要采用专用测试设备进行严格测试，并真实、详细、全面地写出分段测试报告及总体质量检测评估报告，及时反馈给工程决策组，作为工程的实时监控依据和工程完工后的原始备查资料。

7.1.1 网络工程测试前的准备工作

在进行网络工程的测试前,需要有前期准备,主要包括以下内容。

1)综合布线工程施工完成,且严格按工程合同的要求及相关的国家或部委颁布的标准整体验收合格。

2)成立网络测试小组。小组的成员主要以使用单位为主,施工方参与(如有条件,可以聘请从事专业测试的第三方参加),明确各自的职责。

3)制定测试方案。双方共同商讨,细化工程合同的测试条款,明确测试所采用的操作程序、操作指令及步骤,制定详细的测试方案。

4)确认网络设备的连接及网络拓扑符合工程设计要求。

5)准备测试过程中所需要使用的各种记录表格及其他文档材料。

6)供电电源检查。直流供电电压为 48V,交流供电电压为 220V。

7)设备通电前的常规检查,如设备应完好无损、各种设备的选择开关状态、各种文字符号和标签应齐全正确,粘贴牢固等。

7.1.2 网络工程测试与验收标准及规范

网络工程测试与验收工作采用的主要标准及规范如下。

1)《路由器测试规范——高端路由器》(YD/T 1156—2001):本规范主要规定了高端路由器的接口特性测试、协议测试、性能测试、网络管理功能测试等,自 2001 年 11 月 1 日起实施。

2)《以太网交换机测试方法》(YD/T 1141 2007):本标准规定了千兆位以太网交换机的功能、测试、性能测试、协议测试和常规测试,自 2008 年 1 月 1 日起实施。

3)《接入网设备测试方法——基于以太网技术的宽带接入网设备》(YD/T 1240—2002):本标准规定了对于基于以太网技术的宽带接入网设备的接口、功能、协议、性能和网管的测试方法,适用于基于以太网技术的宽带接入网设备,自 2002 年 11 月 8 日起实施。

4)《IP 网络技术要求——网络性能测量方法》(YD/T 1381—2005):本标准规定了 IPv4 网络性能测量方法,并规定了具体性能参数的测量方法,自 2005 年 12 月 1 日起实施。

5)《公用计算机互联网工程验收规范》(YD/T 5070—2005):本规范主要规定了基于 IPv4 的公用计算机互联网工程的单点测试、全网测试和竣工验收等方面的方法和标准,自 2006 年 1 月 1 日起实行。

7.2 网络系统测试

网络系统测试是进行工程监理服务、网络故障测试服务和网络性能优化服务的基础,主要包括性能测试和功能测试。

7.2.1 网络系统性能测试

测试网络中的各种情况,包括网络设备、服务器、路由器、交换机、网卡等质量问题,设备互连的参数和端口设置问题,系统平台、协议的一致性问题,以及网络容量(传输速率、带宽、时延)问题,可能对网络造成的不利影响。

1. 系统连通性

用测试工具对网络的关键服务器、核心层和汇聚层的关键网络设备（如路由器和交换机）进行 10 次 ping 测试，每次间隔 1s，以测试网络连通性。测试路径需要覆盖所有的子网和 VLAN。以不低于接入层设备总数 10%的比例进行抽样测试，少于 10 台设备的，全部测试；每台抽样设备中至少选择一个端口，即测试点，测试点应能覆盖不同的子网和 VLAN。合格与否的判断依据是，测试点到关键服务器的 ping 测试连通性达到 100%时，就判断测试点符合要求。

2. 链路传输速率

在进行链路传输速率测试时必须在空载时进行，对核心层的骨干链路，应进行全部测试；对汇聚层到核心层的上连链路，应进行全部测试；对接入层到汇聚层的上连链路，以不低于 10%的比例进行抽样测试；链路数不足 10 条时，按 10 条进行计算或者全部测试。

3. 吞吐率

建立网络吞吐率测试结构。测试必须在空载网络下分段进行，包括接入层到汇聚层链路、汇聚层到核心层链路、核心层间骨干链路，以及经过接入层、汇聚层和核心层的用户到用户链路。对核心层的骨干链路和汇聚层到核心层的上连链路，进行全部测试。对接入层到汇聚层的上连链路，以 10%的比例进行抽样测试；链路数不足 10 条时，按 10 条进行计算或者全部测试。对于端到端的链路（即经过接入层、汇聚层和核心层的用户到用户链路）以不低于终端用户数量 5%的比例进行抽样测试，链路数不足 10 条时，按 10 条进行计算或者全部测试。

另外，还有对网络的传输时延、丢包率以及以太链路层健康状况进行测试，要求测试数据符合要求。

7.2.2 网络系统功能测试

（1）VLAN 功能

主要查看 VLAN 的配置情况，同一 VLAN 以及不同 VLAN 在线主机连通性；检查地址解析表，如果仅能解析出本网段的主机 IP 地址对应的 MAC 地址，则说明虚拟网段划分成功，本网段主机不能接收到其他网段的 IP 广播包。

（2）DHCP 功能

首先在局域网系统中启用 DHCP 功能；然后将测试主机设置成自动获取 IP 地址模式；重新启动计算机，查看它是否自动获得了 IP 地址及其他网络配置信息（如子网掩码、默认网关地址、DNS 服务器等）。

对于测试计算机所连接用户端口的选择，以不低于接入层用户端口数量 5%的比例来进行抽查；端口数不足 10 个时，全部测试。如果测试计算机能够自动从 DHCP 服务器中获取 IP 地址、子网掩码和默认网关地址等网络配置信息时，则判定系统的 DHCP 功能符合要求。

（3）设备和线路备份功能

首先用测试计算机向测试目的结点发送 ping 包，查看它们之间的连通性；然后人为关闭核心层网络主设备电源，查看备份设备是否启用，测试计算机和目的结点之间的连通性；最后人为断开主干线路，查看备份线路是否启用，测试计算机和目的结点之间的连通性。应对所有核心网络设备和主干线路的备份方案进行全面测试，备份功能正常与否主要看 ping 测试是否在设计规定的切换时间内能够恢复其连通性。

7.3 应用系统测试

应用系统测试主要包括物理连通性测试、基本功能测试,网络系统的规划验证测试、性能测试、流量测试等。

7.3.1 物理测试

物理测试主要是对硬件设备及软件配置进行测试,如服务器、磁盘阵列等;首先要查看设备型号是否与订货合同相符合,然后测试加电后系统是否正常启动,最后查看附件是否完整。

7.3.2 网络服务系统测试

网络服务系统测试主要是指各种网络服务器的整体性能测试,通常包括完整性测试和功能测试两个部分。具体的测试方法和正确测试结果如表 7-1 所示。

表 7-1 网络服务系统测试方法与正确测试结果

测试项目	测试内容		测试方法	正确结果
Web 系统的测试	系统完整性	硬件配置	检查主机外观是否完整	设备外观无损坏
		网络配置	重新启动主机,在开机自检阶段,查看机器的系统参数	系统正常启动,硬件配置与订货信息一致
		系统启动	启动操作系统,进行登录	顺利进入 Windows 登录界面
	HTTP 访问	本地访问	在本地机器上使用 IE 访问本机主页	能够正常访问
		远程访问	在远程机器上使用 IE 访问本机主页	能够正常访问
DNS 系统的测试	系统完整性	硬件配置	检查主机外观是否完整	设备外观无损坏
		网络配置	重新启动主机,在开机自检阶段,查看机器的系统参数	系统正常启动,硬件配置与订货信息一致
		系统启动	启动操作系统,进行登录	顺利进入 Windows 登录界面
	域名解析	本地解析	在本地机器上使用 nslookup 命令测试相关域名	能够正常解析
		远程解析	在远程机器上使用 nslookup 命令测试相关域名	能够正常解析
FTP 系统的测试	系统完整性	硬件配置	检查主机外观是否完整	设备外观无损坏
		网络配置	重新启动主机,在开机自检阶段,查看机器的系统参数	系统正常启动,硬件配置与订货信息一致
		系统启动	启动操作系统,进行登录	顺利进入 Windows 登录界面
		系统管理	在本地机器上使用管理工具查看 FTP 服务器是否正常	正常
	FTP 访问	本地访问	在本地机器上使用 IE 访问本地 FTP 服务器	能够正常登录,且能正常上传下载数据
		远程访问	在远程机器上使用 IE 访问本地 FTP 服务器	能够正常登录,且能正常上传下载数据
E-mail 系统的测试	系统完整性	硬件配置	检查主机外观是否完整	设备外观无损坏
		网络配置	重新启动主机,在开机自检阶段,查看机器的系统参数	系统正常启动,硬件配置与订货信息一致

续表

测试项目	测试内容	测试方法	正确结果
E-mail 系统的测试	邮件收发	在远端电脑上使用IE访问本地服务器 http://mail.xas.sn/admin/	显示管理界面登录
		正确登录后建立两个新用户test1、test2并设置相关参数后退出	用户建立成功
		使用新建的test1用户登录后检查相关参数	登录成功，参数正确
	收发邮件测试	向上级管理部门申请一个邮件服务器账号 temp@xas.sn，向 test1@xas.sn 发新邮件	本域test账号收到sn域发来的邮件
		在本域邮件服务器上以test1用户登录并向外域用户 temp@xas.sn 发新邮件	在sn域以temp账号0登录并检查邮件，收到xas.sn域发来的邮件

7.3.3 网络系统测试

网络系统测试主要包括网络设备测试和网络系统的功能测试，其目的是保证用户能够科学和公正地验收供应商提供的网络设备和系统集成商提供的整套系统，也是故障的预测、诊断、隔离和恢复的最常用手段。

1．网络设备的测试

网络设备的测试主要包括交换机的测试、路由器的测试等。具体测试内容和测试方法如表 7-2 所示。

表 7-2 网络设备测试内容与测试方法

测试项目		测试内容	测试方法
交换机测试	物理测试	测试加电后系统是否正常启动	用 PC 通过 Console 线连接交换机上，或 Telnet 到交换机上，加电启动，通过超级终端查看路由器启动过程，输入用户及密码进入交换机
		查看交换机的硬件配置是否与订货合同相符合	使用 show version 命令
		测试各模块的状态	使用 show mod 命令
		查看交换机 Flash Memory 使用情况	使用 dir 命令
		测试 NVRAM	在交换机中改动其配置，并写入内存，使用 write 命令 将交换机关电后等待 60s 后再开机，使用 sh config 命令
		查看各端口状况	使用 show interface 命令
交换机测试	功能测试	VLAN 测试	使用 show vlan brief 命令查看同一 VLAN 及不同 VLAN 在线主机连通性；检查地址解析表
路由器测试	物理测试	测试加电后系统是否正常启动	用 PC 通过 Console 线连接交换机上，或 Telnet 到交换机上，加电启动，通过超级终端查看路由器启动过程，输入用户及密码进入交换机
		查看交换机的硬件配置是否与订货合同相符合	使用 show version 命令
		测试 NVRAM	在交换机中改动其配置，并写入内存，使用 write 命令 将交换机关电后等待 60s 后再开机，使用 sh config 命令
		查看各端口状况	使用 show interface 命令
	功能测试	测试路由表是否正确生成	使用 sh ip route 命令
		查看路径选择	使用 traceroute 命令
		查看广域网线路	使用 sh interface l0/0 命令

续表

测试项目		测试内容	测试方法
路由器测试	功能测试	查看 OSPF 端口	使用 sh ip ospf interface 命令
		查看 OSPF 邻居状态	使用 sh ip ospf neighbors 命令
		查看 OSPF 数据库	#使用 sh ip ospf database 命令
		查看 BGP 路由邻居相关信息	使用 sh ip bgp neighbors 命令
		查看 BGP 路由	使用 sh ip bgp *命令
		查看 BGP 路由汇总信息	使用 sh ip bgp summary 命令
		查看数据 VPN 通道路由	使用 sh ip route vrf GA_DATA 命令
		查看视频 VPN 通道路由	使用 sh ip route vrf VIDEO_VPN 命令
		测试 VPN 通道安全	做数据 VPN 与视频 VPN 互访测试
		显示全局接口地址状态	使用 sh ip int brief 命令
		测试广域网接口运行状况	使用 sh ip int s0/0 命令
		测试局域网接口运行状况	使用 sh ip int f0/0 命令
		测试内部路由	使用 traceroute 命令
		查看路由表的生成和收敛	去掉一条路由命令,用 sh ip route 命令查看路由生成情况
		设置完毕,待网络完全启动后,观察连接状态库和路由表	使用 show ip route 命令
		断开某一链路,观察连接状态库和路由表发生的变化	使用 show ip route 命令

2. 网络系统的功能测试

网络系统的功能测试主要是测试网络系统的整体性能,包括 VLAN 的性能测试及连通性测试。具体的测试方法和正确测试结果如表 7-3 所示。

表 7-3 网络系统的功能测试方法和正确测试结果

测试项目		测试方法	正确结果
网络系统功能测试	VLAN 测试	登录到交换机,查看 VLAN 的配置情况	# show vlan 显示配置的 VLAN 的名称及分配的端口号
		在与交换机相连的主机上 ping 同一虚拟网段上的在线主机,及不同虚拟网段上的在线主机	数据 VLAN 均显示 alive 信息,视频 VLAN 显示不可到达或超时信息
		检查地址解析表	#arp –a 仅解析出本虚拟网段的主机的 IP 对应的 MAC 地址。显示虚拟网段划分成功,本网段主机没有接收到其他网段的 IP 广播包
	VLAN 测试	检查 Trunk 配置信息	#show int trunk 显示 Trunk 端口所有配置信息,注意查看配置 Trunk 端口的信息
网络系统功能测试	连通性测试	测试本地的连通性,查看延时	#ping 本地 IP 地址
		测试本地路由情况,查看路径	#traceroute 本地 IP 地址
		测试全网连通性,查看延时	#ping 外地 IP 地址
		测试全网路由情况,查看路径	#traceroute 外地 IP 地址
		测试与骨干网的连通性,查看延时	#ping IP 地址
		测试与骨干网通信的路由情况,查看路径	#traceroute IP 地址
		测试本地路由延迟	ping 本地 IP 地址,察看延迟结果
		测试本地路由转发性能	ping 本地 IP 地址加 –l 3000 参数,察看延迟结果

7.4 网络工程的验收

验收是用户对网络工程施工工作的认可，检查工程施工是否符合设计要求和符合施工规范。用户要确认工程是否达到了原来的设计目标，质量是否符合要求，有没有不符合设计和施工规范的地方。

7.4.1 网络工程验收的工作流程

网络工程验收通常包括测试验收和鉴定验收两种方式。当网络工程项目按期完成后，系统集成商和用户双方都要组织人员进行测试验收。测试验收要在有资深的专业测试结构或相关专家进行网络工程测试的基础上，由相关专家、系统集成商及用户共同进行认定，并在验收文档上签字。

在有资深专业测试机构或由专家组成的鉴定委员会的组织下，进行网络工程的鉴定验收工作。鉴定委员会需要成立测试小组，根据制定好的测试方案对网络工程质量进行综合测试；还要组成文档验收小组，对网络工程文档进行验收。在验收鉴定会议后，系统集成商和用户针对该网络工程的进行过程、采用技术、取得成果及其存在问题进行汇报，专家对其中的问题进行质疑，并最终做出验收报告。

在通过现场验收后，为了防止网络工程出现未能及时发现的问题，还需要设定半年或一年的质保期。用户应留有约10%的网络工程尾款，直至质保期结束后再支付给系统集成商。

网络工程验收通常包含以下内容。

1）确认验收测试内容，通常包括线缆性能测试、网络性能指标检查、流量分析及协议分析等验收测试项目。

2）制定验收测试方案，通常包括验证使用的测试流程和实施方法。

3）确认验收测试指标。

4）安排验收测试进度，根据计划完成集体的测试验收。

5）分析并提交验收测试数据。对测试得到的数据进行综合分析，生成验收测试报告。

7.4.2 网络工程验收的内容

网络工程验收主要包括结构化布线系统的验收、机房电源的验收、网络系统的验收。

1. 结构化布线系统的验收

结构化布线系统是网络系统的基础，它的测试是网络测试的必要前提。结构化布线系统的测试验收要遵守相关的国家、国际标准，如 ANSI/EIA 568B、ISO/IEC 11801、GB 50312—2007 等。

2. 机房电源的验收

按照设计要求进行验收时，要注意照明是否符合要求，空调在最热和最冷环境下是否够用，装饰材料中的有害物排量是否达标，接地是否符合要求，电力系统是否配备了 UPS，是否有电源保护器。

3. 网络系统的验收

网络系统的验收主要需要验证交换机、路由器、防火墙等互连设备，服务器、客户机和存储设备等是否提供了应用的功能,是否达到网络标准,是否能够互连互通。验收时注意以下几个方面。

1)网络布线图包括逻辑连接图和物理连接图。逻辑连接图包括各个局域网的布局,各个局域网之间的连接关系,各个局域网与城域网的接口关系,以及服务器的部署情况。物理连接图则包括每个局域网接口的具体位置、路由器的具体位置、交换机的具体位置、配线架各接口与房间、具体网络设备的对应关系。

2)网络信息包括各网络的 IP 地址规划和子网掩码信息,交换机的 VLAN 设置信息,路由器的配置信息,交换机的端口配置信息和服务器的 IP 地址配置等。

3)正常运行时网络主干端口的流量趋势图,网络层协议分布图,运输层协议分布图,应用层协议分布图。

4)所有重要设备(路由器、交换机、防火墙和服务器等)和网络应用程序都已连通并能够正常运行。

5)网络上的所有主机都能够打开 IE 上网并满负荷运行,运行特定的重载测试程序,对网络系统进行 Web 压力测试。

6)启动冗余设计的相关设备,考察它们对网络性能的影响。

7.4.3 网络工程验收文档

文档的验收是网络工程验收的重要组成部分。网络工程文档包括结构化布线系统相关文档、设备技术文档、设计与配置资料、用户培训及使用手册及各种签收单。

1. 结构化布线系统相关文档

1)信息点配置表。
2)信息点测试一览表。
3)配线架对照表。
4)结构化布线图。
5)布线测试报告。
6)设备、机柜和主要部件的数量明细表,即网络工程中所用的设备、机架和主要部件的分类统计,要求列出型号、规格和数量。

2. 设备技术文档

1)操作维护手册。
2)设备使用说明书。
3)安装工具及附件。
4)保修单。

3. 设计与配置资料

1)工程概况。
2)工程设计与实施方案。
3)网络系统拓扑图。
4)交换机、路由器、防火墙和服务器的配置信息。
5)VLAN 和 IP 地址配置信息表。

4. 用户培训及操作手册

1）用户培训报告。
2）用户操作手册。

5. 各种签收单

1）网络硬件设备签收单。
2）系统软件签收单。
3）应用软件功能验收签收单。

7.4.4 交接与维护

1. 网络系统的交接

最终验收结束后要进行交接。交接是一个逐步使用户熟悉系统，进而能够掌握、管理、维护整个系统的过程。交接包括技术资料交接和系统交接，系统交接一直延续到后期的维护阶段。

技术资料交接包括在实施过程中所生成的全部文件和数据记录，至少应提交如下资料：总体设计文档、工程实施设计、系统配置文档、各个测试报告、系统维护手册（设备随机文档）、系统操作手册（设备随机文档）及系统管理建议书等。

2. 网络系统的维护

在技术资料交接完成之后，系统就进入了维护阶段。系统的维护工作贯穿系统的整个生命周期。用户方的系统管理人员将要在此期间内逐步培养出独立处理各种突发事件的能力。

在系统维护期间，系统出现任何故障，都应详细填写相应的故障报告，并报告相应的人员（系统集成商技术人员）进行处理。

3. 口令移交

建设单位应派专人负责口令管理工作，接到移交来的登录用户名和口令后，用户应检查所有的系统口令、设备口令等设置，并根据有关规定重新进行设定，重新设定的口令必须与原口令不同，所有的系统口令、设备口令应做好记录，并妥善保存，防止泄密。

7.5 项目实训——校园网网络工程测试

1. 实训目的

了解网络工程的测试内容，掌握网络工程的基本测试方法。

2. 实训内容

根据实训的网络建设要求，完成本项目网络工程设备的安装与调试。
1）对网络设备（服务器、交换机、路由器、防火墙等）的连通性测试。
2）对服务器应用协议（HTTP、Telnet、FTP、DNS、E-mail 等）的测试。
3）对网络客户机连通性的测试。
4）对不同子网间连通性的测试。

3. 实训步骤

1）分组，分别模拟不同角色，并承担相应的配置任务。

2）网络系统功能测试。能够从网络中任一台计算机和设备（有 ping 或 Telnet 能力）用 ping 及 Telnet 命令测试连通网络中其他任一机器或设备。由于网络内设备众多，不可能逐台进行测试，因此可采用如下方式。

① 在每一个子网中随机选取一台客户机与网络中心的通信设备或服务器，进行 ping 测试，并在不同子网间随机选取两台设备进行 ping 测试。测试中，ping 测试每次发送数据包不应少于 1000 个，ping 测试的成功率在局域网内应达到 100%，即没有丢包现象，包传输的延时小于 10ms。

② Telnet 连通后，进行终端命令操作。其终端窗口刷新速度和本机操作基本相同即可。

③ HTTP 测试。在网络系统中任一客户机和网络中心服务器之间进行，使用客户机上的浏览器连接主页服务器，其页面传输的延时小于或等于 10s。

④ DNS 测试。在网络系统中任一客户机和服务器上进行，首先要保证本网的域名解析正确，其次要保证远程网的域名解析正确。

⑤ E-mail 测试。在网络系统中任一客户机和邮件服务器上进行，首先要保证本网的用户邮件收发正常，其次要保证远程网用户邮件收发正常。

⑥ 广域网专线性能测试。可用 ping 命令测试与边界路由器相连的另一端路由器的 IP 地址，如果带宽为 2Mbit/s，则包传输的延时为 6～8ms。

⑦ 防火墙测试。分别按内网、DMZ 和外网的性能与功能的技术要求测试。

⑧ 网络统一认证、计费测试。分别按用户账号组合各种计费策略的性能与功能的技术要求测试。

⑨ 网络杀毒系统测试。按照网络杀毒软件的各项功能分别在客户机和服务器上测试。

⑩ 网络应用系统测试。按照网络应用系统的各项功能进行测试。

3）网络系统试运行测试。

① 监视系统运行。
② 网络基本应用测试。
③ 可靠性测试。
④ 系统冗余性能测试。
⑤ 系统安全性能测试。
⑥ 网络负载能力测试。
⑦ 网络应用系统功能测试。

3. 实训要求

1）记录网络测试结果，并整理为一份网络工程测试报告。
2）每组制作答辩 PPT，选派一名人员参加答辩，接受老师点评。

项目小结

网络工程的质量必须依靠一个严格的工程项目管理体系来保障，网络工程测试与验收是网络工程建设的最后一环，是全面考核工程的建设工作、检验工程设计和工程质量的重要手段，它关系到整个网络工程的质量能否达到预期设计指标。网络验收项目可以依据网络规模来进行，验收项目可多可少，但基本项目不可缺少，同时要有可实施性。验收结果是日后网络管理、维护、升级的基础。网络验收后，仍要定期进行网络测试和文档备案，不断更新验收数据。

习 题

1．如何检查网络接口配置？写出具体的操作命令。
2．如何在运行的客户机上检查 DNS 服务器是否正常？
3．某企业需要竣工验收。企业网在线设备有边界路由器、三层交换机、多台二层交换机，以及 Web、E-mail 等服务器。写出具体的网络系统验收步骤和技术方法。
4．阅读以下关于企业网络性能评估和规划方面的技术说明，根据要求回答问题。
某企业销售部和服务部的网络拓扑结构如图 7-1 所示。

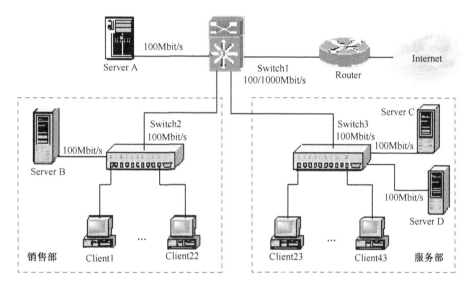

图 7-1 某企业的网络拓扑结构

这两个部门的员工反映由于新服务器的加入，网络运行比以前慢了。系统分析师小郭在调查期间利用手持式诊断工具记录了如下信息。

（1）服务器 A（Server A）同时是销售部和服务部的文件和打印服务器，其网络连接运行平均利用率为 78%。
（2）销售部的网络平均利用率为 45%。
（3）服务器 B（Server B）是一台文件服务器，其上驻留了各种类型的文件，并允许销售部的工作站进行在线文件编辑。它占用销售部所有网络利用率的 20%。
（4）销售部的两个有限授权用户经常以对等工作方式进行网络互连操作。它们占用了销售部所有网络利用率的 5%。
（5）服务部的网络平均利用率为 65%。
（6）服务器 C（Server C）中有一套销售部和服务部员工频繁使用的图像库应用软件，它占用销售部、服务部两个部门的所有网络利用率的 15%。

（7）流媒体服务器（Server D）中驻留了一套流媒体应用软件，由服务部用于售后服务等培训工作。该应用占用了部门网络利用率的 20%。

系统分析师小郭在调查中了解到该企业工程技术部门已花费了所有资金，已经没有了购买新的网络设备的预算资金。但该工程技术部可在三层交换机（Switch1）上提供 6 个 1Gbit/s 交换端口，还可提供 3 台 100 Mbit/s 的交换机、4 张 1 Gbit/s 网卡和一箱回收的 10/100 Mbit/s 网卡。

问题① 在图 7-1 中，服务器 A 的网络利用率性能可以接受吗？请用不多于 150 字简要说明理由。

问题② 根据该企业网络的现状，请给出一种提升服务器 A 网络性能的简要方法。

问题③ 若要流媒体服务器所提供的服务性能在可接受的范围内，则需要其所在的网络低于 0.001s 的延迟。假设销售部网络存在 5% 的冲突，平均帧长为 8000 bit，那么销售部网络的实际的数据吞吐量是多少？（注意：表 7-4 给出了各种帧长度的开销比）。

表 7-4　各种帧长度开销比表

帧长度/B	用户数据长度/B	开　销　比
64	1（加 37B 的填充数据）	98.7%
64	38（无填充）	50.0%
500	474	7.4%
1000	974	3.8%
1518	1492	2.5%

根据该企业网络的现状，请用 250 以内的文字简要列举出提高销售部网络性能的改进方案。

问题④ 根据该企业网络的现状，如何提高服务部的网络性能？请用 200 以内的文字简要列举出改进方案。

问题⑤ 该企业进行子网规划的 IP 地址为 192.16810.0/24。在表 7-5 中其他部门的工作站数量为 60 台，请将该表中的（1）～（5）空缺处可分配的主机地址范围或子网掩码填写完整。

表 7-5　销售部、服务部子网可分配的主机地址和子网掩码表

部　　门	可分配的主机地址范围	子网掩码
销售部	192.168.10.65～（1）	（2）
服务部	（3）～（4）	255.255.255.224
其他部门	（5）～192.168.10.190	255.255.255.192

项目 8

网络系统集成实践

本项目以项目 1 提出的校园网网络工程项目为背景，省去了校园网网络工程项目的需求分析、网络工程设计、物理网络设计和网络工程招标投标的具体实现，在网络系统集成实训室模拟了整个项目的实施过程，内容涉及交换机、路由器、服务器、安全设备和无线网络设备的配置步骤和网络测试的详细细节。

学习目标

- 掌握交换机常见功能的配置方法和技巧。
- 掌握路由器常见功能的配置方法和技巧。
- 掌握防火墙、VPN 网关常见功能的配置方法和技巧。
- 掌握无线交换机和 AP 常见功能的配置方法和技巧。
- 掌握 Windows 和 Linux 常见网络服务的配置方法和技巧。
- 掌握网络测试的内容及方法。

工作任务

本项目在网络系统集成实训室实施时，将项目实施划分成交换机配置、路由器配置、网络安全设备配置、无线网络配置、服务器配置和网络系统测试等六大模块，每一个模块根据功能的不同，分解成若干不同的工作任务。由于本项目综合性很强且涉及的任务较多，建议该项目在实施过程中，组建一个承担不同任务角色的任务实施小组，并在连续的时间段内完成。

知识准备

本项目实施要求读者具备以下核心知识，具体细节可参考本书相关项目的介绍，这里不再赘述。

1. 网络性能

带宽和时延是网络性能指标中最重要的两个参数。用户对计算机网络的应用已经不仅仅是传输简单的文本文件，而是希望计算机网络提供一个能够承载多种业务的平台，以实现办公自动化、Web 浏览等，能够传送各种应用系统数据以及诸如 IP 电话这些对带宽和时延要求都非常高的多媒体数据。因此，现代的计算机网络必须具有高性能、高速率的特点。本项目所组建的网络需要具有一定的前瞻性，具体实现"千兆到核心、百兆到桌面"的用户需求，选择能够实现高效网络数据传输的超 5 类或超 6 类非屏蔽双绞线，保证重要和紧急业务的带宽、时延、优先级，使其无阻塞地进行传送，实现对业务的合理调度。

2．应用服务

当前的计算机网络已经发展成为"以应用为中心"的数据通信系统，设计和建设计算机网络系统的根本目的是提供应用服务。从系统观点看，计算机网络应用最终体现了计算机网络系统的目的性和系统功能。本项目所完成的网络项目要求能够满足用户在这样的通信系统上实现无纸化办公、业务数据共享、网络公告、多媒体信息服务等网络应用。因此，需要在服务器上以 Windows Server 2003 操作系统为平台，实现 Web、DNS、E-mail 等多种服务。在服务器上以 Linux AS5.2 操作系统为平台，实现 SAMBA、VSFTP 等服务。

3．网络管理

当前的计算机网络规模日益扩大，所以网络的维护工作也就变得更加复杂。在网络设计过程中，所选择的互连设备及相关的网络管理软件，应能够有效地支持网络管理的需求。例如，针对交换机和路由器进行数据流量分析与控制，尽量减少网络管理时所消耗的人力物力，针对不同用户提供灵活的访问控制权限等。本项目所组建的网络项目要求体现合理的网络管理策略，对不同的用户和不同的硬件设备完成相应的网络管理操作。具体需要完成以下几点内容。

1）通过域控制器设置控制不同的用户或用户组对网络资源（如共享文件等）的访问。

2）由于在企业中，各部门的数据有可能是保密的，因此要求在交换机上设置 VLAN，以提高各部门间的保密级别。

4．网络安全

现代的计算机网络应提供更完善的网络安全解决方案，以阻止病毒和黑客的攻击，减少由于数据丢失或破坏而造成的经济损失。从网络规划的角度出发，防范恶意代码和病毒入侵主要从接入网段着手，如采用硬件防火墙，VPN 网关和网络设备上启用安全功能等。

5．网络可靠性

目前计算机网络的可靠性问题已经引起网络设计者、建设者和应用者的高度关注。计算机网络是否可靠已经成为衡量计算机网络性能的一项重要指标。随着通信系统逐渐地老化，系统运行的环境也变得越来越不稳定，这就需要设计者在设计初期能够有效地处理好数据备份的问题。另外，由于要考虑数据传输是否稳定，交换设备之间可以采用双链路连接，但是这样会出现广播风暴，会极大地影响通信系统的可靠性。为此，在本项目中将完成链路冗余、链路聚合、网关冗余、链路备份等满足系统可靠性需求的操作。

6．网络连接

局域网上的用户不仅需要内部之间进行信息的交换，还需要与外网进行连接。在本项目中，要求网络操作人员完成学校本部和分校区两个网段的组建，并通过各网段的路由设备实现局域网内部用户的互相通信，并与 Internet 进行连接。根据以上需求，需要完成以下几点操作。

1）各网段之间通过静态路由设置或动态路由设置完成彼此间的数据转发。

2）学校本部和分校区两个网段之间搭建 VPN 隧道完成局域网内部用户的互相通信。

7．无线网络

无线局域网部署的普及让用户可以享受到移动性带来的便利，而且可以显著提高企业的生产效率和用户的工作效率。本项目为了将移动终端设备接入到通信网络中，需要构建可集中管理的无线分布式网络，并采用 SSID 隐藏、WEP 加密等技术措施，提高无线网络使用的安全性。

8.1 项目实施组织

8.1.1 项目实施流程

由于本项目实施在网络系统集成实训室中完成，所以实训流程是按照网络工程项目的进程顺序进行的，如图 8-1 所示。

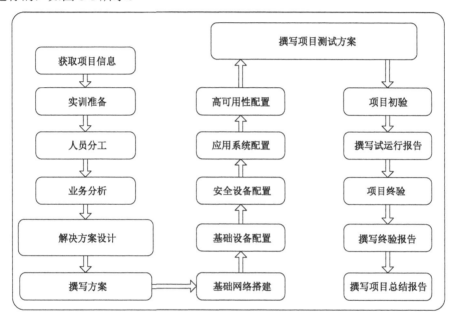

图 8-1 项目实训流程图

8.1.2 角色任务分配

在实训实施过程中，倡导以工程项目小组的形式组织教学活动，每组大约 7 名学生，并选一名学生作为组长，其承担网络工程项目经理的工作，其余学生充当项目小组网络工程师、服务器工程师、测试工程师等角色，并承担相应工作，如表 8-1 所示。教师充当用户方代表和项目的总规划师、设计师角色，负责项目的技术咨询和指导工作，控制课程的组织与开展。

表 8-1 角色任务分配

序 号	岗 位	工 作 内 容	人 数
1	项目经理	负责整个项目的实施质量与实施进度，部署人员分工，掌握施工进度，并组织撰写项目报告	1
2	售前技术工程师	依据网络架构工程师和系统架构工程师提供的解决方案，撰写网络技术方案并提供具体的构建网络的成本预算	1
3	网络架构工程师	依据企业的业务，设计网络基础设施构架和服务器结构，保障企业网络高效性、可靠性、可扩展性	1

续表

序 号	岗 位	工 作 内 容	人 数
4	网络工程师	根据网络设计方案，对项目中的基础设备（路由器、交换机）等进行配置	1
5	服务器工程师	根据网络设计方案，对项目中的所有应用服务器进行配置	1
6	网络安全工程师	根据网络设计方案，对项目中的安全设备（防火墙、VPN）等进行配置	1
7	网络测试工程师	根据网络设计方案，对整个网络运行状态进行评测，并撰写测试报告	1

提示：在实训前项目经理组织分工，项目经理负责全面工作，网络工程人员负责某一方面的具体工作。另外，考虑到实训中每阶段的评审测试，分工时，注意每组中安排一位表达能力较好的人员及时总结已经完成的实训内容。

8.1.3 项目实施设备及工具

本项目实施所需要的接入层设备和计算机终端数量较多，服务器、安全设备、无线设备、路由器和核心层的设备相对少得多。考虑到本项目实施的重点是服务器、安全设备、无线设备、路由器和核心交换机这几类设备，因此主要的实训设备如表 8-2 所示。另外，项目实施需要相关软件，并需要安装在不同的服务器和终端上，如表 8-3 所示。

表 8-2 项目实训设备清单

设备类型	设备型号	设备数量/台
路由器	RG-RSR20-18	4
二层交换机	RG-S2328G	2
三层交换机	RG-S3760-24	2
防火墙	RG-WALL160T	2
入侵检测系统	RG-IDS500S	1
VPN 设备	RG-WALL-V160S	2
无线交换机	RG-WS3302	1
无线 AP	RG-AP220E	2
计算机	联想启天 M330E	4

表 8-3 项目实训软件清单

软件名称	软件版本	数 量
Windows OS（服务器版）	Windows 2003 Server 企业版	1
虚拟机软件	VMware 6.0	1
Linux OS（高级服务器版）	Red Had Linux AS5.2	1
客户端 OS	Windows XP Professional	1
VPN 客户端软件	RG-WALL VPN 客户端（14.0.0.162）	1
VPN 网络管理软件	RG-SRA_a_v2.20.04.2.	1
防火墙证书	锐捷防火墙证书（RG-WALL 160T）	1
PPT 图标工具	锐捷 PPT 图标	1
Office 办公软件	Microsoft Office 2003	1

8.2 项目实施任务

8.2.1 项目实施拓扑

本项目实施拓扑结构如图 8-2 所示。

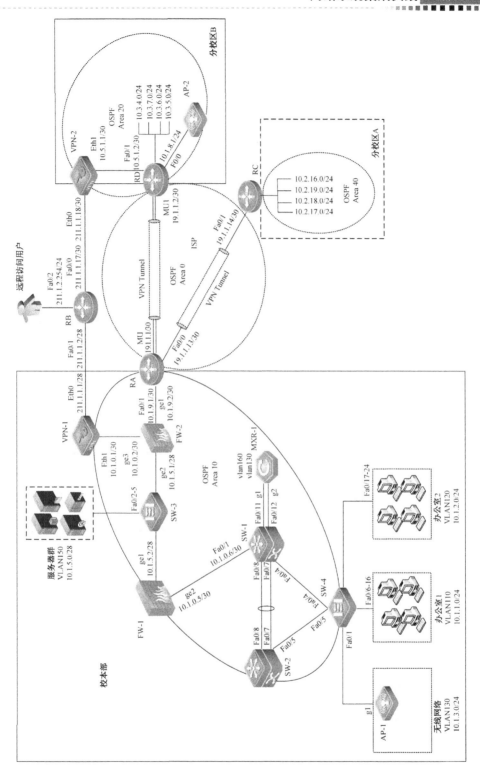

图 8-2 项目实施拓扑结构

本项目拓扑结构分为校园网本部、分校区 A、分校区 B 和城域网 4 部分，其结构特点如下。

1. 校园网本部

采用 MSTP+VRRP 组网方式，运行 OSPF 协议，提高网络的稳定性和可靠性。为了保障内网用户和内网服务器的安全，采用背靠背模式部署防火墙保护内网资源。采用无线控制器与 AP 的结合方式，实现校园网无线智能办公和方便师生上网查询资料。采用 VPN 网关作为 Internet 的网络接入，实现内网用户访问互联网资源及分校区 B 的师生访问校园本部服务器的资源，同时为校内出差教职员工访问内部网络资源提供远程接入。使用路由器接入城域网，承载校本部和分校区 A、分校区 B 之间往来的业务流量。

2. 分校区

分校区 B 采用 VPN 网关作为 Internet 网络接入，实现分校区 B 的师生访问互联网资源及访问校园本部服务器的资源，同时为校内出差教职员工访问内部网络资源提供远程接入。使用路由器接入到城域网，使用链路捆绑和负载均衡技术，承载校本部和分校区 B 之间往来的业务流量。

3. 城域网

采用 3 台路由器模拟城域网，在城域网中运行 OSPF 协议，为了保障路由信息的安全，在 OSPF 中采用 MD5 加密算法。

8.2.2 IP 地址规划

本项目实施网络设备的名称和接口的 IP 地址规划如表 8-4 所示。

表 8-4 IP 地址规划列表

设 备	设备名称	设备接口	IP 地址
路由器	RA	Fa0/0	19.1.1.13/30
		Fa0/1	10.1.9.1/30
		MU1	19.1.1.1/30
	RB	Fa0/0	211.1.1.17/30
		Fa0/1	211.1.1.2/28
		Fa0/2	211.1.2.254/24
	RC	Fa0/1	19.1.1.14/30
		Loopback0	10.2.16.1/24
		Loopback1	10.2.17.1/24
		Loopback2	10.2.18.1/24
		Loopback3	10.2.19.1/24
	RD	Loopback0	10.3.4.0/24
		Loopback1	10.3.5.0/24
		Loopback2	10.3.6.0/24
		Loopback3	10.3.7.0/24
		MU1	19.1.1.2/30
路由器	RD	Fa0/1	10.5.1.2/30
		Fa0/0	10.1.8.1/24
防火墙	FW1	ge1	10.1.5.2/28
		ge2	10.1.0.5/30
	FW2	ge1	10.1.9.2/30
		ge2	10.1.5.1/28
		ge3	10.1.0.2/30

续表

设　　备	设 备 名 称	设 备 接 口	IP 地址
三层交换机	SW1	Fa0/1	10.1.0.6/30
		Fa0/12	10.1.7.1/30
		VLAN110	10.1.1.1/24
		VLAN120	10.1.2.1/24
		VLAN130	10.1.3.1/24
		VLAN160	10.1.6.1/24
	SW2	VLAN110	10.1.1.2/24
		VLAN120	10.1.2.2/24
		VLAN130	10.1.3.2/24
VPN 网关	VPN-1	Eth0	211.1.1.1/28
		Eth1	10.1.0.1/30
	VPN-2	Eth0	211.1.1.18/30
		Eth1	10.5.1.1/30
无线控制器	MXR-1	g1	Trunk
		g2	10.1.7.2/30
无线接入点	AP-2	BVI	10.1.8.10/24
		G0/1	10.1.8.2/24

8.2.3　项目实施功能要求

1．校园网本部局域网网络设备功能要求

校园网本部局域网网络设备功能设计要求如表 8-5 所示。

表 8-5　校园网本部网络设备功能规划表

设 备 名 称	实现功能	详 细 说 明
RA	路由功能	1）配置 OSPF 协议，指定 route-id 为 0.0.0.1。 2）配置基于接口的验证，采用 MD5 验证方式
	安全功能	1）配置 IPSec VPN，实现分校区 A、分校区 B 的各个子网能够安全地访问总公司的服务器群。 2）采用隧道模式。 3）作为分校区 B 与校本部服务器群之间 VPN 通信的主链路
	链路功能	配置 PPP，将 S3/0 和 S4/0 做链路捆绑，与 RD 实现验证，此路由器作为服务器端，实现先 CHAP 后 PAP 认证方式
	管理功能	1）配置 AAA，允许远程登录时，采用 RADIUS 和本地验证。 2）配置 RADIUS 客户端，RADIUS 服务器地址为 10.1.5.8，密钥为 123abc
	服务质量	在接口 MUL1 上配置 WFQ，设置一个公平排队，具体配置是拥塞丢弃门限（阈值）为 128 个消息、512 个动态队列
VPN-1	安全功能	1）配置远程访问 IPSec VPN，实现移动办公用户可以通过互联网安全访问内部服务器群的 DNS、FTP、HTTP、HTTPS、ping、POP3、SMTP 等服务，其分配的地址池为 10.1.4.0/24，创建 5 个用户，并将用户绑定到固定的 IP 地址。 2）配置 Site-To-Site VPN，作为分校区 B 与校本部服务器群 VPN 通信的备份链路，允许承载 ping 服务
	地址转换	1）配置 NAT，实现内部网络（VLAN110、VLAN120、VLAN130）访问互联网，其使用合法的公网地址池 211.1.1.13～211.1.1.14。 2）实现将内网的 Web 服务器（IP 地址为 10.1.5.6）、FTP 服务器（IP 地址为 10.1.5.8）资源发布的互联网上，其合法公网地址为 211.1.1.10/30
	路由功能	配置 OSFP 协议，指定 route-id 为 0.0.0.6

续表

设备名称	实现功能	详细说明
FW-2	安全功能	1）配置安全策略最大限度地保证内网和服务器群安全。 2）创建时间访问控制列表，只有工作日（周一～周五）的工作时间（9:00～18:00）才能访问互联网
	路由功能	配置OSPF协议，指定route-id为0.0.0.2
FW-1	安全功能	1）配置安全策略最大限度地保证内网和服务器群安全。 2）为防止跳板攻击，不允许内部主机使用私有IP地址访问服务器，只允许使用公网IP地址访问服务群
	路由功能	配置OSFP协议，指定route-id为0.0.0.3
SW-1	路由功能	配置OSPF协议，指定route-id为0.0.0.4
	优化功能	1）划分VLAN。 2）配置MSTP，创建实例10和实例20，将VLAN110和VLAN130加入到实例10，将VLAN120和VLAN160加入到实例20，将此交换设置为实例10的根，是实例20的生成树备份根。 3）配置DHCP中继（使VLAN110、VLAN120和VLAN130所在客户端能动态获取IP地址）。 4）并联在端口Fa0/4，设置多播风暴控制，允许通过的多播报文最多占带宽的10%
	可靠性能	1）配置VRRP：创建2个VRRP组，分别为group10和group20，将SW-1设为VLAN110和VLAN130的活跃路由器，VLAN120和VLAN160的备份路由器。 2）配置链路聚合：将Fa 0/7—8两接口配置为链路聚合，并实现基于源和目的MAC地址的负载均衡方式
	安全功能	1）只允许VLAN110和VLAN120的用户在工作日（周一～周五）的上班时间（9:00～18:00）访问FTP服务器，其他时间不允许访问。 2）不允许VLAN110和VLAN120的用户相互访问，其他不受限制。 3）在所有的接入接口上配置portfast
	网络管理	配置SSH Server，允许通过SSH远程管理设备，并使用AAA本地验证
SW-2	路由功能	配置OSPF路由协议，指定route-id为0.0.0.7
	优化功能	1）划分VLAN。 2）配置MSTP，创建实例10和实例20，将VLAN110和VLAN130加入到实例10、VLAN120和VLAN160加入到实例20，将此交换设置为实例20的根，是实例10的生成树备份根。 3）并联在端口Fa0/5，设置多播风暴控制，允许通过的多播报文最多占带宽的10%
	可靠性能	1）配置VRRP：创建2个VRRP组，分别为group10和group20，将SW-2设为VLAN120和VLAN160的活跃路由器，VLAN110和VLAN130的备份路由器。 2）配置链路聚合：将Fa 0/7—8两接口配置为链路聚合，并实现基于源和目的MAC地址的负载均衡方式
SW-2	安全功能	1）只允许VLAN110和VLAN120的用户在工作日（周一～周五）的上班时间（9:00～18:00）访问FTP服务器，其他时间不允许访问。 2）不允许VLAN110和VLAN120的用户相互访问，其他不受限制
SW-4	基本功能	1）配置VLAN。 2）将接口Fa 0/1加入VLAN160，Fa 0/17—24加入到VLAN120，Fa 0/6—16加入到VLAN110
	优化功能	1）配置MSTP，创建实例10和实例20，将VLAN110和VLAN130加入到实例10，将VLAN120和VLAN160加入到实例20。 2）配置BPDU Filter、BPDU Guard
	安全功能	1）在Fa 0/24上配置端口安全，安全MAC地址为00-12-F1-00-ab-01，安全IP地址为10.1.2.60/24，并进行IP和MAC地址的绑定配置。 2）配置端口安全，实现Fa0/24接口只允许1个主机访问，违规关闭接口。 3）在所有的接入接口上配置portfast
MXR-1	无线功能	1）配置DHCP服务，使得AP-1能够动态获取IP地址。 2）SSID为ruijie1。 3）采用WEP加密方式，加密口令为1234567890

2. 分校区 A 网络设备功能要求

分校区 A 网络设备功能功能设计要求如表 8-6 所示。

表 8-6 分校区 A 网络设备功能规划表

设备名称	实现功能	详细说明
RC	路由功能	1）配置 OSPF 路由协议，指定 route-id 为 0.0.0.8。 2）配置基于接口验证功能，采用 MD5 方式。 3）对子网的路由进行汇总。 4）将此区域配置为子区域
	安全功能	1）配置 IPSec VPN，内部各个子网能够安全地访问总公司地服务器群。 2）采用隧道模式

3. 分校区 B 网络设备功能要求

分校区 B 网络设备功能功能设计要求如表 8-7 所示。

表 8-7 分校区 B 网络设备功能规划表

设备名称	实现功能	详细说明
RD	路由功能	1）配置 OSPF 协议，指定 route-id 为 0.0.0.9。 2）配置基于接口的验证，采用 MD5 验证方式
	安全功能	1）配置 IPSec VPN，分公司各个子网能够安全地访问总公司的服务器群。 2）采用隧道模式。 3）作为分校区 B 与校本部服务器群之间 VPN 通信的主链路
	链路功能	配置 PPP，将 S3/0 和 S4/0 做链路捆绑，与 RA 实现验证，此路由器作为服务器端，实现先 CHAP 后 PAP 认证方式
	管理功能	1）配置 AAA，允许远程登录时，采用 RADIUS 和本地验证。 2）配置 RADIUS 客户端，RADIUS 服务器地址为 10.1.5.8，密钥为 123abc
RD	服务质量	1）对出接口 S2/0 的流量限制在 300kbit/s，没有超额的流量允许发送，超额的流量丢弃 2）对入接口 Fa0/0 的流量限制在 2Mbit/s，没有超额的流量允许发送，超额的流量丢弃
VPN-2	安全功能	1）配置远程访问 IPSec VPN，实现移动办公用户可以通过互联网安全访问内部网络 Area 20 内的所有用户的 DNS、FTP、HTTP、HTTPS、ping、POP3、SMTP 等服务，其分配的地址池为 10.9.4.0/24，创建 5 个用户，并将用户绑定到固定的 IP 地址。 2）配置 Site-To-Site VPN，作为作为分校区 B 与校本部服务器群 VPN 通信的备份链路，允许承载 ping 服务
	路由功能	配置 OSPF 协议，指定 route-id 为 0.0.0.10
AP-2	无线功能	1）配置 OSPF 协议，route-id 为 0.0.0.11，区域 ID 为 20，宣告网段为 10.1.8.0/24。 2）SSID 为 ruijie2。 3）基于 MAC 认证

4. 网络服务功能要求

（1）在 Server1、Server2 上安装虚拟机

Server1、Server2 上安装虚拟机的要求如表 8-8 和表 8-9 所示。

表 8-8 Server1 上安装虚拟机规划

Server1 物理机的 IP 参数	IP 地址为 10.1.5.5，子网掩码为 255.255.255.0
虚拟机数量	2 台
虚拟机系统	安装 Windows Server 2003

Server1 物理机的 IP 参数	IP 地址为 10.1.5.5，子网掩码为 255.255.255.0
虚拟机硬件	内存均为 384MB，硬盘均为 15GB
虚拟机名称	分别为 DC1、DC2
虚拟机分区	分别为 C、D、E；主分区一个，容量 10GB；扩展分区为 5GB，两个逻辑分区分别为 2.5GB

表 8-9　Server2 上安装虚拟机规划

Server2 物理机的 IP 参数	IP 地址为 10.1.5.4，子网掩码为 255.255.255.0
虚拟机数量	1 台
虚拟机系统	安装 Linux AS5.0 系统
虚拟机硬件	内存为 256MB，硬盘为 15GB
虚拟机名称	Linux AS5
虚拟机分区	/根分区大小为 8GB，文件类型为 ext3；/boot 分区大小为 500MB，文件类型为 ext3；SWAP 分区大小为 512MB；/home 分区大小为 5GB，文件类型为 ext2

（2）域控制器一上的功能规划

域控制器一上的功能规划要求如表 8-10 所示。

表 8-10　域控制器一上的功能规划

IP 地址	10.1.5.6/24			
服务器角色	配置为域控制器服务器，其域名为 lab.com，此服务器的 FQDN 为 DC1.lab.com，域的功能级别为 2003 模式			
域服务	信任关系；建立父域与子域的双向信任关系。			
用户和组	创建 4 个 OU、4 个全局组、12 个用户，具体内容如下			
	部门	OU	全局组	隶属用户
	生产部	生产部	Production	prod（经理）、prod_1、prod_2
	销售部	销售部	sales	sale（经理）、sales_1、sales_2
	行政部	行政部	administeration	adm（经理）、adm_1、adm_2
	经理办公室	经理办公室	manager	master（总经理）、man_1、man_2
	密码为"用户名+1"（如用户为 prod，则密码为 prod1）			
账户策略	配置域安全策略，生产部用户在首次登录时需要修改口令，密码长度最小为 9 位，密码最长存留期为一周，账户锁定阈值为 5 次，如果超过 5 次，则需要锁定 30min			
组策略	配置组策略，要求所有域内计算机"关闭自动播放"，所有用户不能使用 Media Player 软件，而部门经理和总经理除外。将 PC1 加入到域中，并使用账户 master 登录，并将密码改为 123456789，验证组策略			
CA 服务	在此域控制器上安装证书 CA 服务，并要求能够通过 Web 申请证书			
DNS 服务	此服务器配置为 DNS 服务器，FQDN 为 dc1.lab.com。 实现正向、反向域名解析服务。 实现 www.lab.com、mail.lab.com、ftp.lab.com、dhcp.lab.com、smb.lab.com 等域名解析服务。 实现对子域 chongqing.lab.com 的委派管理			
网络管理	打开远程桌面功能，允许使用 Administrator 账户登录。 将该域控制器作为文件服务器，禁止默认 C$共享，在 C 盘创建名为 shared 的共享文件夹，允许域中所有用户访问该共享，具有只读权限。 通过配置组策略方式自动实现，当任何一个域用户在客户机登录时，都能够在本地映射网络驱动器 Z 盘。 Active Directory 备份，制作备份计划，每天的 11 点 30 点和 17 点 30 进行备份，并将数据库放置在 RAID1 分区中			

(3）域控制器二上的功能规划要求

域控制器二上的功能规划要求如表 8-11 所示。

表 8-11　域控制器二的上功能规划

IP 地址	10.1.5.7/24				
服务器角色	配置为域控制器服务器，是 lab.com 域的子域，其域名为 chongqing.lab.com，此服务器的 FQDN 为 dc2.chongqing.lab.com，域的功能级别为 2003 模式				
用户和组	创建 2 个 OU、2 个全局组、4 个用户，具体内容如下				
	部门	OU	全局组	隶属用户	
	生产分部	生产部	chinaprod	cprod（经理）、china_1	
	销售分部	销售部	chinasales	csales（经理）、china_2	
账户策略	配置域安全策略，域用户在首次登录时需要修改口令，密码长度最小为 9 位，密码最长存留期为一周，账户锁定阈值为 5 次，如果超过 5 次，则需要锁定 30min				
DNS 服务	此服务器配置为 DNS 服务器，FQDN 为 DC2.lab.com。 管理和解析 lab.comt 和 chongqing.lab.com 域所有 A、SOA、NS、MX 记录，能够正确解析正向和反向记录。 配置转发器，当此 DNS 无法解析时，将请求转发给 dns1 主 DNS				
域服务	信任关系：建立父域与子域的双向信任关系				

（4）DHCP 服务功能规划要求

DHCP 服务功能规划要求如表 8-12 所示。

表 8-12　DHCP 服务功能规划

IP 地址	10.1.5.5/24
角色	配置为 DHCP 服务器，此服务器的 FQDN 为 dhcp.lab.com
作用域/超级作用域	创建作用域名称 VLAN110，地址池为 10.1.1.1～10.1.1.200，排除地址 10.1.1.1～10.1.1.9，DNS 为 10.1.5.6，网关为 10.1.1.254。 　　创建作用域名称 VLAN120，地址池 10.1.2.1～10.1.2.254，排除 10.1.2.1～10.1.2.9，10.1.2.200～10.1.2.254，DNS 为 10.1.5.6，网关为 10.1.2.254。 　　因为总经理需要一个固定的 IP 地址 10.1.2.88，所以需要配置保留，总经理的 MAC 地址为 00-15-C5-65-EA-32，DNS 为 10.1.5.6，网关为 10.1.2.254。 　　创建作用域名称 VLAN130，地址池为 10.1.3.1～10.1.1.200，排除地址 10.1.3.1～10.1.3.9，DNS 为 10.1.5.6，网关为 10.1.3.254。 　　建立超级作用域的名称为 dhcpnet

（5）E-mail 服务功能规划要求

E-mail 服务功能规划要求如表 8-13 所示。

表 8-13　E-mail 服务功能规划

IP 地址	10.1.5.6/24，10.1.5.7/24，
邮件服务	将 DC1 配置为 E-mail 服务器，此服务器的 FQDN 为 mail.lab.com；将 DC2 配置为 E-mail 服务器，此服务器的 FQDN 为 mail.chongqing.lab.com，为 Vlan110、Vlan120 的用户实现发送和接收邮件的功能。 将 PC1 加入 lab.com 域，将 PC2 加入 chongqing.lab.com，分别为这两个用户 PC1、PC2 分配邮箱为 PC1@lab.com 和 PC2@chongqing.lab.com，密码均为 123@456abc
邮件功能	在 PC1、PC2 上配置邮件客户端 Outlook Express，配置邮件账户 PC1、PC2，发送邮件要求服务器身份验证

（6）Web 服务功能规划要求

Web 服务功能规划要求如表 8-14 所示。

表 8-14 Web 服务功能规划

IP 地址	10.1.5.6/24
角色	配置为 Web 服务器，此服务器的 FQDN 为 www.lab.com
网站功能	使用 IIS6.0 来建立 Web 站点 www.lab.com 和 www.chongqing.lab.com，在站点 www.lab.com 上建立两个虚拟目录 en 和 cn
网页	建立 www.lab.com 主页内容为"lab.com"， 建立 www.chongqing.lab.com 主页内容为"chongqing.lab.com"， 建立 www.lab.com/en 主页内容为"en.lab.com"， 建立 www.lab.com/cn 主页内容为"cn.lab.com"
SSL	申请证书，访问 www.lab.com 时，不需要 SSL 加密；访问 www.lab.com/cn 时必须使用 SSL 加密；访问 www.lab.com/en 时，可以使用 SSL 也可不使用 SSL 加密
访问	配置主机头，只有使用域才能访问，不允许使用 IP 地址访问
性能	配置应用程序池，创建应用程序池 netpool1 和 netpool2，将 www.lab.com 加入到 netpool1 池中，将 www.chongqing.lab.com 加入到 netpool2 池中

（7）SAMBA 服务功能规划要求

SAMBA 服务功能规划要求如表 8-15 所示。

表 8-15 SAMBA 服务功能规划

IP 地址	10.1.5.8/24
角色	配置为 SAMBA 服务器，此服务器的 FQDN 为 smbserver.lab.com
服务配置	在根下创建两个目录/share 和/share1
服务配置	启动 SAMBA 服务，安全级别为 user，只允许 10.1.1.0，10.1.3.0，10.1.4.0，10.1.5.0 的网段访问服务器。 创建共享目录[myshare]和[myshare1] [myshare]目录路径为/share，是公共目录，并且允许进行写操作。 [myshare1]目录路径为/share1，不是公共目录，只有用户组 test 中的用户才可以访问，并且有写的权限，拒绝 10.1.1.0 网段访问，允许 10.1.2.0 网段访问

（8）FTP 服务功能规划要求

FTP 服务功能规划要求如表 8-16 所示。

表 8-16 FTP 服务功能规划

IP 地址	10.1.5.8/24
角色	配置为 FTP 服务器，此服务器的 FQDN 为 ftp.lab.com。
服务配置	使用 VSFTPD 配置 FTP 服务器，创建虚拟用户 user1 和 user2，密码为 upftp 和 downftp，允许 user1、user2 上传、下载文件，其他用户只能下载文件，允许匿名登录。 配置 FTP 服务器为 PASV 工作模式，每个用户允许同时建立 5 个 FTP 连接，带宽限制为 2Mbit/s，使用的磁盘空间配额为 100MB，软限制为 150MB，过渡期为 5 天，结点数不受限制

8.3 项目实施

本项目实施分成交换机配置、路由器配置、网络安全设备配置、无线网络配置、服务器配置和网络系统测试等六大模块进行，采用一款用于分类管理资料的数据库软件——Mybase 对配置脚本进行管理，如图 8-3 所示。在该软件中写好每个网络设备实现功能的配置代码，再写入网络设备的 IOS，这样可以极大地提高网络设备配置的工作效率。

图 8-3　网络工程项目脚本管理软件界面

8.3.1　交换机配置

1．SW-1 交换机设备功能配置

1）为交换机命名、Trunk 链路和 IP 地址配置。

```
hostname SW-1
!
interface FastEthernet 0/1
no switchport
ip address 10.1.0.6 255.255.255.252
!
interface FastEthernet 0/12
no switchport
ip address 10.1.7.1 255.255.255.252
!
interface FastEthernet 0/4
switchport mode trunk
!
interface FastEthernet 0/11
switchport mode trunk
!
interface AggregatePort 1
switchport mode trunk
```

2）配置 OSPF 协议，指定 router-id 为 0.0.0.4。

```
router ospf 1
router-id 0.0.0.4
```

```
network 10.1.0.4 0.0.0.3 area 10
network 10.1.1.0 0.0.0.255 area 10
network 10.1.2.0 0.0.0.255 area 10
network 10.1.3.0 0.0.0.255 area 10
eixt
ip route 0.0.0.0 0.0.0.0 10.1.0.5
```

3）优化功能配置。

① 划分 VLAN，并为其配置网关。

```
vlan 110
vlan 120
vlan 130
!
interface VLAN 110
ip address 10.1.1.1 255.255.255.0
!
interface VLAN 120
ip address 10.1.2.1 255.255.255.0
!
interface VLAN 130
ip address 10.1.3.1 255.255.255.0
!
interface VLAN 160
ip address 10.1.6.1 255.255.255.0
```

② 配置 MSTP，创建实例 10 和实例 20，将 VLAN110 和 VLAN130 加入到实例 10 中，将 VLAN120 和 VLAN160 加入到实例 20 中，将此交换设置为实例 10 的根，作为实例 20 的生成树备份根。

```
spanning-tree
spanning-tree mst configuration
instance 10 vlan 110,vlan 130
instance 20 vlan 120,vlan 160
spanning-tree mst 10 priority 4096
spanning-tree mst 20 priority 8192
```

③ 配置 DHCP 中继。

```
interface VLAN 110
ip helper-address 10.1.5.6
!
interface VLAN 120
ip helper-address 10.1.5.6
!
interface VLAN 130
ip helper-address 10.1.5.6
!
interface VLAN 160
ip helper-address 10.1.7.2
```

④ 并联在端口 Fa0/4，设置多播风暴控制，允许通过的多播报文最多占带宽的 10%。

```
interface FastEthernet 0/4
```

```
switchport mode trunk
storm-control multicast level 10
```

4）可靠性功能配置。

① 配置 VRRP：创建 2 个 VRRP 组，分别为 group10 和 group20，将 SW-1 设为 VLAN110 的活跃路由器，设为 VLAN120 的备份路由器。

```
interface VLAN 110
vrrp 10 priority 120
vrrp 10 ip 10.1.1.254
!
interface VLAN 120
vrrp 20 ip 10.1.2.254
```

② 配置链路聚合：将 Fa0/7—8 两接口配置为链路聚合，并实现基于源和目的 MAC 地址的负载均衡方式。

```
interface AggregatePort 1
interface FastEthernet 0/7
port-group 1
!
interface FastEthernet 0/8
 port-group 1
!
aggregateport load-balance src-dst-mac
```

5）安全功能配置。

① 只允许 VLAN110 和 VLAN120 的用户在工作日（周一～周五）的上班时间（9:00～18:00）访问 FTP 服务器，其他时间不允许访问。不允许 VLAN110 和 VLAN120 的用户相互访问，其他不受限制。

```
time-range work
periodic Weekdays 9:00 to 18:00
!
ip access-list extended 100
10 permit tcp 10.1.1.0 0.0.0.255 211.1.1.0 0.0.0.15 eq ftp-data time-range work
20 permit tcp 10.1.1.0 0.0.0.255 211.1.1.0 0.0.0.15 eq ftp time-range work
30 deny tcp any any eq ftp-data
40 deny tcp any any eq ftp
50 deny ip 10.1.1.0 0.0.0.255 10.1.2.0 0.0.0.255
60 permit ip any any
!
!
ip access-list extended 110
10 permit tcp 10.1.2.0 0.0.0.255 211.1.1.0 0.0.0.15 eq ftp-data time-range work
20 permit tcp 10.1.2.0 0.0.0.255 211.1.1.0 0.0.0.15 eq ftp time-range work
30 deny tcp any any eq ftp-data
40 deny tcp any any eq ftp
50 deny ip 10.1.2.0 0.0.0.255 10.1.1.0 0.0.0.255
60 permit ip any any
!
interface VLAN 110
ip access-group 100 in
```

```
!
interface VLAN 120
ip access-group 110 in
```

② 在所有的接入接口上配置 portfast。

```
interface range FastEthernet 0/1-10
spanning-tree portfast
```

6）管理功能配置。配置 SSH Server，允许通过 SSH 远程管理设备，并使用 AAA 进行本地验证。

```
enable service ssh-server
ip ssh authentication-retries 5
aaa new-model
aaa authentication login default local
username ruijie password 1234
line vty 0 4
transport input ssh
exit
```

2. SW-2 交换机设备功能配置

1）为交换机命名、Trunk 链路配置。

```
hostname SW-2
!
interface FastEthernet 0/5
switchport mode trunk
!
interface AggregatePort 1
switchport mode trunk
```

2）配置 OSPF 协议，指定 router-id 为 0.0.0.6。

```
router ospf 1
router-id 0.0.0.6
network 10.1.1.0 0.0.0.255 area 10
network 10.1.2.0 0.0.0.255 area 10
network 10.1.3.0 0.0.0.255 area 10
exit
ip route 0.0.0.0 0.0.0.0 10.1.0.5
```

3）优化功能配置。

① 划分 VLAN，并为其配置网关。

```
vlan 110
vlan 120
!
interface VLAN 110
ip address 10.1.1.2 255.255.255.0
!
interface VLAN 120
ip address 10.1.2.2 255.255.255.0
!
```

② 配置 MSTP，创建实例 10 和实例 20，将 VLAN110 和 VLAN130 加入到实例 10 中，

将 VLAN120 和 VLAN160 加入到实例 20 中，将此交换设置为实例 20 的根，作为实例 10 的生成树备份根。

```
spanning-tree
spanning-tree mst configuration
instance 10 vlan 110,vlan130
instance 20 vlan 120,vlan160
spanning-tree mst 20 priority 4096
spanning-tree mst 10 priority 8192
```

③ 配置 DHCP 中继。

```
interface VLAN 110
ip helper-address 10.1.5.6
!
interface VLAN 120
ip helper-address 10.1.5.6
!
interface VLAN 130
ip helper-address 10.1.5.6
!
interface VLAN 160
ip helper-address 10.1.7.2
```

④并联在端口 Fa0/5，设置多播风暴控制，允许通过的多播报文最多占带宽的 10%。

```
interface FastEthernet 0/5
switchport mode trunk
storm-control multicast level 10
```

4）可靠性功能配置。

① 配置 VRRP：创建 2 个 VRRP 组，分别为 group10 和 group20，将 SW-2 设为 VLAN120 活跃路由器，设为 VLAN110 的备份路由器。

```
interface VLAN 110
vrrp 10 ip 10.1.1.254
!
interface VLAN 120
vrrp 20 priority 120
vrrp 20 ip 10.1.2.254
```

② 配置链路聚合：将 Fa0/7—8 两接口配置为链路聚合，并实现基于源和目的 MAC 地址的负载均衡方式。

```
interface AggregatePort 1
interface FastEthernet 0/7
port-group 1
!
interface FastEthernet 0/8
port-group 1
!
aggregateport load-balance src-dst-mac
```

5）安全功能配置。只允许 VLAN110 和 VLAN120 的用户在工作日（周一～周五）的上班时间（9:00～18:00）访问 FTP 服务器，其他时间不允许访问。不允许 VLAN110 和 VLAN120

的用户相互访问，其他不受限制。

```
time-range work
periodic Weekdays 9:00 to 18:00
!
ip access-list extended 100
10 permit tcp 10.1.1.0 0.0.0.255 211.1.1.0 0.0.0.15 eq ftp-data time-range work
20 permit tcp 10.1.1.0 0.0.0.255 211.1.1.0 0.0.0.15 eq ftp time-range work
30 deny tcp any any eq ftp-data
40 deny tcp any any eq ftp
50 deny ip 10.1.1.0 0.0.0.255 10.1.2.0 0.0.0.255
60 permit ip any any
!
ip access-list extended 110
10 permit tcp 10.1.2.0 0.0.0.255 211.1.1.0 0.0.0.15 eq ftp-data time-range work
20 permit tcp 10.1.2.0 0.0.0.255 211.1.1.0 0.0.0.15 eq ftp time-range work
30 deny tcp any any eq ftp-data
40 deny tcp any any eq ftp
50 deny ip 10.1.2.0 0.0.0.255 10.1.1.0 0.0.0.255
60 permit ip any any
!
interface VLAN 110
ip access-group 100 in
!
interface VLAN 120
ip access-group 110 in
```

3. SW-3 交换机设备功能配置

因为该交换机只是连接处于背靠背防火墙之间的服务器群，没有其他用处，故该设备上无需做其他配置。

4. SW-4 交换机设备功能配置

1）基本功能配置。

① 配置 VLAN。

```
vlan 110
vlan 120
vlan 130
vlan 160
```

② 将接口 Fa0/1 加入到 VLAN160 中，将 Fa0/17-24 加入到 VLAN120 中，将 Fa0/6-16 加入到 VLAN110 中。

```
interface fastehernet0/1
switchport mode access
switchport access vlan 160
interface range fastethernet0/6-16
switchport mode access
switchport access vlan 110
interface range fastehernet 0/17-24
switchport mode access
switchport access vlan 120
```

③ 配置 Trunk。

```
Interface range fastehernet 0/4-5
switchport mode trunk
```

2）优化功能配置。

① 配置 MSTP，创建实例 10 和实例 20，将 VLAN110 和 VLAN130 加入到实例 10 中，将 VLAN120 和 VLAN160 加入到实例 20 中。

```
spanning-tree
spanning-tree mst configuration
instance 10 vlan 110,vlan 130
instance 20 vlan 120,vlan 160
```

② 配置 BPDU Filter、BPDU Guard。

```
int f0/1
spanning-tree bpduguard enable
spanning-tree bpdufilter enable
int range f0/6-24
spanning-tree bpduguard enable
spanning-tree bpdufilter enable
```

3）安全功能配置

① 在 Fa0/24 上配置端口安全，安全 MAC 地址为 00-12-f1-00-ab-01，安全 IP 地址为 10.1.1.60/24，并进行 IP 地址和 MAC 地址的绑定配置。

```
interface FastEthernet 0/24
switchport port-security mac-address 0012.f100.ab01 ip-address 10.1.1.60
```

②配置端口安全，第 24 个接口只允许 1 个主机访问，违规则关闭接口。

```
interface FastEthernet 0/24
switchport port-security maximum 1
switchport port-security violation shutdown
```

③ 在所有的接入接口上配置 postfast。

```
int range f0/1-3
spanning-tree portfast
int range f0/6-24
spanning-tree portfast
```

8.3.2 路由器配置

1. RA 路由器设备功能配置

1）路由器名称、IP 地址和链路捆绑基本配置。

```
hostname RA
!
interface multilink 1
ip address 19.1.1.1 255.255.255.252
!
interface Serial 3/0
encapsulation PPP
```

```
ppp multilink
ppp multilink group 1
!
interface Serial 4/0
encapsulation PPP
ppp multilink
ppp multilink group 1
clock rate 64000
!
interface FastEthernet 0/0
ip address 19.1.1.13 255.255.255.252
!
interface FastEthernet 0/1
ip address 10.1.9.1 255.255.255.252
!
```

2）路由功能配置。

① 配置 OSPF 协议，指定 route-id 为 0.0.0.1。

```
router ospf 1
router-id 0.0.0.1
network 10.1.9.1 0.0.0.0 area 10
network 19.1.1.1 0.0.0.0 area 0
network 19.1.1.13 0.0.0.0 area 0
```

② 配置基于接口的验证，采用 MD5 验证方式。

```
interface multilink 1
ip ospf authentication message-digest
ip ospf message-digest-key 1 md5 123456
!
interface FastEthernet 0/0
ip ospf authentication message-digest
ip ospf message-digest-key 1 md5 123456
```

3）安全功能配置。

```
ip access-list extended 110
10 permit ip 10.1.5.0 0.0.0.15 10.3.4.0 0.0.3.255
!
ip access-list extended 120
10 permit ip 10.1.5.0 0.0.0.15 10.2.16.0 0.0.3.255
!
crypto isakmp policy 10
encryption 3des
authentication pre-share
hash md5
group 2
!
crypto isakmp key 7 123456 address 19.1.1.14
crypto isakmp key 7 123456 address 19.1.1.2
crypto ipsec transform-set vpn1 esp-des esp-sha-hmac
crypto ipsec transform-set vpn2 esp-des esp-sha-hmac
exit
!
```

```
crypto map vpn1 10 ipsec-isakmp
set peer 19.1.1.14
set transform-set vpn1
match address 120
!
crypto map vpn2 10 ipsec-isakmp
set peer 19.1.1.2
set transform-set vpn2
match address 110
!
interface multilink 1
crypto map vpn2
!
interface FastEthernet 0/0
crypto map vpn1
```

4）链路功能配置。配置 PPP。

```
interface Serial 3/0
encapsulation PPP
ppp multilink
ppp multilink group 1
ppp authentication chap pap
!
interface Serial 4/0
encapsulation PPP
ppp multilink
ppp multilink group 1
ppp authentication chap pap
clock rate 64000
!
```

5）管理功能配置。配置 AAA，当远程登录时，采用 RADIUS 和本地验证，RADIUS 服务器地址为 10.1.5.8，密钥为 123abc。

```
aaa new-model
aaa authentication login default group radius local
username ruijie password 0 1234
radius-server host 10.1.5.8
radius-server key 123abc
line vty 0 4
login authentication default
```

6）服务质量配置。在 MU1 上配置 WFQ，配置拥塞丢弃阀值为 128 个消息、512 个动态队列。

```
interface multilink 1
fair-queue 128 512
```

2. RB 路由器设备功能配置

RB 路由器用于模拟 Internet，用做远程用户通过访问校本部服务器资源的入口，只需在该设备上配置接口 IP 地址，其他无需配置。

```
hostname RB
```

```
!
interface FastEthernet 0/0
ip address 211.1.1.17 255.255.255.252
!
interface FastEthernet 0/1
ip address 211.1.1.2 255.255.255.240
!
interface FastEthernet 0/2
ip address 211.1.2.254 255.255.255.0
```

3. RC 路由器设备功能配置

1）设备名称、接口 IP 地址配置。

```
hostname RC
!
interface FastEthernet 0/1
ip address 19.1.1.14 255.255.255.252
!
interface Loopback 0
ip address 10.2.16.1 255.255.255.0
!
interface Loopback 1
ip address 10.2.17.1 255.255.255.0
!
interface Loopback 2
ip address 10.2.18.1 255.255.255.0
!
interface Loopback 3
ip address 10.2.19.1 255.255.255.0
!
```

2）路由功能配置。

① 配置 OSPF 协议，指定 router-id 为 0.0.0.8；对子网的路由进行汇总；将此区域配置为子区域。

```
router ospf 1
router-id 0.0.0.8
area 40 stub
network 10.2.16.0 0.0.0.255 area 40
network 10.2.17.0 0.0.0.255 area 40
network 10.2.18.0 0.0.0.255 area 40
network 10.2.19.0 0.0.0.255 area 40
network 19.1.1.14 0.0.0.0 area 0
area 40 range 10.2.16.0 255.255.252.0
```

② 配置基于接口的验证功能，采用 MD5 方式。

```
interface FastEthernet 0/1
ip ospf authentication message-digest
ip ospf message-digest-key 1 md5 123456
```

3）安全功能配置。配置 IPSec VPN，使内部各个子网能够安全地访问总公司的服务器群（VLAN150），采用隧道模式。

```
ip access-list extended 120
 10 permit ip 10.2.16.0 0.0.3.255 10.1.5.0 0.0.0.15
!
crypto isakmp policy 10
 encryption 3des
 authentication pre-share
 hash md5
 group 2
!
crypto isakmp key 7 123456 address 19.1.1.13
crypto ipsec transform-set vpn1 esp-des esp-sha-hmac
crypto map vpn1 10 ipsec-isakmp
 set peer 19.1.1.13
 set transform-set vpn1
 match address 120
!
interface FastEthernet 0/1
 crypto map vpn1
```

4. RD 路由器设备功能配置

1) 路由器名称、IP 地址和链路捆绑基本配置。

```
hostname RD
!
interface multilink 1
ip address 19.1.1.2 255.255.255.252
!
interface Serial 3/0
 encapsulation PPP
 ppp multilink
 ppp multilink group 1
 clock rate 64000
!
interface Serial 4/0
 encapsulation PPP
 ppp multilink
 ppp multilink group 1
!
interface FastEthernet 0/1
ip address 10.5.1.2 255.255.255.252
!
interface Loopback 0
ip address 10.3.4.1 255.255.255.0
!
interface Loopback 1
ip address 10.3.5.1 255.255.255.0
!
interface Loopback 2
ip address 10.3.6.1 255.255.255.0
!
interface Loopback 3
ip address 10.3.7.1 255.255.255.0
!
```

2）路由功能配置。

① 配置 OSPF 协议，指定 router-id 为 0.0.0.9。

```
router ospf 1
router-id 0.0.0.9
network 10.3.4.0 0.0.0.255 area 20
network 10.3.5.0 0.0.0.255 area 20
network 10.3.6.0 0.0.0.255 area 20
network 10.3.7.0 0.0.0.255 area 20
network 19.1.1.2 0.0.0.0 area 0
```

② 配置基于接口的验证，采用 MD5 方式。

```
interface multilink 1
ip ospf authentication message-digest
ip ospf message-digest-key 1 md5 123456
```

3）安全功能配置。配置 IPSec VPN，使分公司各个子网能够安全地访问总公司的服务器群（VLAN150），采用隧道模式。

```
ip access-list extended 110
10 permit ip 10.3.4.0 0.0.3.255 10.1.5.0 0.0.0.15
!
crypto isakmp policy 10
encryption 3des
authentication pre-share
hash md5
group 2
!
crypto isakmp key 7 123456 address 19.1.1.1
crypto ipsec transform-set vpn2  esp-des esp-sha-hmac
crypto map vpn2 10 ipsec-isakmp
set peer 19.1.1.1
set transform-set vpn2
match address 110
!
interface multilink 1
crypto map vpn2
```

4）链路功能配置。

① 配置 PPP。

```
interface Serial 3/0
encapsulation PPP
ppp multilink
ppp multilink group 1
ppp authentication chap pap
clock rate 64000
!
interface Serial 4/0
encapsulation PPP
ppp multilink
ppp multilink group 1
ppp authentication chap pap
!
```

② 认证时需要使用 AAA 方式，认证采用本地认证。

```
aaa new-model
aaa authen login default local
username ruijie password 1234
aaa authen login default group radius local
username ruijie password 1234
radius-server host 10.1.5.8
radius-server key 123abc
line vty 0 4
login authentication default
end
```

5）管理功能配置。配置 AAA，当远程登录时，采用 RADIUS 和本地验证，RADIUS 服务器地址为 10.1.5.8，密钥为 123abc。

```
aaa new-model
aaa authentication login default group radius local
username ruijie password 0 1234
radius-server host 10.1.5.8
radius-server key 123abc
line vty 0 4
login authentication default
```

6）服务质量配置。对出接口 MUL 1 的流量限制在 300kbit/s，没有超额的流量允许发送，超额的流量丢弃。对入接口 Fa0/0 的流量限制在 2Mbit/s，没有超额的流量允许发送，超额的流量丢弃。

```
access-list 1 permit any
class-map aa
match access-group 1
ex
policy-map bb
class aa
police cir 300000 pir 300000 300000 300000 conform-action transmit exceed-action drop
mul 1
service-policy output bb
exit
class-map cc
match access-group 1
exit
policy-map dd
class cc
police cir 2000000 pir 2000000 2000000 2000000 conform-action transmit exceed-action  drop
mul 1
service-policy input dd
exit
```

8.3.3 防火墙配置

1. FW-1 防火墙功能配置

（1）基本功能配置

打开 Web 配置界面，选择"网络配置"选项卡，选中"接口 IP"选项，单击"添加"按钮，打开接口 IP 配置界面，如图 8-4 所示。

选择要配置的网络接口 ge1 和 ge2，接口 IP 地址分别设为 10.1.5.2、10.1.0.5，子网掩码分别设为 255.255.255.240、255.255.255.252，勾选"允许所有主机 PING"、"用于管理"、"允许管理主机 PING"、"允许管理主机 Traceroute"复选框，配置结果如图 8-5 所示。

图 8-4　防火墙接口 IP 地址配置界面　　　　图 8-5　防火墙接口 IP 地址配置结果

（2）路由功能配置

打开 Web 配置界面，选择"网络配置"选项卡选中"策略路由"选项，单击"添加"按钮，打开进入策略路由配置界面，如图 8-6 所示。

按照项目要求，FW-1 防火墙允许使用 OSPF 协议，但无法到达除本网段之外的任何路由，因此需要在该设备上配置一条默认静态路由，如图 8-7 所示。

图 8-6　防火墙路由策略配置界面　　　　图 8-7　防火墙静态路由配置

选择"动态路由"选项卡选择"OSPF 设置"选项启用 OSPF，并配置路由 ID 为 3，如图 8-8 所示。

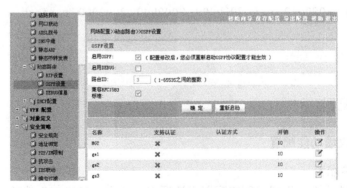

图 8-8　启用防火墙 OSPF 和路由器 ID 配置

配置 OSPF 区域 ID，如图 8-9 所示。
配置 OSPF 宣告网段，如图 8-10 所示。

图 8-9　防火墙 OSPF 区域 ID 配置　　　　图 8-10　防火墙 OSPF 宣告网段配置

（3）安全功能配置

打开 Web 配置界面，选择"对象定义"选项卡，选择"地址功能"选项，配置地址列表，如图 8-11 所示，单击"添加下一条"按钮，并按项目要求添加 4 个地址对象，如图 8-12 所示。

图 8-11　防火墙地址对象配置界面　　　　图 8-12　防火墙地址对象配置结果

选择"安全策略"选项卡，选择"安全规则"选项，单击"添加"按钮，打开安全规则配置界面，如图 8-13 所示。

按照项目要求配置发行 OSPF 报文、DHCP 报文、禁止使用私有地址访问内网服务器访问控制列表并使其生效，配置结果如图 8-14 所示。

图 8-13　防火墙安全规则配置界面　　　　图 8-14　防火墙安全规则配置结果

2. FW-2 防火墙功能配置

（1）基本功能配置

打开 Web 配置界面，选择"网络配置"选项卡，选择"接口 IP"选项，单击"添加"按钮，打开接口 IP 配置界面，如图 8-15 所示。

选择要配置的网络接口 ge1、ge2 和 ge3，接口 IP 地址分别设为 10.1.9.2、10.1.5.1、10.1.0.2，子网掩码分别设为 255.255.255.252、255.255.255.240、255.255.255.252，勾选"允许所有主机 PING"、"用于管理"、"允许管理主机 PING"、"允许管理主机 Traceroute"复选框，配置结果如图 8-16 所示。

图 8-15　FW-2 防火墙接口 IP 地址配置界面　　　图 8-16　FW-2 防火墙接口 IP 地址配置结果

（2）路由功能配置

打开 Web 配置界面，选择"网络配置"选项卡，选择"策略路由"选项，单击"添加"按钮，打开路由策略配置界面，如图 8-17 所示。

按照项目要求 FW-2 防火墙允许 OSPF 协议，但无法到达除本网段之外的任何路由，因此需要在该设备上配置一条默认静态路由，如图 8-18 所示。

图 8-17　FW-2 防火墙路由策略配置界面　　　图 8-18　FW-2 防火墙静态路由配置

选择"动态路由"选项卡，选择"OSPF 设置"选择，启用 OSPF，并配置路由 ID 为 2，如图 8-19 所示。

配置 OSPF 区域 ID 和宣告网段，如图 8-20 所示。

（3）安全功能配置

打开 Web 配置界面，选择"对象定义"选项卡，选择"时间功能"选项，配置时间列表，单击"添加"按钮，按项目要求添加时间对象，如图 8-21 所示。

选择"安全策略"选项卡，选择"安全规则"选项，单击"添加"选项打开安全规则配置界面，如图 8-22 所示。

图 8-19　FW-2 防火墙 OSPF 启用和路由器 ID 配置　　图 8-20　FW-2 防火墙 OSPF 区域 ID 配置和宣告网络

图 8-21　FW-2 防火墙时间对象配置界面　　图 8-22　FW-2 防火墙安全规则配置界面

按照项目要求配置发行 OSPF 报文、DHCP 报文、禁止使用私有地址访问内网服务器访问控制列表并使其生效，配置结果如图 8-23 所示。

8.3.4　VPN 网关配置

1. VPN-1 功能配置

（1）IP 地址配置

打开超级终端，将通信参数还原为默认值，波特率设置为 115200，用户名和密码都设为

图 8-23　FW-2 防火墙安全规则配置结果

sadm，按项目要求，执行以下操作，配置 VPN 网关接口的 IP 地址。

```
[sadm@RG-WALL]# network
[sadm@RG-WALL(Network)]# interface set
Interface to set (eth0, eth1, Enter means cancel):
eth1
```

按 Enter 键。

```
Bring up onboot? (0: No, 1: Yes, Enter means Yes)
```

按 Enter 键。

```
Work mode (0: UnCfg, 1: Manual, 2: DHCP, 3: PPPoE, 4: InBridge, Enter means Manual):
```

按 Enter 键。

```
IP Address (xxx.xxx.xxx.xxx):
10.1.0.1
Netmask (xxx.xxx.xxx.xxx, Enter means 255.255.255.0):
255.255.255.252
GateWay (xxx.xxx.xxx.xxx, Enter means no default gateway in this network):
```

按 Enter 键。

```
MAC Address (xx:xx:xx:xx:xx:xx, Enter means use MAC Address of device):
```

按 Enter 键。

```
 MTU (68-1500, Enter means use MTU of device):
```

按 Enter 键。

```
[sadm@RG-WALL(Network)]# interface set
Interface to set (eth0, eth1, Enter means cancel):
eth0
Bring up onboot? (0: No, 1: Yes, Enter means Yes)
```

按 Enter 键。

```
Work mode (0: UnCfg, 1: Manual, 2: DHCP, 3: PPPoE, 4: InBridge, Enter means Manual):
```

按 Enter 键。

```
IP Address (xxx.xxx.xxx.xxx):
211.1.1.1
Netmask (xxx.xxx.xxx.xxx, Enter means 255.255.255.0):
255.255.255.240
GateWay (xxx.xxx.xxx.xxx, Enter means no default gateway in this network):
211.1.1.2
MAC Address (xx:xx:xx:xx:xx:xx, Enter means use MAC Address of device):
```

按 Enter 键。

```
MTU (68-1500, Enter means use MTU of device):
```

按 Enter 键。

（2）登录 VPN 管理软件

打开"锐捷安全网关管理中心"软件（软件和控制台不能同时登录），新建网关组，并新建网关，设网关名 vpn1，网关地址为 10.1.0.1，输入口令 adm，单击"登录"按钮。

（3）远程访问 VPN 配置

选择"虚拟专用网"选项卡，选择"IPSec VPN"选项，再选择"远程用户管理"选项，如图 8-24 所示。

选择"虚 IP 分配表"选项，单击"虚 IP 地址池"选项组的"添加"按钮，选择"子网地址选项"，设置 IP 地址池为 10.1.4.0/24，如图 8-25 所示。

选择"本地用户数据库"选项卡，单击"添加用户"按钮，分别添加 5 个测试用户，如图 8-26 所示。

单击"虚 IP 分配表"选项组中的"添加"按钮，绑定用户名和 IP 地址，如图 8-27 所示。

图 8-24　VPN 网关远程用户管理界面

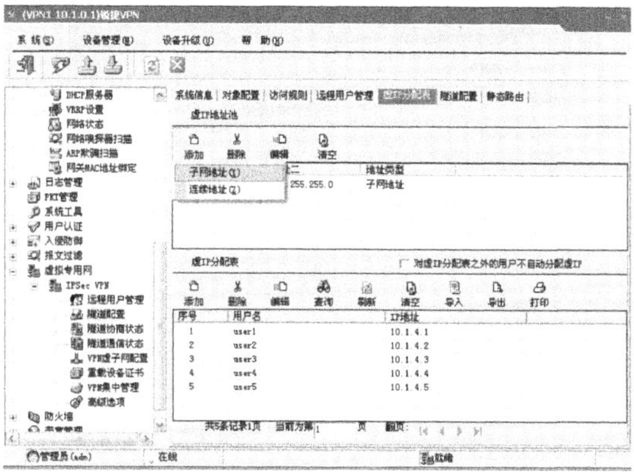

图 8-25　添加虚拟 IP 地址池

图 8-26　添加用户

图 8-27　绑定用户名及 IP 地址

选择"远程用户管理"选项卡，单击"允许访问子网"按钮，添加内部资源子网，如图 8-28 所示。

（3）Site-To-Site VPN 配置

选择"虚拟专用网"选项卡，添加设备，打开如图 8-29 所示界面。

图 8-28　添加内部资源子网

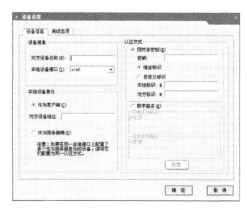

图 8-29　VPN 设备添加界面

编辑设备信息，配置对端设备接口 IP 地址和共享密钥，如图 8-30 所示。

选择"隧道配置"选项卡，单击"添加隧道"按钮，打开如图 8-31 所示界面。

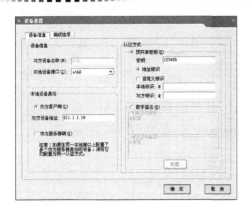
图 8-30　VPN 对端设备添加结果

图 8-31　VPN 隧道配置界面

编辑隧道信息，编辑对方设备，添加需要匹配的数据流，如图 8-32 所示。

图 8-32　VPN 隧道配置

（4）VPN 网关 NAT 配置

选择"防火墙"选项卡，选择"IP 地址对象"选项，单击"添加对象"按钮，添加内网访问外网 IP 地址对象，打开如图 8-33 所示配置界面。

配置 IP 地址对象成员，打开如图 8-34 所示界面。

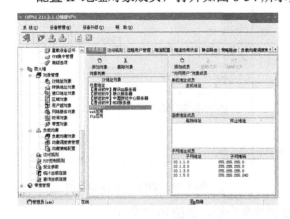
图 8-33　IP 地址对象配置界面

图 8-34　添加 IP 地址对象成员界面

选择"防火墙"选项卡,选择"转换地址对象"选项,打开如图 8-35 所示界面。
单击"添加对象"按钮,打开如图 8-36 所示界面。

图 8-35　转换地址对象配置界面　　　　　图 8-36　添加转换地址对象配置

添加对象名称后,给对象名称添加成员,单击"添加成员"按钮,打开如图 8-37 所示界面。

选择"防火墙"选项卡,选择"访问规则"选项,单击"添加规则"按钮,打开如图 8-38 所示界面。发行内网访问外网数据包。

图 8-37　添加转换地址对象成员　　　　　图 8-38　访问规则配置界面

(5) 将内网 Web 服务器和 FTP 服务器发布至公网

选择"防火墙"选项卡,选择"IP 地址对象"选项,单击"添加对象"按钮,编辑 IP 地址对象成员(Web 应用),打开如图 8-39 所示界面。

单击"添加成员"按钮,编辑 IP 地址对象(FTP 应用),打开如图 8-40 所示界面。

图 8-39　IP 地址对象(Web 应用)配置界面　　　图 8-40　IP 地址对象(FTP 应用)配置界面

选择"防火墙"选项卡,选择"网络服务对象"选项,再选择"对象配置"选项,单击"添加对象"按钮,添加"FTP 端口映射"、"Web 端口映射"对象后,在对象列表,选择"FTP 端口映射"选项并添加成员,打开如图 8-41(a)所示界面,编辑"FTP 端口映射"对象成员。选择"Web 端口映射"选项并添加成员,打开如图 8-41(b)所示界面,编辑"Web 端口映射"对象成员。

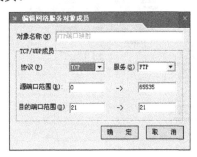
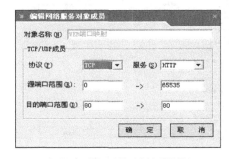

(a) FTP 端口映射对象成员编辑　　　　　(b) Web 端口映射对象成员编辑

图 8-41　编辑 IP 地址对象成员界面

编辑防火墙规则(Web 应用),如图 8-42 所示。
编辑防火墙规则(FTP 应用 21 端口),如图 8-43 所示。
编辑防火墙规则(FTP 应用 20 端口),如图 8-44 所示。
(5)配置路由

选择"网络管理"选项卡,选择"路由设置"选项,再选择"OSPF 动态路由"选项,编辑 OSPF 动态路由,打开如图 8-45 所示的配置界面。

选择"路由设置"选项,再选择"OSPF 动态路由"选项,打开"OSPF 动态路由"界面,选择"路由状态"选项卡,查看学习到的 OSPF 动态路由,如图 8-46 所示。

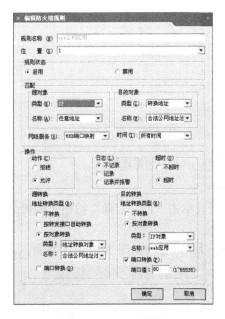
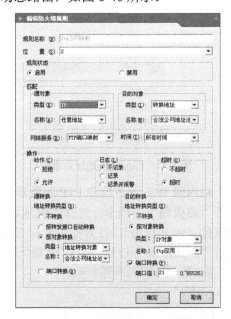

图 8-42　编辑防火墙访问规则(WEB)界面　　图 8-43　编辑防火墙访问规则(FTP 21 端口)界面

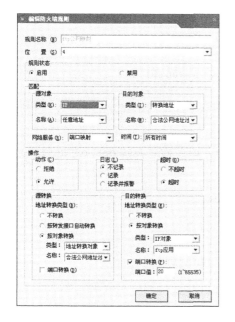
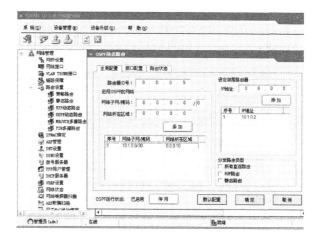

图 8-44 编辑防火墙访问规则（FTP 20 端口）界面　　　图 8-45 OSPF 动态路由配置界面

图 8-46 动态路由配置界面

2. VPN-2 功能配置

（1）IP 地址配置

打开超级终端，将通信参数还原为默认值，波特率设置为 115200，用户名和密码都为 sadm，按项目要求，执行以下操作，配置 VPN 网关接口的 IP 地址。

```
[sadm@RG-WALL]# network
[sadm@RG-WALL(Network)]# interface set
Interface to set (eth0, eth1, Enter means cancel):
eth1
Bring up onboot? (0: No, 1: Yes, Enter means Yes)
```

按 Enter 键。

```
Work mode (0: UnCfg, 1: Manual, 2: DHCP, 3: PPPoE, 4: InBridge, Enter means Manual):
```

按 Enter 键。

```
IP Address (xxx.xxx.xxx.xxx):
10.5.1.1
Netmask (xxx.xxx.xxx.xxx, Enter means 255.255.255.0):
255.255.255.252
GateWay (xxx.xxx.xxx.xxx, Enter means no default gateway in this network):
```

按 Enter 键。

```
MAC Address (xx:xx:xx:xx:xx:xx, Enter means use MAC Address of device):
```

按 Enter 键。

```
MTU (68-1500, Enter means use MTU of device):
```

按 Enter 键。

```
[sadm@RG-WALL(Network)]# interface set
Interface to set (eth0, eth1, Enter means cancel):
eth0
Bring up onboot? (0: No, 1: Yes, Enter means Yes)
```

按 Enter 键。

```
Work mode (0: UnCfg, 1: Manual, 2: DHCP, 3: PPPoE, 4: InBridge, Enter means Manual):
```

按 Enter 键。

```
IP Address (xxx.xxx.xxx.xxx):
211.1.1.18
Netmask (xxx.xxx.xxx.xxx, Enter means 255.255.255.0):
255.255.255.252
GateWay (xxx.xxx.xxx.xxx, Enter means no default gateway in this network):
211.1.1.17
MAC Address (xx:xx:xx:xx:xx:xx, Enter means use MAC Address of device):
```

按 Enter 键。

```
MTU (68-1500, Enter means use MTU of device):
```

按 Enter 键。

（2）登录 VPN 管理软件

打开"锐捷安全网关管理中心"软件（软件和控制台不能同时登录），新建网关组，并新建网关，设网关名为 vpn2，网关地址为 10.5.1.1，输入口令为 adm，单击"登录"按钮。

（3）远程访问 VPN 配置

选择"虚拟专用网"选项卡，选择"IPsec VPN"选项，再选择"远程用户管理"选项，打开虚 IP 分配表界面，单击"虚 IP 分配表→添加"按钮，设置"子网地址"为 10.9.4.0，如图 8-47 所示。

选择"本地用户数据库"选项卡，单击"添加用户"按钮，分别添加 5 个测试用户，如图 8-48 所示。

单击"虚 IP 地址分配表"选项组中的"添加"按钮，绑定用户名和 IP 地址，如图 8-49 所示。

选择"远程用户管理"选项卡，单击"允许访问子网"按钮，添加内部资源子网，如图 8-50 所示。

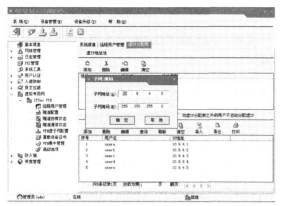

图 8-47　添加虚拟 IP 地址池　　　　　图 8-48　添加本地用户数据库

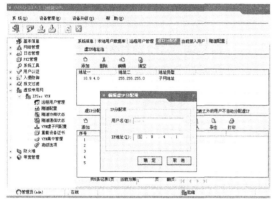

图 8-49　绑定用户名及 IP 地址　　　　图 8-50　添加内部资源子网

（3）Site-To-Site VPN 配置

选择"虚拟专用网"选项卡，单击"添加设备"按钮，打开如图 8-51 所示界面。编辑设备信息，配置对端设备接口 IP 地址和共享密钥，如图 8-52 所示。

图 8-51　添加 VPN 设备　　　　　　　图 8-52　添加 VPN 设备结果

选择"隧道配置"选项卡，单击"添加隧道"按钮，编辑对方设备，添加匹配的数据流，如图 8-53 所示。

（5）配置路由

选择"网络管理"选项卡，选择"路由设置"选项，再选择"OSPF 动态路由"选项，编辑 OSPF 动态路由，打开如图 8-54 所示的配置界面。

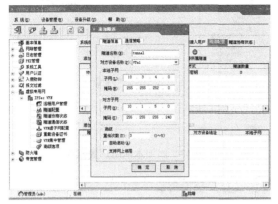

图 8-53　VPN 隧道配置界面

图 8-54　OSPF 动态路由配置界面

选择"路由状态"选项卡，查看学习到的 OSPF 动态路由，如图 8-55 所示。

图 8-55　学习到的动态路由配置界面

8.3.5　无线网络配置

校本部采用无线交换机+瘦 AP 组网方式，分校区 A 采用胖 AP 组网方式。无线瘦 AP 的网关及无线 AP 用户（VLAN130）的网关配置在三层交换机 SW-1 上，其 IP 地址由 DHCP 服务器提供。

1. 无线交换机基本配置

无限交换机基本配置如下。

```
ena
config t
vlan 130
vlan 160
exit
!
```

```
interface vlan 130
interface vlan 160
exit
!
interface gigabitethernet 0/1
switchport mode trunk
interface gigabitethernet 0/2
no switchport
ip add 10.1.7.2 255.255.255.0
interface loopback 0
ip add 9.9.9.9 255.255.255.255
!
ip dhcp pool ap
network 10.1.6.0 255.255.255.0
option 138 ip 9.9.9.9
default-router 10.1.6.1
!
ip route 0.0.0.0 0.0.0.0 10.1.7.1
!
```

2. 无线交换机功能配置

无线交换机功能配置如下。

```
wlan-config 2  ruijie1
enable-broad-ssid
exit
!
ap-group ruijie
interface-mapping 2 130
exit
ap-config all
ap-group ruijie
exit
!
wlansec 2
security rsn enable
security rsn ciphers aes enable
security rsn akm psk enable
security rsn akm psk set-key ascii 1234567890
```

3. 二层交换机的配置

二层交换机的配置如下。

```
ena
conf t
vlan 160
exit
!
hostname SW2
!
interface FastEthernet 0/1
switchport access vlan 160
```

```
interface FastEthernet 0/4
switchport mode trunk
```

4. 胖 AP 配置

1）配置接口 IP 地址和 VLAN。

```
ap-mode fat
enable
conf t
hostname AP-2
vlan 80
int g0/1
ip add 10.1.8.2 255.255.255.252
speed 100
int bvi 80
ip add 10.1.8.2 255.255.255.0
```

2）配置 DHCP 服务，为 VLAN90 用户分配 IP 地址。

```
ip dhcp pool AP-2
network 10.1.8.0 255.255.255.0
default-router 10.1.8.1
```

3）配置 OSPF 协议。

```
router ospf 1
router-id 0.0.0.11
network 10.1.8.0 0.0.0.255 area 20
opip route 0.0.0.0 0.0.0.0 10.1.8.1
```

4）创建 WLAN。

```
dot11 wlan 10
vlan 80
broadcast-ssid
ssid ruijie2
```

5）封装无线接口。

```
int dot11radio 1/0
encapsulation dot1Q 80
mac-mode fat
radio-type 802.11b
channel 1
wlan-id 10
int dot11radio2/0
encapsulation dot1Q 80
mac-mode fat
radio-type 802.11a
channel 149
wlan-id 10
```

6）安全认证配置。

```
wlansec 10
security rsn enable
security rsn ciphers aes enable
security rsn akm psk enable
security rsn akm psk set-key ascii 12345678
```

8.3.6 网络服务配置

在 Server1 上安装虚拟机 DC1 和 DC2，其安装过程和真实机上安装过程几乎一样，这里不再赘述。

在 Server2 上安装虚拟机 Linux AS5，其安装过程和真实机上安装过程几乎一样，这里不再赘述。

1．域控制器—功能配置

（1）将 DC1 提升为域控制器

安装前在 DC1 上按图 8-56 所示设置 IP 地址和 DNS 服务器地址。单击"开始"按钮选择"运行"选项，弹出"运行"对话框，输入"dcpromo"，如图 8-57 所示，单击"确定"按钮，开始配置活动目录。主要配置过程如下，如图 8-58 所示。

图 8-56　DC1 服务器 IP 地址和 DNS 地址设置　　　图 8-57　"运行"对话框

（2）创建用户和组

单击"开始"按钮，选择"→程序→管理工具→Active Directory 用户和计算机"选项，打开"Active Directory 用户和计算机"窗口。

右击 lab.com 弹出快捷菜单，选择"新建→组织单位"选项，如图 8-59 所示。

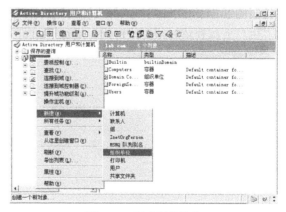

图 8-58　DC1 提升为域控制　　　图 8-59　创建组织单位

按项目要求创建 4 个组织单位，名称分别为"生产部"、"销售部"、"行政部"、"经理办公室",如图 8-60 所示。

在各自的组织单位里面添加组,这里以生产部为例。右击"生产部"选项,在弹出的快捷菜单中选择"新建→组"选项,打开如图 8-61 所示的配置界面。

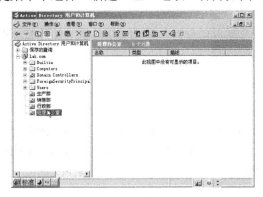 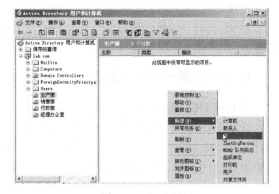

图 8-60　组织单位创建完成　　　　　　图 8-61　新建组

创建一个全局安全组 production,如图 8-62 所示。

向组中添加用户,右击"production"选项,在弹出的快捷菜单中选择"新建→用户"选项,打开如图 8-63 所示界面。

图 8-62　创建一个全局安全组　　　　　　图 8-63　新建用户

按照图 8-64 建立域用户,并设置密码。由于项目要求账户在首次登录时修改密码,所以勾选"用户下次登录时须更改密码"复选框,如图 8-65 所示。

 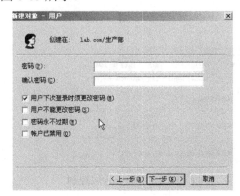

图 8-64　新建用户账户　　　　　　图 8-65　更改用户密码

双击组"production",弹出"production 属性"对话框,选择"成员"选项卡,单击"添加"按钮添加成员,如图 8-66 所示。

(3) 账户策略配置

单击"开始"按钮,选择"程序→管理工具→域安全策略"选项,打开如图 8-67 所示界面。

图 8-66　向组中添加成员　　　　　　　图 8-67　域安全策略配置界面

按项目要求修改密码安全策略,如图 8-68 所示界面。

按项目要求修改账户锁定策略,如图 8-69 所示。

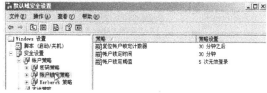

图 8-68　修改密码安全策略　　　　　　图 8-69　修改账户锁定策略

(4) 组策略配置

单击"开始"按钮,选择"程序→管理工具→Active Directory 用户和计算机"选项,右击"lab.com"选项,弹出快捷键菜单,选择"新建→组织单位"选项,如图 8-70 所示。

新建一个组"media",如图 8-71 所示。

按项目要求,将除部门经理和总经理以外的用户添加到组"media",如图 8-72 所示。

新建一个组策略,并编辑其属性。右击"media"选项,弹出快捷菜单,选择"属性"选项,打开如图 8-73 所示的组策略属性界面,单击"新建"按钮,新建组策略名称为"media"。

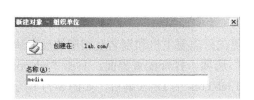

图 8-70　新建组织单位　　　　　　　　图 8-71　新建安全组

图 8-72 添加组成员

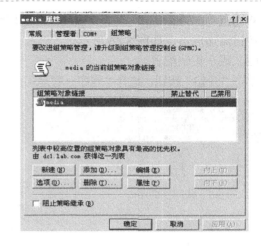

图 8-73 新建组策略

如图 8-74 所示，找到"不要运行指定的 Windows 应用程序"并双击，弹出"添加项目"对话框，填写 vmplayer.exe，如图 8-75 所示。

图 8-74 设置组策略

图 8-75 指定禁止运行的 Windows 应用程序

项目要求部门经理和总经理可以使用 vmplayer.exe 程序，因此将部门经理和总经理添加到"Administrators"组内，如同 8-76 所示。

（5）CA 证书的安装

双击 CD 驱动器，选择安装可选的 Windows 组件，选择应用程序服务器下的 IIS 和证书服务，单击"下一步"按钮，选择企业根，单击"下一步"按钮，项目没有要求随便填入名称即可，单击"下一步"按钮，设置数据文件保存位置，安装的过程中弹出警告对话框，只是警告暂时关闭 Web，不必在意，单击"确定"按钮即可。Web 证书的申请，在配置 Web 服务器的时候进行介绍，这里略去。

（6）DNS 服务配置

配置活动目录时已经配置了一部分 DNS，所以现在只需要主机和别名及相应的反向解析。单击"开始"按钮，选择"程序→管理工具→DNS"选项，打开配置界面，右击"lab.com→新建主机"选项，根据项目要求添加主机名称为 dc1.lab.com 的 DNS 解析，如图 8-77 所示。

网络系统集成实践 项目 8

图 8-76　将部门经理和总经理添加到"Administrators"组　　　图 8-77　添加 DNS 主机名

按项目要求添加主机别名，如图 8-78 所示。
添加邮件交换器，如图 8-79 所示。

图 8-78　添加 DNS 主机别名　　　　　　　　　图 8-79　添加邮件交换器

添加反向解析记录。右击"反向查找区域"选项，在弹出的快捷菜单中选择"新建区域→主要区域"选项，弹出"新建区域向导"对话框，单击"下一步"按钮，输入网络 ID 为 10.1.5.0，如图 8-80 所示，单击"下一步"按钮即可。

新建指针，如图 8-81 所示。

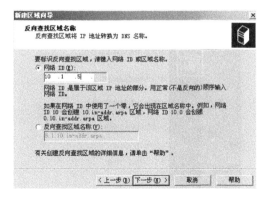 

图 8-80　添加反向查找区域　　　　　　　　　图 8-81　新建指针

231

为子域委派管理，即把不能解析的域名交给子域来处理，可通过设置 DNS 转发器来完成。在 DNS 属性对话框中，选择"转发器"选项卡，添加子域的 IP 地址为 10.1.5.7，并单击"添加"按钮确定即可，如图 8-82 所示。

（7）网络管理配置

设置远程桌面，右击"计算机"图标，在弹出的快捷菜单中选择"属性"选项，弹出"系统属性"对话框，选择"远程"选项卡，勾选"启用这台计算机上的远程桌面"复选框，如图 8-83 所示。

图 8-82 设置 DNS 转发器

添加远程用户。单击"选择远程用户"按钮，弹出"远程桌面用户"对话框，如图 8-84 所示，单击"添加"按钮，选择允许使用远程桌面用户 Administrator。

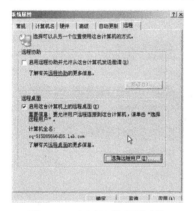
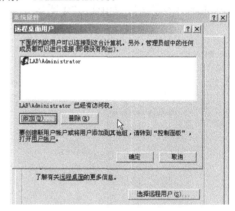

图 8-83 启用远程桌面功能　　　　　　图 8-84 添加远程桌面用户

设置每个用户登录都能自动映射到 Z 盘。由于要设置很多用户，这里以生产部的经理用户 prod 为例说明该配置过程。单击"开始"按钮，选择"程序→管理工具→Active Directory 用户和计算机"选项，选择"生产部"选项，右击"prod"，弹出快捷菜单，选择"属性"选项，弹出如图 8-85 所示的"prod 属性"对话框，并按图 8-85 设置用户配置文件和主文件夹。

备份活动目录配置。单击"开始"按钮，选择"程序→附件→系统工具→备份"选项，弹出如图 8-86 所示的"备份或还原向导"对话框。

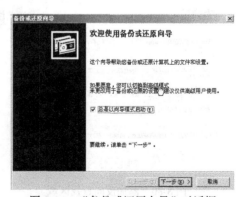

图 8-85 设置"prod 属性"　　　　　　图 8-86 "备份或还原向导"对话框

选择高级模式，打开"备份工具"配置界面，选择"计划作业"选项卡，单击"添加作业"按钮，再次单击"下一步"按钮→单击"下一步"按钮（这里任务没有要求备份的项目），单击"下一步"按钮（备份文件存放位置题目没有要求），3次单击"下一步"按钮，然后单击"设定备份计划"按钮，弹出如图8-87所示的"计划作业"对话框。设置计划作用后，单击"确定"按钮，设置备份密码。用同样的方法设置17:30分的备份计划。

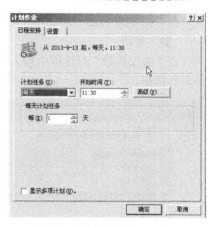

图8-87 制订备份作业计划

5. 域控制器二功能配置

域控制器二的安装和配置方法与域控制器一基本相同，这里不再讲述域控制器二的安装和配置方法。需要注意的是，安装域控制器二时，当其加入域控制器一的子域后，将DNS的IP地址设置为10.1.5.7，域控制器的类型选择"现有域的额外域控制器"。

6. DHCP服务配置

1）设置DHCP服务器的IP地址。选择"开始→控制面板"选项，打开"控制面板"窗口，右击→"本地连接"选项，弹出快捷菜单，选择"属性"选项，弹出属性对话框，选择"常规"选项卡，双击"Internet协议（TCP/IP）"选项，弹出"Internet协议（TCP/IP）属性"对话框，输入IP地址、子网掩码、默认网关和DNS服务器地址。

2）安装DHCP服务器。选择"开始"→"控制面板"→"添加/删除程序"→"添加删除Windows组件"，弹出"Windows组件向导"对话框，在"组件"列表框中勾选"网络服务"复选框，单击"详细信息"按钮，勾选"动态主机配置协议（DHCP）"复选框，单击"确定"按钮，开始DHCP服务器的安装。

3）打开DHCP服务管理器。选择"开始"→"程序"→"管理工具"→"DHCP"，打开DHCP管理器，选择"操作"→"授权"选项，如图8-88所示。

4）建立DHCP服务器作用域。在DHCP管理器中，右击"DHCP服务器"选项，弹出快捷菜单，选择"新建作用域"选项。

在"作用域名"对话框中输入作用域名称"VLAN110"，如图8-89所示，单击"下一步"按钮。

图8-88 DHCP服务器授权

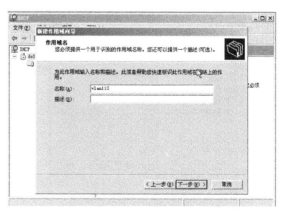

图8-89 输入作用域名称

在"IP 地址范围"对话框中输入 IP 地址范围 10.1.1.1～10.1.1.200，如图 8-90 所示，单击"下一步"按钮。

在"添加排除"对话框中输入排除的地址段 10.1.1.1～10.1.1.9，如图 8-91 所示，单击"下一步"按钮。

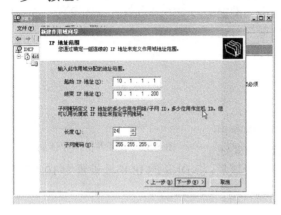
图 8-90 输入 IP 地址范围

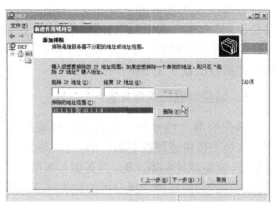
图 8-91 添加要排除的地址

在"租约期限"对话框中，选择默认设置，单击"下一步"按钮。在"配置 DHCP 选项"对话框中选中"是，我想现在配置这些选项"单选按钮，如图 8-92 所示。

在"路由器（默认网关）"对话框中输入网关地址 10.1.1.254，如图 8-93 所示，单击"下一步"按钮。

在"域名称和 DNS 服务器"对话框中输入父域名"lab.com"，DNS 服务器地址 10.1.5.6，如图 8-94 所示，单击"下一步"按钮。

在"激活作用域"对话框中选中"是，我想现在激活此作用域"单选按钮，如图 8-95 所示，单击"下一步"按钮。

其他作用域采用相同的配置步骤，这里不再重复介绍，作用域配置完成后，需要创建超级作用域。右击"DHCP 服务器"选项，在弹出的快捷菜单中选择"新建超级作用域"选项。

在"超级作用域名"对话框中输入超级作用域名称"dhcpnet"，如图 8-96 所示，单击"下一步"按钮。

在"选择作用域"对话框中选择创建的所有作用域，如图 8-97 所示，单击"下一步"按钮。

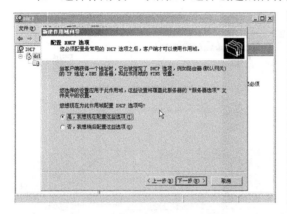
图 8-92 配置 DHCP 选项

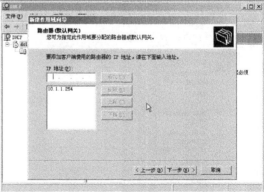
图 8-93 设置默认网关地址

图 8-94 设置 DNS 服务器和域名　　　　　图 8-95 激活作用域

图 8-96 输入超级作用域名称　　　　　图 8-97 选择作用域

5）固定 IP 地址配置。在 DHCP 服务器中打开"DHCP"窗口，在左侧窗格中依次展开"服务器名"→"作用域"目录，然后右击"保留"选项，弹出快捷菜单，选择"新建保留"选项。弹出"新建保留"对话框，自定义一个"保留名称"，然后键入准备保留的 IP 地址和目的主机的网卡 MAC 地址，如图 8-98 所示，并单击"添加"按钮。

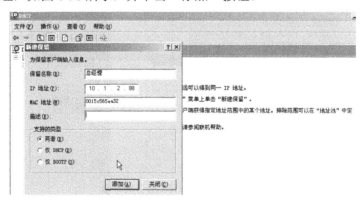

图 8-98 添加保留 IP 地址和 MAC 地址

7. E-mail 服务配置

1）设置 E-mail 服务器 IP 地址。在"Internet 协议（TCP/IP）属性"对话框中，输入 IP 地

址、子网掩码、默认网关和 DNS 服务器地址。

2）安装 E-mail 服务器。选择"开始"→"控制面板"→"添加/删除程序"→"添加删除 Windows 组件"选项，弹开"Windows 组件向导"对话框，在"组件"列表框中勾选"网络服务"复选框，单击"详细信息"按钮，勾选"电子邮件服务"复选框，如图 8-99 所示，单击"下一步"按钮。

3）弹出"应用程序服务器"对话框，选择"Internet 信息服务"选项，单击"详细信息"按钮，单击"确定"按钮，弹出"Internet 信息服务（IIS）"对话框，选择"SMTP Service"选项，单击"确定"按钮，进行组件安装。

4）安装完成后，选择"开始"→"控制面板"→"管理工具"→"服务"选项，然后选择"Microsoft POP3 Service"选项并右击，弹出快捷菜单，选择"属性"选项。弹开"Microsoft POP3 Service 的属性（本地计算机）"对话框，选择"常规"选项卡，在"启动类型"下拉列表框中选择"自动"选项，单击"启动"按钮，如图 8-100 所示，单击"确定"按钮。

图 8-99　选择 Windows 服务组件　　　　图 8-100　启动 POP3 服务

5）服务配置完成后，选择"开始"→"程序"→"管理工具"→"POP3 服务"选项，弹出"POP3 服务"对话框，右击域名，在弹出的快捷菜单中选择"新建→域"选项，如图 8-101 所示。

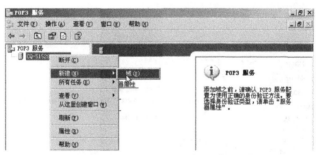

图 8-101　打开 POP3 服务管理器

6）弹出"添加域"对话框，添加域名为"lab.com"，如图 8-102 所示，单击"确定"按钮。

7）弹出"添加邮箱"对话框，输入邮箱名和密码，邮箱名与用户名相同，如图 8-103 所示，单击"确定"按钮。

8）配置 SMTP 中继。

打开"Internet 信息服务(IIS)"管理器,展开"默认 SMTP 虚拟目录",右击"域"选项,弹出"新建 SMTP 域向导"对话框,选中"远程"单选按钮,如图 8-104 所示,单击"下一步"按钮。

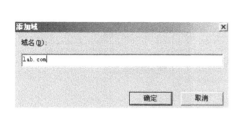
图 8-102　添加域名

图 8-103　添加邮箱

在"新建 SMTP 域向导"对话框中输入名称"chongqing.lab.com",如图 8-105 所示,单击"完成"按钮。

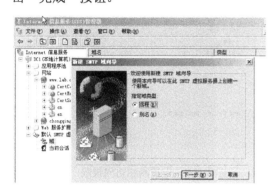
图 8-104　新建 SMTP 域

图 8-105　输入域名称"Chongqing.lab.com"

9)以上就完成了 DC1 上邮件服务功能的配置,DC2 上邮件服务功能配置过程与 DC1 上邮件服务功能配置过程完全相同,这里限于篇幅,不再讲述。

10)配置 Outlook Express 邮件客户端,请读者自行完成。

右击新建的域"chongqing.lab.com",弹出快捷菜单,选择"属性"选项,弹出"chongqing.lab.com 属性"对话框,勾选"允许将传入邮件中继到此域"复选框,点选"使用 DNS 以发送到此域"单选按钮,如图 8-106 所示,单击"确定"按钮。

8. Web 服务配置

1)由于前面安装 CA 证书的时候已经安装了 Web,因此可直接打开 IIS 管理界面。右击"网站"节点,在弹出的快捷菜单中选择"新建"→"网站"选项,如图 8-107 所示。

2)打开网站创建向导,输入网站描述"www.lab.com",单击"下一步"按钮,弹出"IP 地址和端口设置"对话框,输入网站 IP 地址、端口号和主机头,如图 8-108 所示,单击"下一步"按钮。

3)在"网站主目录"对话框中输入主目录路径"D:\web",单击"下一步"按钮。在"网站访问权限"对话框中设置网站的访问权限,如图 8-109 所示,单击"下一步"按钮。

4)网站 www.chongqing.lab.com 的创建方法与网站 www.lab.com 的创建方法相同,这里不再讲述。

图 8-106 设置 SMTP 中继

图 8-107 IIS 管理界面

图 8-108 设置 IP 地址和端口号

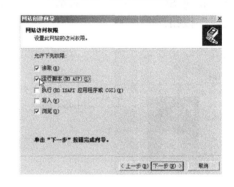

图 8-109 设置网站访问权限

5) 建立虚拟目录。右击"www.lab.com"节点,在弹出的快捷菜单中选择"新建"→"虚拟目录"选项,如图 8-110 所示。

弹出"虚拟目录创建向导"对话框,在路径栏中输入"D:\web\en",如图 8-111 所示,单击"下一步"按钮。

虚拟目录 cn 的创建方法与虚拟目录 en 的创建方法相同,这里不再讲述。

6) 建立 www.lab.com 主页。在 D:\web 下新建一个 index.html 的文件,如图 8-112 所示。

图 8-110 新建虚拟目录

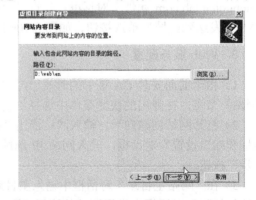

图 8-111 创建虚拟目录

编辑 www.lab.com 主页内容为"lab.com",如图 8-113 所示。

图 8-112　Web 服务主目录　　　　　　　图 8-113　编辑网站显示内容

其他的网站主页创建方法与建立 www.lab.com 主页相同，只是到不同目录路径下修改 index.html 的文件内容即可。

7）SSL 配置。完成网站配置后，在 Internet 信息服务（IIS）管理器中，右击"www.la.com"选项，在弹出的快捷菜单，选择"属性"→"目录安全性"→"服务器证书"选项，打开 IIS 证书向导，选中"新建证书"单选按钮，如图 8-114 所示，单击"下一步"按钮。

选中"立即将证书请求发送到联机证书颁发机构"单选按钮，单击"下一步"按钮，弹出"名称和安全性设置"对话框，在"名称"文本框中输入证书名称，如图 8-115 所示，单击"下一步"按钮。

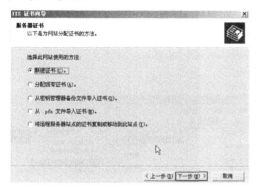 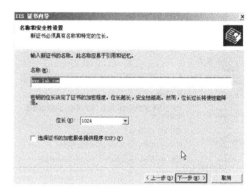

图 8-114　选择证书发配方法　　　　　　图 8-115　证书名称及安全性设置

在"单位"和"部门"文本框中输入单位和部门信息，单击"下一步"按钮。在"公用名称"文本框中输入站点公用名称，单击"下一步"按钮。在"国家（地区）"、"省/自治区"和"市县"文本框中输入地理信息，单击"下一步"按钮。在"SSL 端口"对话框中进行 SSL 端口设置，单击"下一步"按钮。在"选择证书颁发机构"对话框中选择证书颁发机构，单击"下一步"按钮，再单击"完成"按钮，完成证书申请。

在默认网站下找到 CertSrv 应用，右击"CertSrv"，在弹出的快捷菜单中选择"浏览"选项，如图 8-116 所示。

打开证书申请欢迎界面，单击"申请一个证书"按钮，单击"高级证书申请"按钮，提交一个证书申请（第二个链接），打开已申请到的证书文件，将其全部内容复制，粘贴到网站上，如图 8-117 所示，单击"提交"按钮，显示如图 8-118 所示的"成功提交证书申请"。

颁发 Web 服务器数字证书。选择"开始"→"程序"→"管理机构"→"证书颁发机构"选项，打开"证书颁发机构"窗口，在左侧窗格中，依次选择"证书颁发机构（本地）"→"CA"→"挂起的申请"选项，右击右侧窗格中需要颁发的证书申请，在弹出的快捷菜单中选择"所有任务"→"颁发"选项，如图 8-119 所示。

获取 Web 服务器数字证书。在 IE 中访问"http://10.1.5.6/certsrv/"网址，显示"证书服务"，单击"查看挂起的证书的申请状态"超链接，显示如图 8-120 所示的"挂起的证书申请"，单击"保存的申请证书"超链接,单击"下载证书"超链接,将数字证书保存到本机上,默认的数字证书文件为 certnew.cer,如图 8-121 所示。

图 8-116 证书申请

图 8-117 提交一个证书申请或续订申请

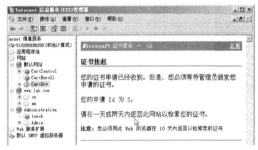
图 8-118 成功提交证书申请页面

图 8-119 颁发数字证书

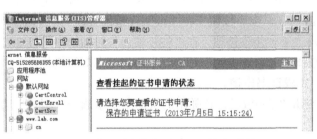
图 8-120 挂起证书申请

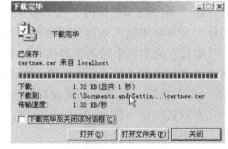
图 8-121 下载数字证书

安装 Web 服务器数字证书。在 Internet 信息服务(IIS)管理器中,右击 www.lab.com 选项,在弹出的快捷菜单中选择"属性→目录安全性→服务器证书"选项,弹出 Web 服务器 IIS 证书向导对话框单击"下一步"按钮,弹出"挂起的证书请求"对话框,选中"处理挂起的请求并安装证书"单选按钮,如图 8-122 所示。单击"下一步"按钮,弹出"处理挂起的请求"对话框,单击"浏览"按钮,选择前面导出的服务器证书文件,如图 8-123 所示。单击"下一步"按钮,弹出"SSL 端口"对话框,保留 SSL 端口为默认值 443。单击"下一步"按钮,弹出"证书摘要"对话框,确认信息无误后单击"下一步"按钮,再单击"完成"按钮。

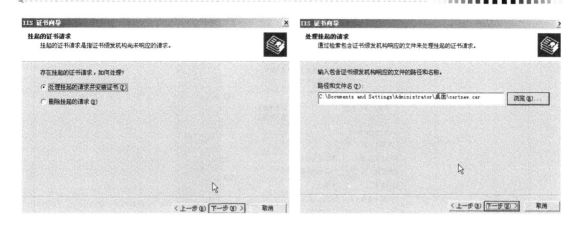

图 8-122 "挂起的证书"请求对话框　　　　图 8-123 "处理挂起的请求"对话框

访问 www.lab.com/cn 时必须使用 SSL 加密的配置。在 Internet 信息服务（IIS）管理器中，右击 "cn" 节点，在弹出的快捷菜单中选择"属性→目录安全性"选项，单击"安全区域通信"选项组中的"编辑"按钮，弹出"安全通信"，对话框，勾选"要求安全通道（SSL）"复选框，选中"要求客户端证书"单选按钮，如图 8-124 所示，单击"确定"按钮即可。

访问 www.lab.com/en 时，可以使用 SSL，也可不使用 SSL 加密配置。在 Internet 信息服务（IIS）管理器中，右击 "en" 节点，在弹出的快捷菜单中选择"属性→目录安全性"选项，单击"安全区域通信"选项组中的"编辑"按钮，弹出"安全通信"，对话框，勾选"要求安全通道（SSL）"复选框，选中"忽略客户端证书"单选按钮，如图 8-125 所示，单击"确定"按钮即可。

配置应用程序池。在 Internet 信息服务（IIS）管理器中，右击"应用程序池"选项，在弹出的快捷菜单中选择"新建"→"应用程序池"选项，弹出"应用程序池"对话框，输入名称 netpool1，单击"确定"按钮。右击"www.lab.com"节点，在弹出的快捷菜单中选择"属性"选项，弹出属性对话框，选择"主目录"选项卡，在应用程序设置区域，选择应用程序池为 netpool1，如图 8-126 所示，单击"确定"按钮。

netpool2 应用程序池的创建及将 www.chongqing.lab.com 加入到 netpool2 应用程序池中的配置过程与 netpool1 的配置过程完全相同，这里不再重复。

　　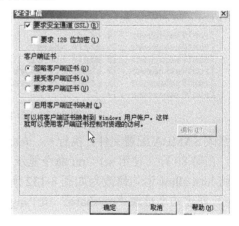

图 8-124 "安全通信"对话框（一）　　　　图 8-125 "安全通信"对话框（二）

图 8-126　创建应用程序池

9. SAMBA 服务配置

1）配置 vi /etc/sysconfig/network，修改 hostname 为 smbserver.lab.com，如图 8-127 所示。

2）创建 4 个用户，即 user1、user2、user3、user4，创建组 test，将用户 user4 加入到 test 组中，如图 8-128 所示。

图 8-127　修改主机名　　　　　　　　图 8-128　创建用户

3）在根目录下创建两个目录/share 和/share1。首先进入根目录，使用 mkdir 命令创建文件夹，使用 chmod 命令修改文件夹的权限，如图 8-129 所示。

4）启动 samba 服务，安全级别为 user，只允许 10.1.1.0、10.1.3.0、10.1.4.0、10.1.5.0 的网段访问服务器。先使用命令查看是否安装了 SAMBA 服务器，如图 8-130 所示。

图 8-130　查看是否安装 SAMBA 服务

修改 SAMBA 配置文件，执行 vi /etc/samba/smb.conf 命令，找到 globa 里面的 host allow 语句，在第 80 行（使用 set nu 命令显示行数），如图 8-131 所示。

将 host allow 语句修改为如图 8-132 所示语句即可。

5）创建共享目录"myshare"和"myshare1"，要求"myshare"目录路径为/share，作为公共目录，并且允许进行写的操作；"myshare1"目录路径为/share1，不是公共目录，只有用户组 test 的用户才可以访问，并且有写的权限，拒绝 10.1.1.0 网段访问，允许 10.1.2.0 网段访问问，如图 8-133 所示。

```
73 #
74        workgroup = MYGROUP
75        server string = Samba Server Version xv
76
77 ;      netbios name = MYSERVER
78
79 ;      interfaces = lo eth0 192.168.12.2/24 192.168.13.2/24
80 ;      hosts allow = 127. 192.168.12. 192.168.13.
81
82 # -------------------------- Logging Options ---------------
```

图 8-131　SAMBA 主配置文件

```
73 #
74        workgroup = MYGROUP
75        server string = Samba Server Version xv
76
77 ;      netbios name = MYSERVER
78
79 ;      interfaces = lo eth0 192.168.12.2/24 192.168.13.2/24
80        hosts allow = 10.1.1.0/24 10.1.3.0/24 10.1.4.0/24 10.1.5.0/24
81
82 # -------------------------- Logging Options ---------------
```

```
[myshare]
comment = Public Stuff
path = /share
public = yes
writable = yes
printable = no
write list = +staff
[myshare1]
comment = Public Stuff
path = /share1
public = yes
writable = yes
printable = no
valid users = @test
hosts allow = 10.1.2.0
hosts deny = 10.1.1.0
```

图 8-132　修改 SAMBA 主配置文件　　　　图 8-133　配置 SAMBA 各项文件夹属性

以下为共享文件夹各条语句的注释。

【myshare】   #共享名
comment =public stuff   #注释
path = /share   #共享路径
public=yes   #是否公开
writeable =yes   #是否可写
printable =no   #是否可打印
write list = +staff   #用户 staff 是否可写
【myshare1】   #共享名
comment =public stuff   #注释
path = /share1   #共享路径
public =yes   #是否公开
writeable =yes   #是否可写
printable =yes   #是否可以打印
valid users =@test   #有效用户，可以访问的用户
hosts allow =10.1.2.0   #允许的网段
hosts deny =10.1.1.0   #不允许的网段

在测试时，需要使用命令 smbpasswd -a test1 给用户添加密码，并且需要重新启动服务器，如图 8-134 所示。

```
[root@smbserver /]# service smb restart
Shutting down SMB services:                [ OK ]
Shutting down NMB services:                [ OK ]
Starting SMB services:                     [ OK ]
Starting NMB services:                     [ OK ]
[root@smbserver /]# smbpasswd -a test1
New SMB password:
Retype new SMB password:
Failed to modify password entry for user test1
[root@smbserver /]# _
```

图 8-134　测试 SAMBA 服务器能否正常工作

10. FTP 服务配置

1）使用 vsftpd 命令配置 FTP 服务器，创建虚拟用户 user1 和 user2，密码为 upftp 和 downftp，允许 user1 和 user2 上传、下载文件。

首先检查是否安装 FTP 服务，如图 8-135 所示。

在确保安装 FTP 服务的情况下，新建用户 user1 和 user2，修改密码为 upftp 和 downftp，配置过程如图 8-136 所示。

图 8-135　FTP 服务安装检查　　　　　　　图 8-136　创建 FTP 用户

修改配置文件 vsftp.conf，在最后面加一行语句 user_config_dir=/etc/vsftp/ftp，如图 8-137 所示。

在/etc/vsftpd/下新建一个文件夹 ftp，如图 8-138 所示。

图 8-137　修改 vsftp.conf 的配置文件　　　　图 8-138　新建文件夹 ftp

控制 user1 和 user2 对文件的访问权限，可上传、下载文件，使用 vi user1、vi user2 命令，在文件夹 ftp 内新建两个文件，名称必须和用户名一样，如图 8-138 所示。

2）配置每个用户允许同时建立 5 个 FTP 连接，带宽限制为 2MB，使用磁盘配额为 100MB，软限制为 150MB，过渡期为 5 天，i 结点数不受限制。

编辑配置文件 vi/etc/vsftp/vsftpd.conf，在最后添加语句 max_per_ip=5，local_max_rate=2048000，如图 8-140 所示，并重新启动服务器。

图 8-136　修改 FTP 用户的访问权限　　　　图 8-140　配置 FTP 的连接数和带宽限制

检查磁盘配额服务是否安装了，如图 8-141 所示。

图 8-141　检查磁盘配额服务

确保磁盘配额服务已安装，使用 vim /etc/fstab 命令编辑 fstab 文件，在 LABEL=/这行的第

4 列添加 usrquota 和 grpquota，修改成如图 8-142 所示即可。

```
LABEL=/                     /              ext3    defaults,usrquota,grpquo
ta         1 1
LABEL=/home                 /home          ext2    defaults            1 2
LABEL=/boot                 /boot          ext3    defaults            1 2
tmpfs                       /dev/shm       tmpfs   defaults            0 0
devpts                      /dev/pts       devpts  gid=5,mode=620      0 0
sysfs                       /sys           sysfs   defaults            0 0
proc                        /proc          proc    defaults            0 0
LABEL=SWAP-sda5             swap           swap    defaults            0 0
```

图 8-142　启用用户和用户组磁盘配额

重新挂载根分区文件系统，使配置修改生效，如图 8-143 所示。建立磁盘配额文件，如图 8-144 所示。

```
[root@smbserver /]# mount -o remount /          [root@smbserver /]# quotacheck -cmug /
[root@smbserver /]# _                           [root@smbserver /]# ls /a*
```

图 8-143　重新挂载根分区文件系统　　　　　图 8-144　建立磁盘配额文件

使用 edquota user1 命令，为用户设置磁盘配额，软限制为 150MB，配额为 100MB，如图 8-145 所示。

```
Disk quotas for user user1 (uid 500):
  Filesystem              blocks       soft        hard      inodes      soft
      hard
  /dev/sda2                    0        100         150           1
      0         0
```

图 8-145　设置磁盘配额

使用 edquota–t 命令设置或修改过渡期，将日期修改为 5days，如图 8-146 所示。启动磁盘配额，如图 8-147 所示。

```
Grace period before enforcing soft limits for users:    [root@smbserver /]# quotaon -av
Time units may be: days, hours, minutes, or seconds     /dev/sda2 [/]: group quotas turned on
  Filesystem         Block grace period   Inode grace period   /dev/sda2 [/]: user quotas turned on
  /dev/sda2               5days                5days           [root@smbserver /]# _
```

图 8-146　设置过渡期　　　　　　　　　　　图 8-147　启动磁盘配额

8.4　项目测试

通过前面的学习和实施，本项目进入测试阶段，为项目的最后验收做准备。本项目必须在严格的测试后，各项技术指标均符合项目设计要求，才能申请项目验收，验收合格后方可竣工。为了讨论方便，这里将本次项目的测试分为网络底层架构测试和应用系统测试，不涉及所有设备的物理测试内容。

8.4.1　网络底层架构测试

使用 ping、trceroute、show 等命令，主要测试网络的连通性、功能性等技术指标是否符合网络设计要求。

1. 使用 show ip interface brief 命令

检查设备物理接口和逻辑接口的IP地址配置是否正确、接口状态是否处于激活状态。涉及设备包括SW-1、SW-2、RA、RB、RC、RD、FW-1、FW-2、VPN-1、VPN-2、AP-1、AP-2和MXR-1等。

2. 使用 show vlan 命令

查看VLAN的划分及端口分配是否正确。涉及设备包括SW-1、SW-2、SW-3、SW-4和MXR-1等。

3. 使用 show interface trunk 命令

查看核心层和接入层交换机之间、核心层交换机与无线控制器之间是否配置了Trunk链路，并允许哪些VLAN信息通过。涉及设备包括SW-1、SW-2、SW-4和MXR-1等。

4. 使用 show aggregateport summary 命令

查看核心层交换级之间聚合接口的状态信息。正常情况下，两条链路都处于工作状态，链路带宽加倍。只要有一条链路维持通畅，网络就不会中断；仅当两条链路都中断时，网络才会中断。涉及设备包括SW-1、SW-2等。

5. 使用 show spanning-tree summary 命令

查看STP的运行状态（环路避免），交换机的各个指示灯正常，不会出现所有指示灯频繁闪亮的情况。涉及设备包括SW-1、SW-2、SW-4等。

6. 使用 show vrrp brief 命令

查看用户流量能否在多个网络出口上自动实现主备切换和负载分担。涉及设备包括SW-1、SW-2等。

7. 使用 show ip ospf neighbor 命令

查看OSPF的邻居状态。涉及设备包括SW-1、SW-2、RA、RC、RD等。

8. 使用 show ip route 命令

检查当所有设备配置完成后，经过一段适当时间，各网络设备之间相互学习，最后形成的路由表。涉及设备包括SW-1、SW-2、RA、RB、RC、RD、FW-1、FW-2、VPN-1、VPN-2、MXR-1等。

8.4.2 应用系统测试

1. 查看计算机名和分区情况

在 Server1 上测试已安装的虚拟机，查看计算机名和分区情况。

2. 域控制器—功能配置测试

1）IP 地址配置测试。

2）服务器角色测试。
3）域服务信任关系测试。
4）用户和组测试。
5）账户策略测试。
6）活动目录备份测试。
7）组策略测试。
8）网络管理功能测试：本地映射到网络驱动器 Z 盘。
9）远程桌面管理。

3. 域控制器二功能配置测试

其方法与域控制服务器一功能配置的测试方法相同，这里不再重复。

4. DHCP 服务功能测试

DHCP 服务功能测试。

5. E-mail 服务功能测试

E-mail 服务功能测试。

6. Web 服务功能测试

7. SAMBA 服务功能测试

8. FTP 服务功能测试

8.4.3 网络系统测试

1. 连通性测试

1）使用 ping 10.1.9.1 命令，测试本地网络的连通性，查看延时。
2）使用 tracert 10.1.9.1 命令，测试本地路由情况，查看路径。
3）使用 ping 211.1.1.2 命令，测试全网连通性，查看延时。
4）使用 tracert 211.1.1.2 命令，测试全网路由情况，查看路径。
5）使用 ping 10.1.9.1 –l 3000 命令，测试本地路由转发性能，查看延时。

2. 链路备份测试

1）断开 VLAN110 用户发出流量所经过的主线路，使用 show spanning-tree summary 命令查看其 STP 状态变化，观察使用 ping 10.1.9.1 命令后的运行情况。
2）使用两台计算机，分别连接核心交换机 SW-1 和 SW-2 的端口，拔掉核心交换机 SW-1 和 SW-2 之间的任意一条链路，在任意一台计算机的命令行窗口中输入 ping 10.1.1.5 –t 命令，观察 ping 命令的运行情况。
3）在 RA 上，关闭 S3/0 接口，使用 ping 10.3.4.1 命令观察运行情况。

3. 安全性测试

1）端口安全功能测试。在 SW-4 的 Fa0/24 端口上，使用与项目要求不同的 MAC 地址和

IP 地址的计算机接入该端口，观察交换机 Fa0/24 端口状态的变化情况，使用 show port-security address 验证端口状态。

2）ACL 安全功能测试。在 SW-1 或 SW-2 上，使用 show running-config 命令，查看 ACL 配置是否正确。

3）公网用户访问内部服务器测试结果。

4）内网用户不能使用私有地址访问服务器测试。

4. VPN 测试

1）内网用户访问服务器。在 RA 上使用 show crypto isakmp sa 命令查看 VPN 隧道是否已经建立，在 RD 或 RC 上使用 ping 10.1.5.6 source 10.3.4.1 命令，观察 ping 命令的运行情况。

2）远程用户访问服务器测试。在 RB 的 Fa0/2 接口上接入一台计算机，模拟公网用户计算机，并安装 VPN 安全远程接入系统软件，使用 user1 登录，测试能否登录成功。

3）测试远程用户能否访问内部服务器。

项目小结

本项目结合企业实际网络需求，对前面所讨论的内容进行提炼和总结，内容涉及 VLAN 规划、IP 编址、二层环路避免、网关冗余、端口聚合、链路捆绑、路由协议、策略路由、负载均衡、ACL、NAT、VPN、防火墙技术、无线网络技术及网络服务等，基本涵盖了计算机网络技术专业核心课程的内容，旨在提高读者综合知识的运用能力，帮助读者融会贯通、开阔视野，提高其解决实际问题的能力。如果读者能把本项目配置和测试内容对应到实际的工作任务中，肯定会有更大的收获。

习题

每个项目小组，使用 Microsoft PowerPoint 制作一份演示时间为 30min 的项目报告，内容包括项目概述、人员分工、项目设计思路、项目实施过程、项目测试、存在问题和优化的解决方案。

参 考 文 献

[1] 唐继勇，林婧．计算机网络基础[M]．北京：中国水利水电出版社，2010．
[2] 唐继勇，刘明．局域网组建项目教程[M]．北京：中国水利水电出版社，2011．
[3] 唐继勇，张选波．无线网络组建项目教程[M]．北京：中国水利水电出版社，2009．
[4] 张选波．企业网络构建与安全管理项目教程（上册）[M]．北京：机械工业出版社，2012．
[5] 张选波．企业网络构建与安全管理项目教程（下册）[M]．北京：机械工业出版社，2012．
[6] 谭亮，何绍华．构建中小型企业网络[M]．北京：电子工业出版社，2012．
[7] 梁广民，王隆杰．CCNP（路由技术）实验指南[M]．北京：电子工业出版社，2012．
[8] 梁广民，王隆杰．CCNP（交换技术）实验指南[M]．北京：电子工业出版社，2012．
[9] 丁喜纲．网络安全管理技术项目化教程[M]．北京：北京大学出版社，2012．
[11] 卓伟，李俊锋．网络工程实用教程[M]．北京：机械工业出版社，2013．
[12] 刘彦舫，褚建立．网络工程方案设计与实施[M]．北京：中国铁道出版社，2011．
[13] 陈国浪．网络工程[M]．北京：电子工业出版社，2011．
[14] 易建勋，姜腊林．计算机网络设计[M]．2版．北京：人民邮电出版社，2011．
[15] 黎连业，黎萍．计算机网络系统集成技术基础与解决方案[M]．北京：机械工业出版社，2013．
[16] 刘晓晓．网络系统集成[M]．北京：清华大学出版社，2012．
[17] 秦智．网络系统集成[M]．北京：北京邮电大学出版社，2010．
[18] 斯桃枝，李战国．计算机网络系统集成[M]．北京：北京大学出版社，2010．
[19] 杨威，王云等．网络工程设计与系统集成 [M]．2版．北京：人民邮电出版社，2010．

反侵权盗版声明

电子工业出版社依法对本作品享有专有出版权。任何未经权利人书面许可，复制、销售或通过信息网络传播本作品的行为；歪曲、篡改、剽窃本作品的行为，均违反《中华人民共和国著作权法》，其行为人应承担相应的民事责任和行政责任，构成犯罪的，将被依法追究刑事责任。

为了维护市场秩序，保护权利人的合法权益，我社将依法查处和打击侵权盗版的单位和个人。欢迎社会各界人士积极举报侵权盗版行为，本社将奖励举报有功人员，并保证举报人的信息不被泄露。

举报电话：（010）88254396；（010）88258888
传　　真：（010）88254397
E-mail：dbqq@phei.com.cn
通信地址：北京市万寿路 173 信箱
　　　　　电子工业出版社总编办公室
邮　　编：100036